제7판

전자회로실험

AN ELECTRONIC CIRCUIT EXPERIMENT

이 은 욱 저

B.C.Info

PREFACE

21세기 디지털 시대에 디지털 기술의 가장 기본이 되는 것이 바로 전자회로 기술이다. 또한 반도체 기술의 발달로 인해 각종 기기들은 대부분 전자화되어 왔다. 따라서 전자회로 설계 및 응용 기술은 전기 및 전자공학을 전공하는 학생들이 반드시 갖추어야 할 분야이다.

필자가 학창시절 전자회로를 어렵게 공부했던 기억을 떠올리며 수년간 대학에서 학생들에게 전자회로에 대해 강의한 내용을 정리하여 발표하고자 한다. 본 교재는 대학에서 전자회로 과목의 1학기 이론 및 실험에 적합하도록 반도체 소자의 동작특성 및 회로 해석 등 이론 중심의 어려운 내용에서 벗어나 반도체 소자의 활용 및 응용 위주의 현장실무 기술을 이론 설명, 예제풀이, 실험검증의 단계로 쉽게 기술하였다. 먼저 다이오드, 트랜지스터, 사이리스터, 연산증폭기 등의 반도체 소자에 대한 기초이론을 학습한 뒤 다양한 예제를 수록하여 이론을 명확히 이해하는 데 도움을 주고, 실험을 통하여 학습한 이론을 현장에 활용할 수 있도록 교재를 구성하였다. 또한, 회로소자의 식별법, 실험에 필요한 각종 기자재 사용법, 반도체 소자의 형명 등을 포함하는 부록을 수록하였다. 되도록 모든 내용을 충실히 다루려고 노력했으나, 미흡한 점이 있다면 계속 보완해 나갈 것을 약속드리며 이에 대해 독자 여러분의 조언을 바란다.

끝으로 전자회로를 공부하는 학생 및 기술자들에게 많은 도움이 되기를 바라며, 이 책이 완성되기까지 많은 도움을 주신 모든 분들과 출판을 위해 수고해주신 복두출판사 임직원 여러분께 깊은 감사를 드린다.

2024년 2월

저자 씀

CONTENTS

제 1 장 반도체의 개요 ■ 9

1-1 원자의 구조 …… 11
1-2 도체, 반도체 및 절연체 …… 14
1-3 진성반도체 …… 15
1-4 불순물 반도체 …… 18

제 2 장 다이오드 ■ 21

2-1 pn 접합 다이오드 …… 23
2-2 바이어스 …… 25
2-3 전압·전류 특성 …… 27
2-4 다이오드의 실제 …… 28
[실험 2-1] 다이오드의 바이어스 실험 …… 33
2-5 정류회로 …… 36
[실험 2-2] 반파정류회로 실험 …… 39
[실험 2-3] 중간탭 전파정류회로 실험 …… 46
[실험 2-4] 전파 브리지 정류회로 실험 …… 54
[실험 2-5] 평활회로 실험 …… 65
[실험 2-6] 정전압 직류전원회로 …… 72
2-6 다이오드 전압제한회로(Limiter) …… 75
[실험 2-7] 다이오드 슬라이서 실험 …… 80
2-7 다이오드 클램퍼(Clamper) …… 84
[실험 2-8] 다이오드 클램퍼 실험 …… 89
2-8 배전압회로 …… 93
[실험 2-9] 배전압회로 실험 …… 96
2-9 특수 다이오드 …… 99
[실험 2-10] 제너 다이오드 슬라이서 실험 …… 107
[실험 2-11] LED 점등회로 실험 …… 114

제 3 장 트랜지스터 ■ 119

3-1 트랜지스터의 구조 ························ 121
3-2 트랜지스터의 동작 ························ 122
3-3 트랜지스터의 특성 ························ 125
3-4 트랜지스터의 시험 ························ 131
3-5 스위치회로 ························ 134
[실험 3-1] 트랜지스터 스위치 회로 ························ 137
3-6 바이어스회로 ························ 140
3-7 소신호 증폭기 ························ 146
[실험 3-2] 공통 에미터 증폭기 ························ 153
[실험 3-3] 공통 컬렉터 증폭기 ························ 160
[실험 3-4] 공통 베이스 증폭기 ························ 167

제 4 장 기타 소자들 ■ 171

4-1 실리콘제어 정류기(SCR) ························ 173
[실험 4-1] 반파 위상제어회로 ························ 179
4-2 트라이악(TRIAC) ························ 183
[실험 4-2] 트라이악 위상제어회로 ························ 185
4-3 포토트랜지스터(photo transistor) ························ 189
4-4 포토커플러(photo coupler) ························ 190
[실험 4-3] 포토커플러 실험 ························ 194

제 5 장 연산증폭기 ■ 197

5-1 연산증폭기의 개요 ························ 199
5-2 연산증폭기의 파라미터 ························ 200
5-3 연산증폭기의 특성 ························ 202
5-4 증폭회로 ························ 209
[실험 5-1] 비반전 증폭회로 실험 ························ 212
[실험 5-2] 반전 증폭회로 실험 ························ 219
5-5 비교회로 ························ 223

[실험 5-3] 비교회로 실험 ······ 227
5-6 가감산 회로 ······ 230
[실험 5-4] 가산회로 실험 ······ 233
[실험 5-5] 감산회로 실험 ······ 241
5-7 미적분회로 ······ 245
[실험 5-6] 적분회로 실험 ······ 249
[실험 5-7] 미분회로 실험 ······ 256
5-8 필터회로 ······ 260
[실험 5-8] 저역통과필터 실험 ······ 265
[실험 5-9] 고역통과 필터 실험 ······ 272
[실험 5-10] 대역통과필터 실험 ······ 279
[실험 5-11] 대역제거필터 실험 ······ 285
5-9 발진회로 ······ 289
[실험 5-12] 윈브리지 발진기 실험 ······ 294
[실험 5-13] 555타이머 발진기 실험 ······ 302

부록 ■ 307

부록 A 반도체 소자 규격 ······ 309
부록 B 회로소자의 종류 및 식별법 ······ 311
부록 C 계측기의 사용법 ······ 320

제1장
반도체의 개요

본 장에서는 물질의 가장 기본이 되는 원자의 구조에 대하여 알아보고, 전기물질의 3가지 형태인 도체, 반도체, 절연체가 기본적으로 어떻게 다른지 살펴본다. 또한 반도체 소자로 가장 많이 사용되고 있는 실리콘과 게르마늄의 원자구조와 그들이 결정을 이루기 위해 어떻게 공유·결합하는지를 설명하고, 불순물의 도핑에 의한 불순물 반도체인 p형 반도체와 n형 반도체에 대해 기술한다.

1-1 원자의 구조

1-2 도체, 반도체 및 절연체

1-3 진성반도체

1-4 불순물반도체

1-1 원자의 구조

원자는 모든 물질을 이루는 가장 기본이 되는 아주 작은 입자로, 이미 알려진 10^9개의 원소들은 각각의 독특한 원자구조를 갖는다.

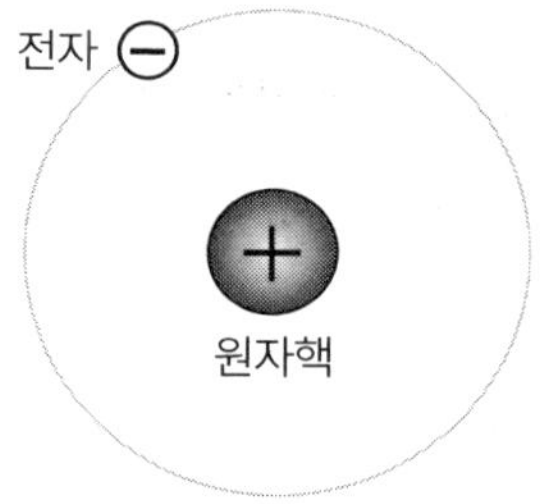

그림 1-1 수소의 원자모델

고전적인 보어(Bohr)의 원자모델에 의하면, 그림 1-1의 수소의 원자모델에서와 같이 원자는 중앙의 원자핵과 그 주위의 궤도를 돌고 있는 전자로 이루어져 마치 혹성과 같은 구조를 갖는 것으로 알려져 있다. 원자핵(nucleus)은 양(+)으로 대전된 양성자(proton)라 불리는 입자와 대전되지 않은 중성자(neutron)라 불리는 입자로 구성되고, 전자(electrons)는 음(-)으로 대전된 입자이다.

각 원자의 형태는 모든 다른 원소들의 원자들과 구별되는 특정수의 전자와 양성자의 수를 갖는다. 따라서 수소원자의 경우 그림 1-1과 같이 하나의 양성자와 하나의 전자를 갖는다.

1. 원자번호

모든 원소는 그들의 원자번호 순으로 원소의 주기율표상에 배열하거나 또한 그들의 원자의 질량 순으로 배열할 수 있다. 이 원자의 질량은 원자핵 속의 양성자의 수와 중성자의 수를 더한 것보다 약간 크다. 원자번호는 원자핵 속의 양성자수로 정하는데 전기적으로 중성인 원자에서는 양성자수와 전자수가 같으므로 원자번호는 전자수와 같다. 즉 "원자번호 = 양성자수 = 전자수"이다.

2. 전자각

전자는 원자핵으로부터 일정한 거리만큼 떨어져 그 주위의 불연속적인 여러 궤도들을 돌고 있는데, 원자핵에서 멀리 떨어져 있는 궤도의 전자들은 더 가까이 있는 궤도의 전자들보다 훨씬 큰 에너지를 가진다.

원자 내의 불연속적인 각 궤도는 특정 에너지 준위에 해당되며, 전자각(electron shell)이라고 하는 에너지대로 분류된다. 각각의 원자는 한정된 수의 전자각을 가지며, 각각의 전자각은 허용된 에너지 준위에서 한정된 수의 최대 전자를 갖는다. 전자각들은 K, L, M, N, ...각이라고 부르며 K각이 원자핵에서 가장 가까이 있다. 원자 내의 모든 전자각은 가장 바깥쪽의 전자각을 제외하고 그 안의 모든 전자각들은 전자가 완전히 채워져 있어야 한다.

원자의 각 전자각 내에 존재할 수 있는 최대 전자수는 다음 식에 의해 결정된다.

$$N_e = 2n^2 \tag{1-1}$$

여기서 n은 전자각의 번호로 K각은 1, L각은 2, M각은 3, N각은 4, ...이다. 식 (1-1)에 의해 K각(n=1)의 최대 전자 수는

$$N_e^K = 2\,(1)^2 = 2$$

L각($n = 2$)의 최대 전자 수는

$$N_e^L = 2\,(2)^2 = 8$$

M각($n = 3$)의 최대 전자 수는

$$N_e^M = 2\,(3)^2 = 18$$

N각($n = 4$)의 최대 전자 수는

$$N_e^N = 2\,(4)^2 = 32$$

예제 1-1

원자번호 6번인 탄소(C)는 원자핵에 6개의 양자와 원자핵을 중심으로 6개의 전자를 가지고 있다. 탄소의 원자구조를 그리시오.

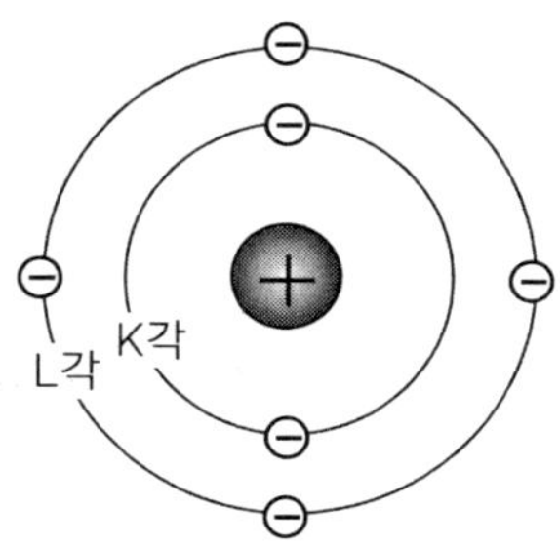

그림 1-2 탄소의 원자구조

탄소 원자는 전자가 6개이므로 먼저 K각에 2개의 전자가 채워지고, 다음의 L각에는 전자가 8개까지 채워질 수 있지만 4개의 전자만이 남아 있으므로 4개의 전자를 갖는다. 결국 그림과 같이 6개의 전자가 2개의 궤도에 걸쳐 돌고 있다.

3. 가전자

양(+)으로 대전된 원자핵과 음(-)으로 대전된 전자 사이에 작용하는 인력은 원자핵에서 거리가 멀리 떨어진 전자일수록 감소하기 때문에 원자핵으로부터 멀리 떨어져 있는 궤도상의 전자들은 더 가까이 있는 전자들보다 원자에 더 약하게 구속되어 있고 더 높은 에너지를 갖는다. 따라서 최외각에 존재하는 전자들이 가장 높은 에너지 준위를 갖게 되는데, 이 최외각을 가전자대(valence band)라 하고, 이 가전자대에 있는 전자들을 가전자라 부른다. 이 가전자들은 물질의 구조 내에서 튀어나와 화학적 반응을 일으키게 되어 전기적 특성을 나타낸다.

가전자가 열이나 빛에서 충분한 에너지를 얻게 되면 에너지 준위가 상승하게 되어 최외각에서 이탈하여 원자의 영향에서 완전히 벗어날 수 있다. 이와 같이 가전자를 잃는 과정을 이온화라고 하며, 이탈된 가전자를 자유전자(free electron)라고 한다. 수소의 경우 화학적 기호는 H이므로 가전자를 잃어버렸을 때는 양이온이 되어 H^+로 표시하고, 자유전자가 중성인 수소 원자의 외각에 떨어지면 그 원자는 음이온으로 되어 H^-로 표시한다.

예제 1-2

원자번호 13번인 알루미늄(Al)과 원자번호 15번인 인(P)의 가전자 개수를 구하시오.

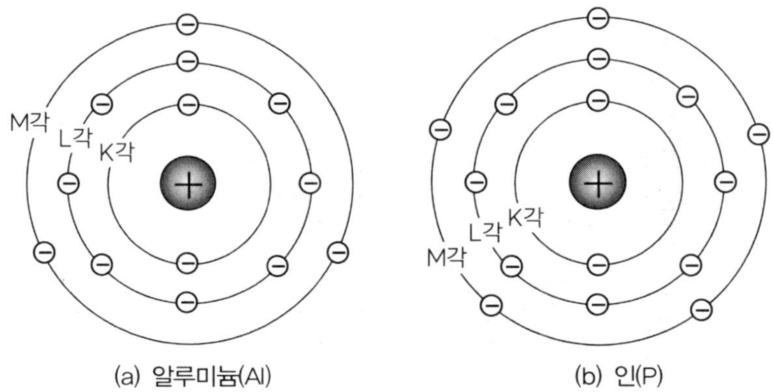

그림 1-3 알루미늄과 인의 원자구조

13개의 전자를 갖는 알루미늄은 K각에 2개, L각에 8개, M각에 3개의 전자를 가지므로 가전자대는 M각이고 가전자는 3개이다.

15개의 전자를 갖는 인은 K각에 2개, L각에 8개, M각에 5개의 전자를 가지므로 가전자대는 M각이고 가전자는 5개이다.

1-2 도체, 반도체 및 절연체

물질을 구성하고 있는 원자들은 전류를 흘릴 수 있는 전기적 특성을 가지고 있다. 전기적 특성을 갖는 물질은 도체, 반도체, 절연체 등 3가지로 구분할 수 있다. 구리 · 금 · 은 · 철 등과 같이 많은 자유전자를 가지고 있어 전류가 쉽게 흐를 수 있는 물질을 도체, 유리 · 고무 등과 같이 아주 적은 수의 자유전자를 가지고 있어 정상적인 조건하에서는 전류가 흐르지 못하는 물질을 절연체, 실리콘 · 게르마늄과 같이 도체와 절연체의 중간 정도로 전류를 흘릴 수 있는 능력을 가진 물질을 반도체라 한다.

그림 1-4는 3가지 전기물질의 에너지와의 관계를 설명한 것이다. 가전자대와 전도대(conduction band) 사이의 에너지 차를 에너지갭(Energy gap)이라 하는데, 이는 가전자가 가전자대에서 전도대로 튀어 올라가기 위해 필요한 에너지의 양이다. 전도대에 있는 전자는 물질 내에서 자유롭게 움직이고 어떤 원자에도 구속되지 않는다.

도체의 경우 에너지 갭이 없어 항상 많은 수의 자유전자가 존재하고, 절연체의 경우 매우 큰 에너지 갭을 가지므로 아주 큰 에너지를 가하여 절연을 파괴시키지 않는 한 가전자들이 전도대로 올라갈 수 없으며, 반도체의 경우 에너지 갭이 절연체보다 상대적으로 아주 작으므로 소량의 에너지로도 가전자들이 전도대로 올라가 자유전자가 될 수 있다.

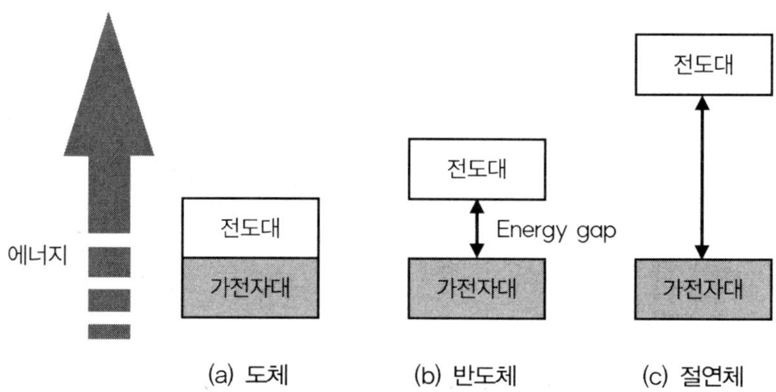

그림 1-4 3가지 형태의 전기물질

1-3 진성반도체

진성반도체는 불순물이 전혀 첨가되지 않은 순수 반도체를 말하며, 대표적인 반도체로 실리콘(Si)과 게르마늄(Ge)이 있다. 그 중 실리콘은 다이오드, 트랜지스터, IC, 그 밖의 반도체 소자로 가장 많이 사용되고 있다.

1. 실리콘과 게르마늄

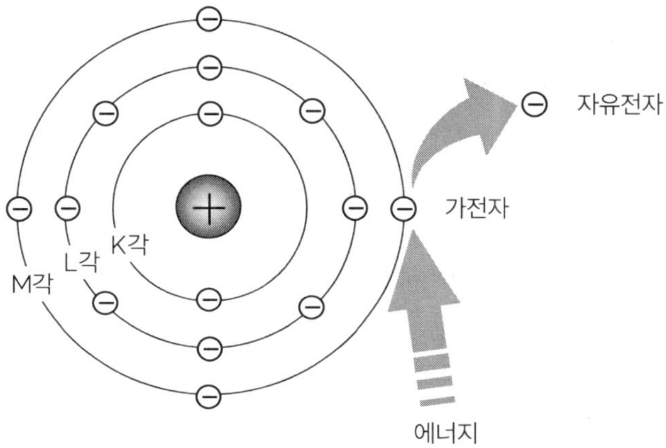

그림 1-5 실리콘의 원자 구조

실리콘(규소)의 원자번호는 14이므로 원자핵을 중심으로 14개의 전자가 몇 개의 전자궤도로 분리되어 회전하고 있다. 식 (1-1)에 의해 원자핵에 가장 가까운 K각의 전자궤도에는 2개의 전자가 회전하고 있고, 다음의 L각에는 8개의 전자가 회전하고 있으며, 그 다음의 M각의 전자궤도에는 18개의 전자가 회전하고 있어야 하지만 전체 전자의 수가 14이므로 4개(= 전체 14개 - K각 2개 - L각 8개)의 전자만이 M각의 전자궤도에서 회전하고 있다.

실리콘은 원자핵 속에 14개의 양자와 3개의 궤도에 14개의 전자를 가지고 있으므로 전기적으로 중성인 상태에 있으며, 최외각 궤도(M각)에 4개의 가전자를 가지고 있는 4가 원소이다.

예제 1-3

게르마늄은 원자핵을 중심으로 32개의 전자를 가지고 있다. 게르마늄의 원자구조를 그리시오.

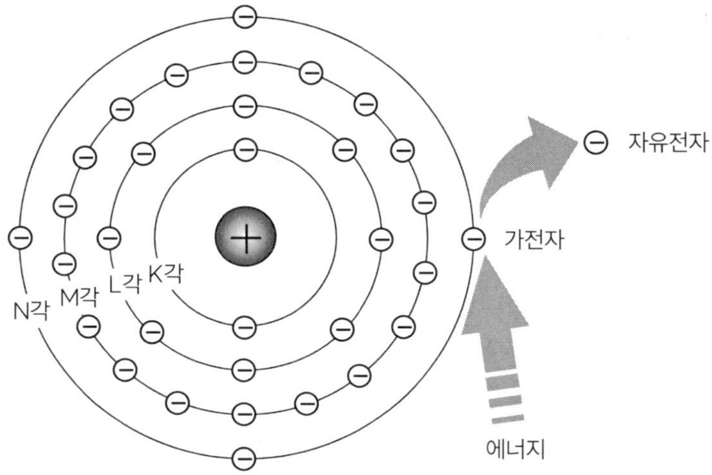

그림 1-6 게르마늄의 원자 구조

실리콘과 게르마늄은 모두 4개의 가전자를 갖는데, 실리콘은 가전자가 3번째 전자각(M각)에 있는 반면에 게르마늄은 더 먼 4번째 전자각(N각)에 존재하므로, 게르마늄의 가전자들이 실리콘의 가전자들보다 더 높은 에너지준위에 있게 되어 자유전자가 되는데 실리콘보다 더 적은 에너지가 필요하게 된다. 따라서 같은 온도에서 게르마늄이 실리콘보다 훨씬 불안정하게 되기 때문에 실제로 게르마늄보다 실리콘이 반도체 물질로 더 많이 사용되고 있다.

2. 공유결합

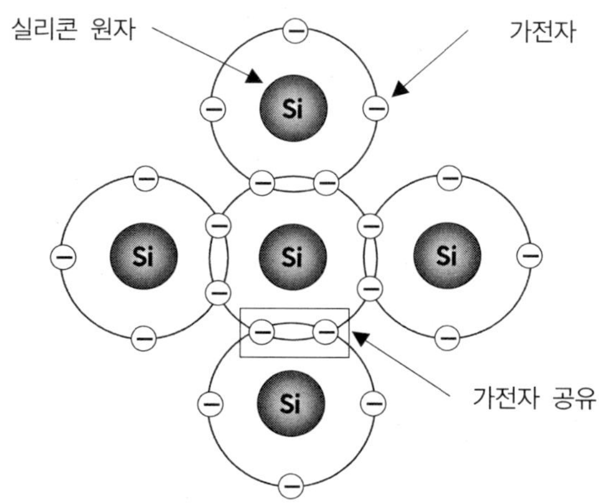

그림 1-7 실리콘 원자의 공유결합

그림 1-7은 실리콘 원자가 결정을 이루기 위해서 4개의 가전자들을 4개의 이웃한 원자들과 공유하여 함께 묶음으로써 각 원자들에 대해 8개의 가전자들을 만들어 화학적으로 안정한 상태를 이루는 공유결합(covalent bond)을 보여준다.

그림 1-8은 순수 실리콘 결정 내에서의 공유결합을 보여준다.

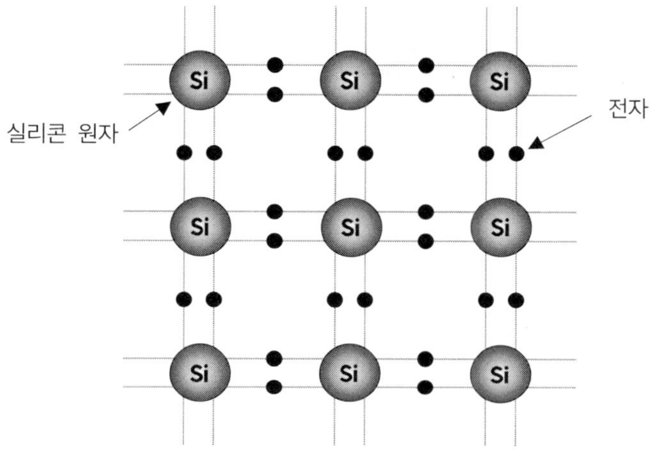

그림 1-8 실리콘 결정의 공유결합

이와 같이 순수한 실리콘의 결정으로 되어 있는 반도체를 진성반도체(intrinsic semiconductor)라고 한다. 이 진성반도체는 매우 낮은 온도에서는 그림 1-8과 같이 자유로운 전기 캐리어가 없으므로 결정체는 절연체의 성질을 갖는다. 그러나 실온에서는 결정에 공급되는 열에너지 때문에 일부의 가전자들이 가전자대에서 전도대로 뛰어 넘을 수 있게 되므로 몇 개의 공유결합이 파괴되어 가전자가 어떤 원자에도 구속되지 않고 결정 속을 자유로이 이동할 수 있는 자유전자가 된다. 또한, 가전자가 전도대로 튀어 올라 자유전자가 되고 남은 가전자대의 빈자리를 정공(hole)이라 한다.

순수한 실리콘결정에 열을 가하면 자유전자가 발생함과 동시에 이것과 동일한 수의 정공이 발생한다. 즉, 자유전자와 정공이 쌍으로 발생하므로 전자정공쌍이라 한다. 정공도 자유전자와 크기가 같지만 반대 부호인 양의 전하를 가진 입자로서 결정 속을 이동할 수 있다. 도체에서는 자유전자에 의해 전류가 흐르는 데 반해, 반도체에서는 자유전자와 정공에 의해 전류가 흐르게 되므로 이 자유전자와 정공을 전기를 운반하는 것이라는 의미에서 캐리어(carrier)라고 한다. 전류의 방향은 정공의 이동방향과 같고 자유전자의 이동방향과는 반대이다.

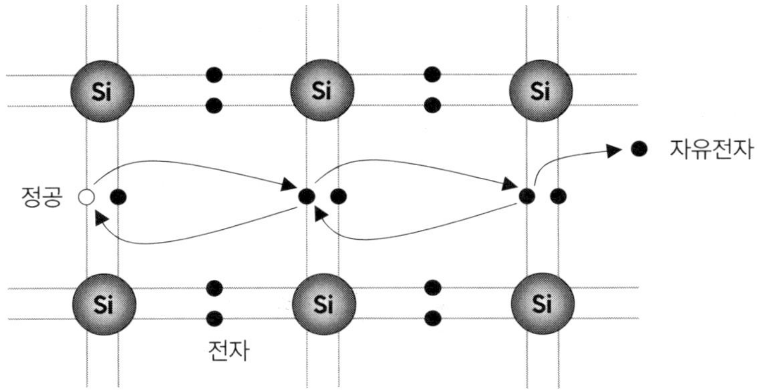

그림 1-9 실리콘 결정의 전자정공쌍

1-4 불순물 반도체

1. 도핑

진성반도체 물질에 아주 적은 양의 불순물을 첨가함으로써 전자 또는 정공의 수를 증가시켜 전도성을 높이는 과정을 도핑(doping)이라 하고, 이렇게 만들어진 반도체를 불순물 반도체라 한다. 일반적으로 도핑레벨은 10^6 내지 10^8개의 실리콘 원자에 대해 1개의 불순물 원자를 갖는 정도이므로, 대부분의 물리적, 화학적 성질은 실리콘의 성질 그대로이며 다만 전기적 성질만 크게 변한다.

2. n형 반도체

실리콘이나 게르마늄 등과 같은 순수 반도체 물질에 비소(As), 인(P), 안티몬(Sb)과 같은 5개의 가전자를 갖는 5가 불순물 원자를 소량 첨가하면 전도대에 전자의 수가 증가하여 원래의 반도체 물질과는 다른 성질을 나타낸다.

실리콘의 4개의 가전자와 비소에 있는 5개의 가전자가 그림 1-10과 같은 공유결합을 만들고, 한 개의 가전자가 결합하지 않고 남아서 전류 캐리어로 된다. 이러한 불순물들은 과잉 전자 캐리어를 주므로 도너(donor)라고 하며 전자가 우세한 n형 반도체를 형성한다.

공유결합을 하지 못한 1개의 가전자는 빛이나 에너지를 가하면 쉽게 자유전자가 되어서 전류를 운반하는 캐리어가 되고, 전자를 방출한 비소 원자는 양이온으로 된다. 더 많은 자유전자를 얻기 위해서는 5개의 가전자를 가지는 비소를 더 많이 첨가해주면 된다.

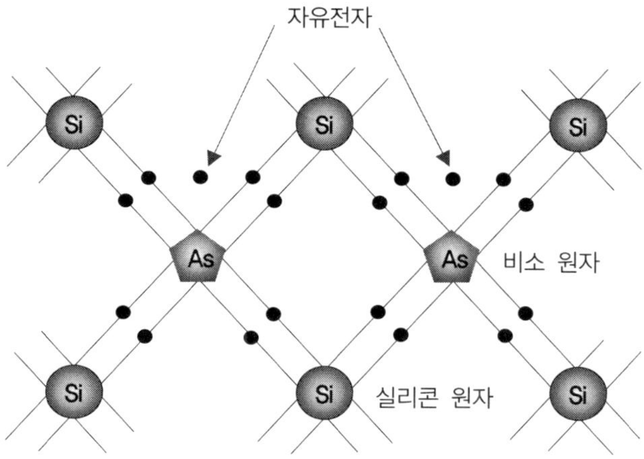

그림 1-10 n형 반도체의 형성

n형 반도체에서는 그림 1-11과 같이 자유전자의 농도가 정공의 농도보다 높기 때문에 자유전자를 다수 캐리어(majority carrier)라고 하고 정공을 소수 캐리어(minority carrier)라고 한다. 따라서 n형 반도체에서는 주로 다수 캐리어인 자유전자에 의하여 전류가 흐른다.

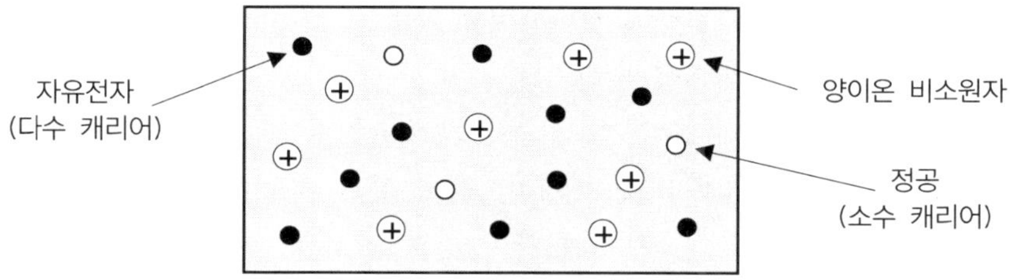

그림 1-11 n형 반도체

3. p형 반도체

실리콘이나 게르마늄 등과 같은 순수 반도체 물질에 붕소(B), 알루미늄(Al), 갈륨(Ga)과 같은 3개의 가전자를 갖는 3가 불순물 원자를 소량 첨가하면 전도대에 정공의 수가 증가하여 원래의 반도체 물질과는 다른 성질을 나타낸다.

실리콘의 4개의 가전자와 붕소에 있는 3개의 가전자가 그림 1-12와 같은 공유결합을 만들고, 실리콘의 4번째 결합의 빈자리는 정공이 된다. 한 개의 정공이 결합하지 못하고 남아서 전류 캐리어로 된다. 이러한 불순물들은 전자를 받아들일 수 있는 정공을 형성하므로 억셉터(acceptor)라고 하며 정공이 우세한 p형 반도체를 형성한다.

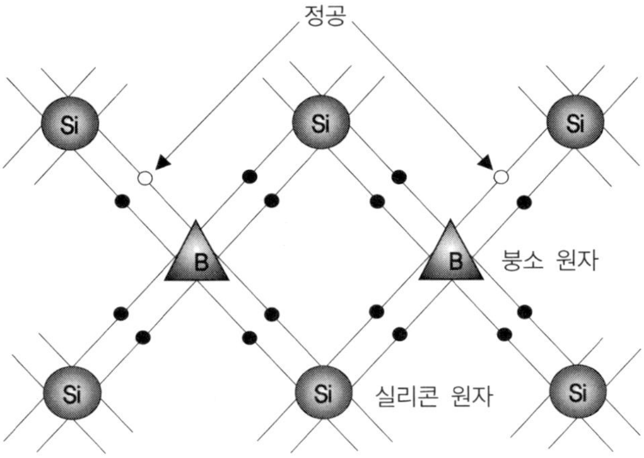

그림 1-12 p형 반도체의 형성

n형 반도체와는 반대로 공유결합을 위한 전자가 한 개 부족한 상태가 되어 부족한 자리는 근처에 있는 원자의 가전자가 공유결합을 떠나 이 전자가 없는 자리를 채우는 것이다. 공유결합으로부터 정공을 채우기 위하여 이동하는 전자는 그것이 원래 있던 자리에 정공을 남기게 된다. 계속해서 이 새로운 위치의 정공은 다른 공유결합으로부터의 전자로 채워진다. 이것은 자유전자가 관여하지 않는 전기전도과정을 설명한 것으로, 정공도 결정 속을 이동한다. 또한 전자를 뺏은 붕소 원자는 음이온이 된다.

p형 반도체에서는 그림 1-13과 같이 정공의 농도가 자유전자의 농도보다 높기 때문에 정공을 다수 캐리어라고 하고, 자유전자를 소수 캐리어라고 한다. 따라서 p형 반도체에서는 주로 다수 캐리어인 정공에 의하여 전류가 흐른다.

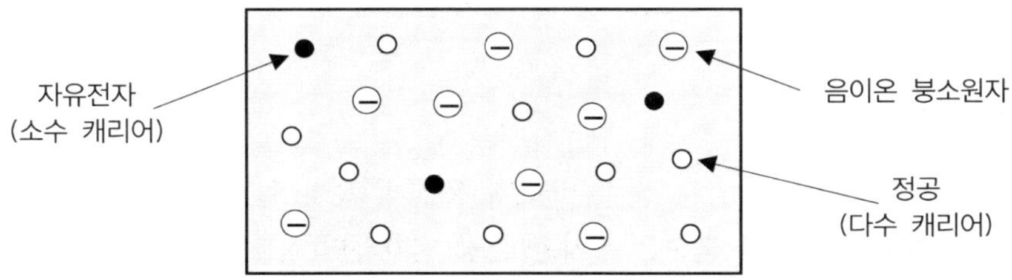

그림 1-13 p형 반도체

4. 원자구조적 결합

불순물 반도체인 p형 반도체와 n형 반도체를 어떤 구조로 몇 개를 원자구조적으로 결합시키는가에 따라 여러 가지 다른 형태의 반도체 소자를 만들 수 있는데, 가장 간단한 형태로 p형 반도체 하나와 n형 반도체 하나를 접합시켜 만든 반도체 소자가 바로 다이오드이다.

제 2 장
다이오드

본 장에서는 p형 반도체와 n형 반도체를 결합함으로써 만들어지는 pn접합 다이오드에 대하여 기술한다. 캐리어의 밀도 차에 의한 확산에 의하여 생기는 전위장벽과 다이오드를 동작시키기 위한 바이어스, 전압 전류 특성곡선에 대하여 설명하고, 또한 특수 다이오드에 대하여 간략히 설명하였다. 다이오드를 이용한 정류회로 등 각종 응용회로에 대한 동작 설명과 함께 실험을 수록하였다.

2-1 pn 접합 다이오드

2-2 바이어스

2-3 전압 · 전류 특성

2-4 다이오드의 실제

2-5 정류회로

2-6 다이오드 전압제한회로

2-7 다이오드 클램퍼

2-8 배전압회로

2-9 특수 다이오드

2-1 pn 접합 다이오드

p형 반도체와 n형 반도체가 그림 2-1과 같이 원자 구조적으로 결합된 것을 pn 접합이라고 한다. 여기서 접합(junction)이란 단순한 접촉(contact)과는 다르며 원자구조적으로 결합되어 있는 상태를 말한다.

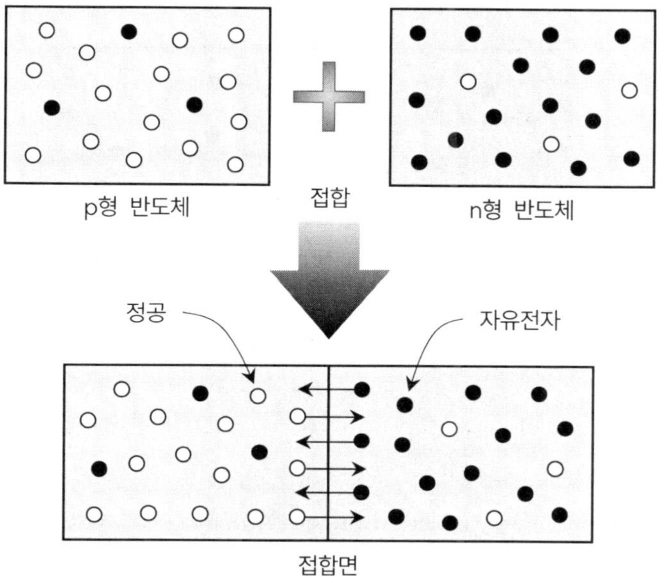

그림 2-1 pn 접합

p형 반도체와 n형 반도체를 접합하면 그림 2-1에서와 같이 두 반도체 사이의 자유전자와 정공 캐리어의 농도 차이에 의하여 각각의 반도체 영역에서 다른 영역으로의 확산(diffusion)이 일어난다.

1) n형 반도체 영역

자유전자는 n형 영역에서는 다수 캐리어이고 p형 영역에서는 소수 캐리어이므로 n형 영역이 p형 영역보다 자유전자의 농도가 높다. 따라서 n형 영역의 다수 캐리어인 접합부 경계근방에 있는 자유전자는 농도 차이에 의해 p형 영역 쪽으로 확산하여 이동하고 전자를 잃어버린 부분은 양으로 대전된다.

2) p형 반도체 영역

정공은 p형 영역에서는 다수 캐리어이고 n형 영역에서는 소수 캐리어이므로 p형 영역이 n형 영역보다 정공의 농도가 높다. 따라서 p형 영역의 다수 캐리어인 접합부 경계근방에 있는 정공은 농도 차이에 의해 n형 반도체 쪽으로 확산하여 이동하고 정공을 잃어버린 부분은 음으로 대전된다.

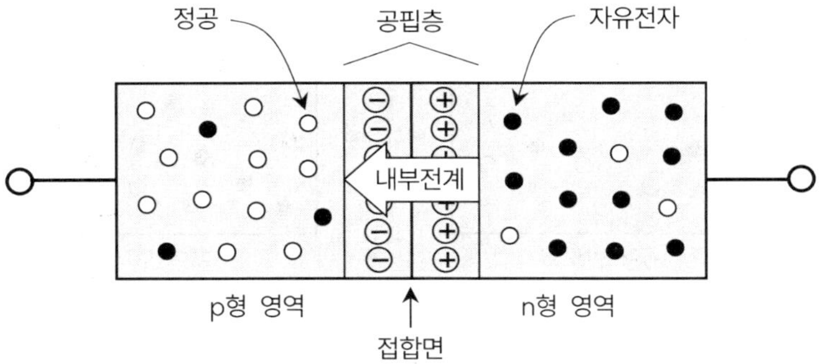

그림 2-2 pn 접합 다이오드

그림 2-2와 같이 접합부의 근처에서는 p영역의 정공과 n영역의 자유전자가 서로 확산현상에 의하여 상대측의 영역으로 들어가고 그곳에서 결합하여 소멸하므로 캐리어가 없는 부분이 생긴다. 이러한 부분을 공핍층(depletion region)이라고 하는데 공핍층은 캐리어가 없기 때문에 절연체로 간주할 수가 있다. 공핍층을 제외한 p형 영역과 n형 영역은 전하가 없으므로 전기적으로 중성이다.

공핍층에는 p영역 측에서 정공을 잃어버린 원자가 음이온이 되고, n영역 측에서 자유전자를 잃어버린 원자가 양이온이 되므로 n영역에서 p영역으로 향하는 내부 전계가 형성되며 이는 다수 캐리어들의 확산이 진행될수록 더욱 강해진다. 이때 내부 전계는 양전하인 p영역의 정공이 n영역으로 확산되는 것을 방해하고 음전하인 n영역의 자유전자가 p영역으로 확산되는 것을 방해하는 방향으로 형성된다. 결국 확산에 의해 이동하려는 힘과 전계에 의해 저지하려는 힘이 균형을 이루면 두 영역의 농도 차이에 의한 확산은 더 이상 진행되지 않게 된다. 내부 전계에 의해 공핍층 양단에 형성되는 전압은 다수 캐리어들의 확산을 저지하는 역할을 하므로 전위장벽이라 한다.

공핍층의 전위장벽을 넘어 전자들이 이동할 수 있도록 하기 위해서는 외부에서 에너지가 공급되어야 한다. 이 에너지의 양에 해당하는 공핍영역 양단의 전계의 전위차를 장벽전위(barrier potential)라고 부르며 전압으로 나타낸다. 일반적으로 장벽전위는 25℃에서 실리콘 다이오드의 경우 대략 0.7V 정도이고 게르마늄 다이오드의 경우 0.3V 정도이다. 따라서 pn접합 다이오드의 양단에 장벽전위보다 큰 전압을 적당한 극성으로 가해주어야만 접합을 넘어 캐리어들이 이동하여 전류가 흐르기 시작하게 될 것이다.

반도체 결정 내부에 캐리어의 밀도차가 있을 때에는 밀도가 큰 쪽에서 작은 쪽으로 자연히 캐리어가 확산하고 이에 따라 전류가 흐르는 것을 확산 전류(diffusion current)라고 한다. 이에 반하여 외부 전압이 가해져서 반도체 내부에 전계가 생기고 이 전계에 의하여 캐리어가 이동하여 전류가 흐르는 것을 드리프트 전류(drift current)라고 한다.

2-2 바이어스

평형상태에서는 pn접합을 통해 이동하는 전자가 없으므로 전류가 흐르지 않는다. 따라서 전자소자에 어떤 동작조건을 지정하기 위하여 직류전압을 가해주어야 하는데 이를 바이어스라 한다. pn접합 다이오드에 거는 바이어스에는 순방향 바이어스와 역방향 바이어스의 두 가지 조건이 있다.

1. 순방향 바이어스

순방향 바이어스(forward bias)란 pn접합 다이오드를 통해 전류를 흘리는 조건이다. 순방향 바이어스의 첫 번째 조건은 그림 2-3에서처럼 외부 바이어스 전압의 (+)쪽은 pn접합 다이오드의 p영역에, (-)쪽은 n영역에 연결해야 하고, 두 번째 조건은 바이어스 전압의 크기가 다이오드의 장벽전위, 즉 실리콘의 경우 0.7V보다 커야 한다. 이를 하나로 요약하여 정리하면 "다이오드의 양극 전압이 음극보다 0.7V 이상 커야 한다."는 것이다.

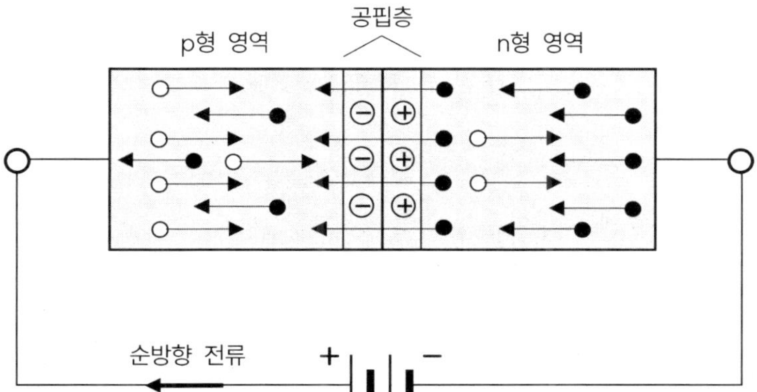

그림 2-3 순방향 바이어스

이와 같이 순방향 바이어스 전압을 가하면 p영역의 정공은 n영역으로, 또한 n영역의 자유전자는 p영역으로 공핍층을 넘어서 이동한다. 그리고 전원에서는 차례로 정공과 전자를 보급해 주기 때문에 계속해서 전류가 흐른다. 이러한 전류를 순방향 전류(forward current)라고 한다.

n영역의 많은 자유전자들이 공핍층으로 흐른 만큼 공핍층의 양이온의 수가 감소하고, 마찬가지로 p영역의 많은 정공들이 공핍층으로 흐른 만큼 공핍층의 음이온의 수가 감소하게 된다. 따라서 순방향 바이어스 동안에 공핍층의 양이온과 음이온의 감소는 공핍층을 좁히는 원인이 된다.

2. 역방향 바이어스

역방향 바이어스(reverse bias)는 순방향 바이어스와는 반대로 pn접합 다이오드를 통해 흐르는 전류를 막는 조건으로 그림 2-4에서처럼 외부 바이어스 전압의 (+)쪽은 pn접합 다이오드의 n영역에, (-)쪽은 p영역에 연결한다.

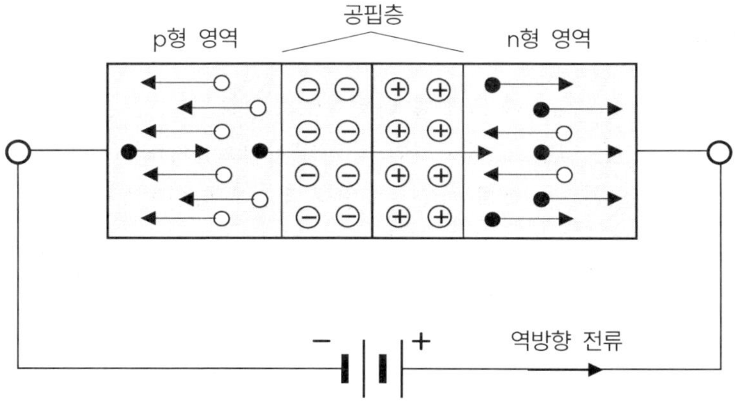

그림 2-4 역방향 바이어스

역방향 바이어스전압의 양극은 n영역의 자유전자들을 잡아당겨 n영역에서 전자들이 양극 쪽으로 흐른 만큼 공핍층에는 양이온이 만들어지고, 반대로 역방향 바이어스전압의 음극은 p영역의 정공들을 잡아당겨 p영역에서 정공들이 음극 쪽으로 흐른 만큼 공핍층에는 음이온이 만들어져, 공핍층의 양이온과 음이온이 증가되기 때문에 공핍층이 평형상태보다 더 넓어진다.

그러면 pn접합 다이오드에 역방향 바이어스 전압을 가했을 때에는 전류가 흐르지 않는 것일까? 사실 p영역에는 소수 캐리어로서 약간의 자유전자가 존재하고 n영역에도 소수 캐리어로서 약간의 정공이 존재하고 있다. 이러한 소수 캐리어는 순방향 바이어스의 경우와 같이 공핍층 속을 통과해서 반대 측의 영역으로 이동할 수 있기 때문에 아주 작은 전류(1μA 이하)가 흐르는데 이것을 역방향 전류(reverse current)라고 한다. 통상 역방향 전류는 너무 적기 때문에 무시할 수 있다.

2-3 전압·전류 특성

그림 2-5는 pn접합 다이오드의 전압-전류 특성을 그린 것이다.

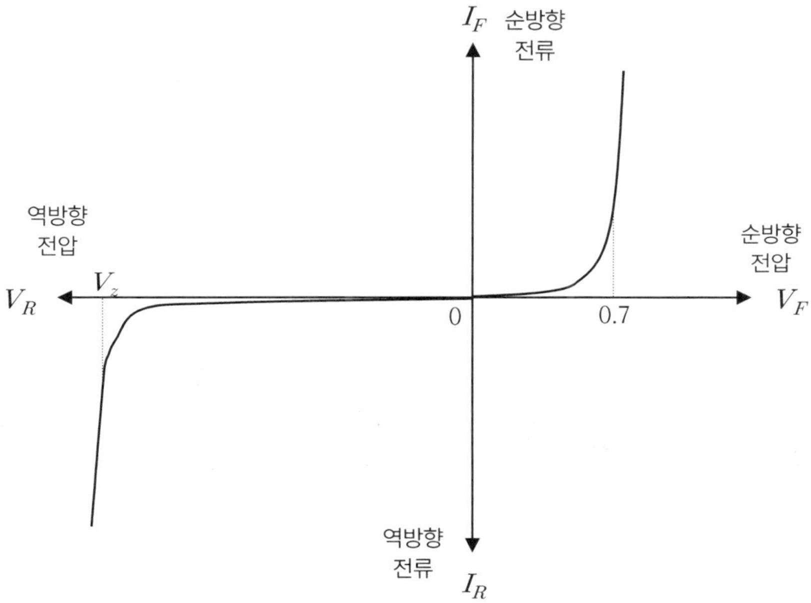

그림 2-5 다이오드의 전압-전류 특성 곡선

순방향 전압 V_F를 0V에서부터 점차 증가시키면 순방향 전류 I_F는 아주 조금씩만 흐르다가 곡선의 변곡점 부근인 다이오드의 장벽전위에 해당되는 0.7V에 이르게 되면 순방향 전압은 거의 0.7V에 머물고 순방향 전류는 급속히 증가한다. 이후에는 아무리 전압을 증가시켜도 다이오드의 순방향 전압은 증가하지 않고 계속 0.7V에 머문다.

반대로 역방향 전압 V_R을 점차 증가시키면 매우 작은 역방향 전류 I_R이 흐르지만, 역방향 전압을 항복전압 V_z까지 계속 증가시키면 역방향 전류는 급속히 증가하기 시작하며 전압을 계속 증가시켜도 다이오드의 역방향 전압은 증가하지 않고 항복전압에 머문다.

2-4 다이오드의 실제

1. 다이오드의 기호

그림 2-6 (a)는 단일 pn접합 다이오드의 기본 구조로 반은 n형 반도체, 반은 p형 반도체로 되어 있고 각 영역에 도선을 연결한 것이다. 다이오드에 대한 도식적 기호를 그림 2-6 (b)에 나타냈다. n영역은 음극(cathode)이라 부르고 K로 표시하며, p영역은 양극(anode)이라 부르고 A로 표시하며 전자의 이동과 반대인 전류의 방향으로 화살표를 표시한다.

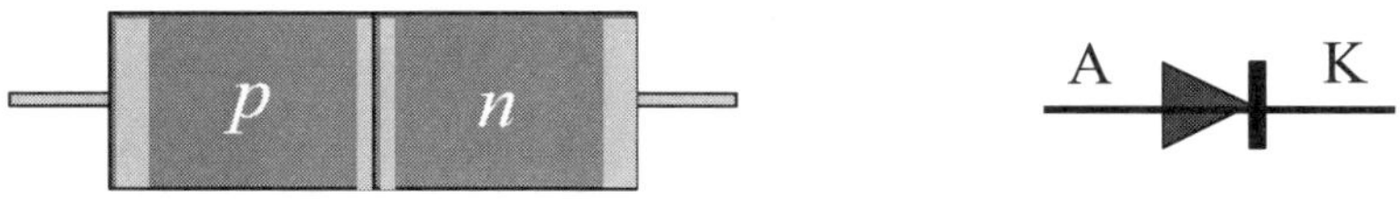

(a) 기본 구조 (b) 기호

그림 2-6 다이오드의 기호

2. 다이오드의 형태

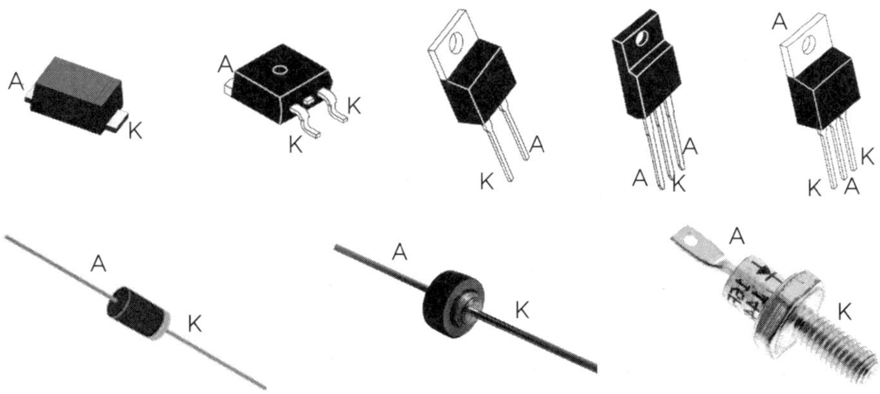

그림 2-7 일반적인 다이오드의 형태

다이오드의 일반적인 형태들을 그림 2-7에 나타내었다. 다이오드의 양극과 음극은 패키지에 따라 여러 가지의 모양으로 표시된다.

3. 다이오드의 규격표

1) 고속응답 다이오드(Fast-Recovery Diodes)

표 2-1 고속응답 다이오드

형 명	내전압 V_{RRM}	전류용량 I_o	형 명	내전압 V_{RRM}	전류용량 I_o
1N4148	75[V]	150[mA]	FR602	100[V]	6[A]
1N4933	50[V]	1[A]	FR605	600[V]	6[A]
1N4936	400[V]	1[A]	RGP10D	200[V]	1[A]
1N4937	600[V]	1[A]	RGP10J	600[V]	1[A]
1N5817	20[V]	1[A]	RGP10M	1000[V]	1[A]
FE1D	200[V]	1[A]	RGP30B	100[V]	3[A]
FE3D	200[V]	3[A]	RGP30J	600[V]	3[A]
FE6D	200[V]	6[A]	SRP600B	100[V]	6[A]
FR105	600[V]	1[A]	SRP600J	600[V]	6[A]
FR305	600[V]	3[A]	V19G	600[V]	1[A]

2) 정류용 다이오드(Rectifying Diodes)

표 2-2 정류용 다이오드

형 명	내전압 V_{RRM}	전류용량 I_o	형 명	내전압 V_{RRM}	전류용량 I_o
1N60	35[V]	50[mA]	1K88FM	40[V]	150[mA]
1N4001	50[V]	1[A]	RU05	50[V]	2[A]
1N4002	100[V]	1[A]	SNH05	50[V]	2[A]
1N4003	200[V]	1[A]	U05B	100[V]	2.5[A]
1N4004	400[V]	1[A]	GP30D	200[V]	3[A]
1N4005	600[V]	1[A]	GP30G	400[V]	3[A]
1N4006	500[V]	1[A]	GP30J	600[V]	3[A]
1N4007	1000[V]	1[A]	GP30B	100[V]	3[A]
1N5400	50[V]	3[A]	GP30M	1000[V]	3[A]
1N5403	200[V]	3[A]	P600B	100[V]	6[A]
1N5404	400[V]	3[A]	P600D	200[V]	6[A]
1N5406	600[V]	3[A]	P600G	400[V]	6[A]
1N5408	100[V]	3[A]	P600J	600[V]	6[A]
6A2	200[V]	6[A]	P600K	800[V]	6[A]
6A10	1000[V]	6[A]	P600M	1000[V]	6[A]

형 명	내전압 V_{RRM}	전류용량 I_o	형 명	내전압 V_{RRM}	전류용량 I_o
GR30K	800[V]	3[A]	Q19G	600[V]	20[A]
S15D	300[V]	10[A]	Q20G	600[V]	20[A]
S19G	800[V]	10[A]	Q20L	1000[V]	20[A]
S20G	600[V]	10[A]	R4100440	400[V]	40[A]
S19L	1000[V]	10[A]	R4100840	800[V]	40[A]
S20L	1000[V]	10[A]	R4110440	400[V]	40[A]
S11B	100[V]	15[A]	R4110840	800[V]	40[A]
S12B	100[V]	15[A]	R4140470	400[V]	70[A]
Q09	100[V]	20[A]	R4150470	400[V]	70[A]
Q10	100[V]	20[A]	R4150870	800[V]	70[A]
Q19L	1000[V]	20[A]	R4140870	800[V]	70[A]

4. 다이오드의 시험

디지털 멀티미터를 사용하여 간단한 방법으로 다이오드의 양호/불량 상태를 판별할 수 있다.

1) 다이오드 기능에 의한 시험

DMM의 기능선택 스위치를 다이오드 시험에 놓고 적색 단자를 정상적인 다이오드의 양극에, 흑색 단자를 음극에 연결하여 다이오드를 순방향 바이어스 시키면 0.5V에서 0.9V 사이의 전압이 측정되고, 반대로 연결하여 역방향 바이어스 시키면 다이오드의 높은 역저항 때문에 전압이 측정되지 않는다. 만약 다이오드가 고장으로 단락되었을 때는 순방향 및 역방향 바이어스의 두 조건에 대해 모두 0V가 측정되고, 개방되었을 때는 양방향 모두 전압이 측정되지 않는다.

2) 저항 기능에 의한 시험

DMM의 저항측정 기능을 사용하여 다이오드의 극성과 상태를 식별할 수 있다. 저 저항 레인지에서는 다이오드에 과도한 전류가 흘러 다이오드를 파손시킬 수 있으므로 저항계의 레인지를 수천 옴 이상으로 설정해야 한다. DMM의 단자들을 순방향으로 다이오드에 연결하면 100Ω 이하의 저항값이, 역방향으로 연결하면 상대적으로 아주 큰 저항값이 측정된다. 만약 순방향, 역방향 모두 작은 저항값을 나타내면 다이오드는 단락상태이고, 양방향 모두 큰 저항값을 나타내면 개방된 불량품으로 볼 수 있다.

5. 실질적인 다이오드의 모델

앞으로 다이오드를 해석하는 데 있어 흔히 사용하게 될 실질적인 다이오드 모델은 순방향 바이어스 되었을 때 그림 2-8 (a)와 같이 장벽전위에 해당되는 전압(실리콘의 경우 $V_F = 0.7$)과 직렬로 연결된 닫힌 스위치로 동작하고, 역방향 바이어스 되었을 때 그림 2-8 (b)과 같이 개방된 스위치로 동작한다. 실질적인 실리콘 다이오드에 대한 특성곡선을 그림 2-8 (c)에 나타내었다.

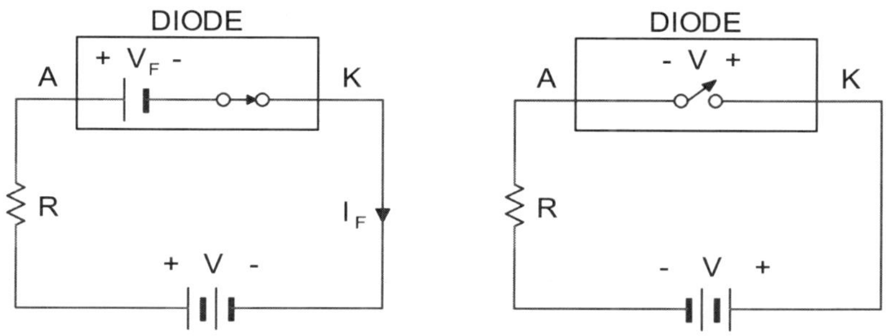

(a) 순방향 바이어스 (b) 역방향 바이어스

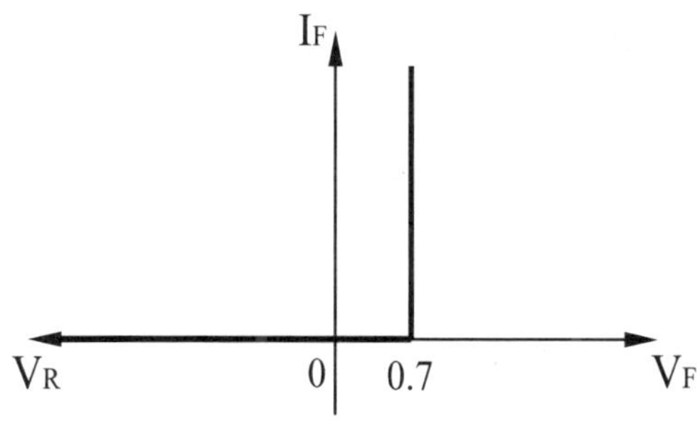

(c) 전압–전류 특성곡선

그림 2–8 실질적인 다이오드 모델

예제 2-1

다이오드의 바이어스 회로에 대해 다음 질문에 답하시오.

1) 그림 2-9 (a)의 순방향 바이어스 회로에 대해 순방향 전압, 저항양단 전압, 순방향 전류를 구하시오.

실리콘 다이오드의 경우 순방향 전압은 0.7V에 해당하므로

$$V_F = 0.7\ [\mathrm{V}]$$

저항 양단의 전압은 키르히호프의 전압법칙에 의해 $V_L + V_F - V_B = 0$ 이므로

$$V_L = V_B - V_F = 5 - 0.7 = 4.3\ [\mathrm{V}]$$

순방향 전류는 저항에 흐르는 전류이므로

$$I_F = \frac{V_L}{R_L} = \frac{4.3}{1000} = 4.3\ [\mathrm{mA}]$$

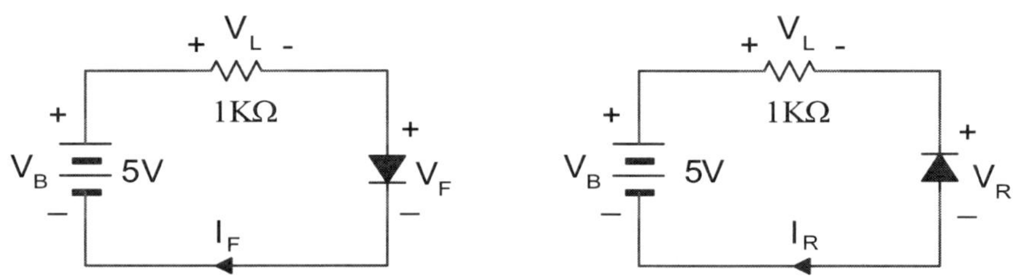

(a) 순방향 바이어스 (b) 역방향 바이어스

그림 2-9 다이오드의 바이어스 예제회로

2) 그림 2-9 (b)의 역방향 바이어스 회로에 대해 역방향 전류, 저항 양단의 전압, 역방향 전압을 구하시오.

역방향 바이어스의 경우에는 전류는 흐르지 않으므로

$$I_R = 0[\mathrm{A}]$$

저항 양단의 전압은 전류가 흐르지 않으므로

$$V_L = I_R R_L = 0 \times 1000 = 0[\mathrm{V}]$$

저항 양단의 전압은 0이고 키르히호프의 전압법칙에 의해 $V_L + V_R - V_B = 0$ 이므로, 모든 바이어스 전압이 다이오드에 걸리게 되어

$$V_R = V_B - V_L = V_B = 5[\mathrm{V}]$$

[실험 2-1] 다이오드의 바이어스 실험

1. 실험 목적

1) 다이오드의 순방향 및 역방향 바이어스에 대한 전압-전류 특성을 이해한다.
2) 실리콘 다이오드의 장벽전위를 측정한다.
3) 다양한 형태의 다이오드에 대한 극성을 구별하고, 디지털 멀티미터를 이용한 다이오드의 양/부 상태 판별법을 실습한다.

2. 실험 기기 및 부품

1) DMM(디지털 멀티미터) : 1대, 또는 직류 전압계, 직류 전류계 : 각 1대
2) 직류전원장치 : 5V 1채널
3) 만능 조립기판 : 1대
4) 다이오드 : 1N4001 1개
5) 저항 : 1kΩ/0.25W 1개

3. 실험 방법

1) 실리콘 다이오드 1N4001을 사용하여 만능 조립기판에 먼저 그림 2-10 (a)의 순방향 바이어스 회로를 구성하시오.
2) 정확한 계산값을 얻기 위해서 DMM을 사용하여 레인지를 정확히 선택하여 1kΩ의 저항값을 정확히 측정한 다음, 그 측정값을 다음의 계산에 사용한다.
3) 직류전원의 바이어스 전압을 5V로 조정하시오. 정확한 계산값을 얻기 위해서 DMM 또는 직류전압계를 사용하여 바이어스 전압을 정확히 측정한 다음, 그 값을 다음 계산에 사용한다.
4) 그림 2-10 (a)의 순방향 바이어스회로에 대하여 앞의 실험과정 2)와 3)에서 측정한 저항값과 전압값을 사용하여 예제 2-1과 같은 방법에 의해 V_F , V_L , I_F 를 계산하고, 표 2-3에 그 계산식과 함께 결과를 기록하시오.
5) DMM 또는 직류 전압계를 사용하여 실리콘 다이오드 1N4001 양단의 순방향전압 V_F 를 측정하고 표 2-3에 기록하시오. 이때 직류 전압계 단자의 극성이 바뀌지 않도록 주의한다.
6) DMM 또는 직류 전압계를 사용하여 1kΩ 저항 양단의 전압강하 V_L 을 측정하고 표 2-3에 기록하시오. 역시 직류 전압계의 극성에 주의한다.

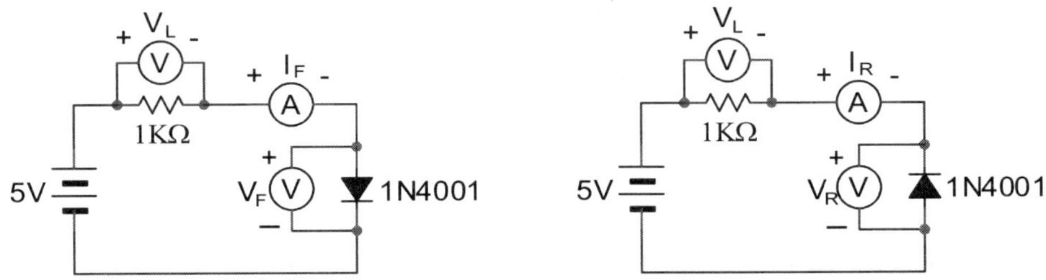

(a) 순방향 바이어스　　(b) 역방향 바이어스

그림 2-10　다이오드 바이어스 실험회로

7) 저항과 다이오드 사이의 배선을 제거하고 DMM 또는 직류 전류계의 레인지를 정확히 선택한 다음, 극성에 주의하여 (+)단자는 저항 쪽에, (-)단자는 다이오드 양극 쪽에 연결하여 순방향 전류 I_F 를 측정하고 표 2-3에 기록하시오.

8) 그림 2-10 (b)의 역방향 바이어스회로에 대하여 앞의 2)와 3)에서 측정한 저항값과 전압값을 사용하여 예제 2-1과 같은 방법에 의해 I_R , V_L , V_R 을 계산하고, 표 2-3에 그 계산식과 함께 결과를 기록하시오.

9) 그림 2-10 (b)의 역방향 바이어스 회로에 대해서도 앞의 순방향의 경우와 똑같은 과정을 반복함으로써 역방향 전류 I_R , 저항 양단의 전압 V_L , 다이오드 역방향 전압 V_R 을 측정하시오. 표 2-3에 그 측정 결과를 기록하시오.

10) 계산값과 실제 측정값 사이의 차이를 다음 식과 같이 오차 백분율로 계산하여 표 2-3에 기록하시오.

$$\text{오차} = \frac{(\text{계산값} - \text{측정값})}{\text{계산값}} \times 100[\%]$$

실험결과 보고서

학번 : 성명 :

1. 제목 : 다이오드의 바이어스
2. 회로도

(a) 순방향 바이어스 회로 (b) 역방향 바이어스 회로

3. 실험결과(입출력 데이터)

표 2-3

회로	종류	계산값	측정값	오차
순방향 바이어스	V_F	[V]	[V]	[%]
	V_L	[V]	[V]	[%]
	I_F	[A]	[A]	[%]
역방향 바이어스	I_R	[A]	[A]	[%]
	V_L	[V]	[V]	[%]
	V_R	[V]	[V]	[%]

2-5 정류회로

다이오드는 한 방향으로 전류를 흘리고, 반대 방향으로는 전류를 차단하는 기능이 있어 교류전압을 직류전압으로 변환하는 정류회로에 사용된다. 이러한 정류회로는 교류전압으로 동작하는 모든 직류전원장치에 필수적이다.

1. 반파정류회로(half-wave rectifier)

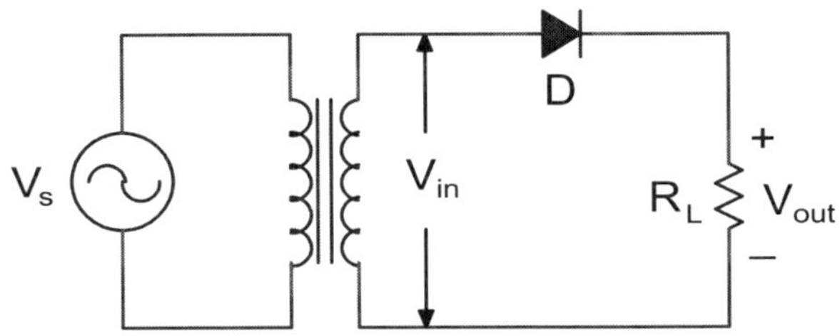

그림 2-11 반파정류회로

반파정류회로는 그림 2-11과 같이 교류 입력전원 V_s에 연결된 변압기의 2차 측 V_{in}에 다이오드 D를 부하저항 R_L과 직렬로 연결하여 구성한다. 변압기를 사용하면 교류전원에서 회로를 전기적으로 분리시킬 수 있으므로 전기적 충격에 의한 손상을 줄일 수 있다.

교류 입력전원 V_s를 인가하면 변압기의 권선비에 비례하여 유도되는 변압기의 2차전압 V_{in}이 다이오드의 장벽전위보다 큰($V_{in} \geq 0.7$) 정(+)의 반주기 동안에는 다이오드 D에는 순방향 바이어스가 걸려 다이오드는 도통되어 그림 2-12 (a)와 같이 전류가 흐르게 되므로 다이오드에는 장벽전위에 해당하는 전압강하가 발생하여 실리콘 다이오드를 사용한 경우 부하저항 양단의 출력전압은 다음과 같다.

$$V_{out} = V_{in} - 0.7 \tag{2-1}$$

입력전압이 순방향조건 이외($V_{in} < 0.7$)의 부(-)의 반주기 동안에는 다이오드에는 역방향 바이어스가 걸리므로 다이오드는 차단되어 전류가 흐르지 않게 되어 출력전압은 0이 된다.

따라서 출력전압은 그림 2-12 (b)와 같이 입력 교류전압과 같은 주파수를 갖고 매회 반주기에만 전압이 출력되는 맥동하는 직류전압이 만들어진다. 이를 반파정류라 한다.

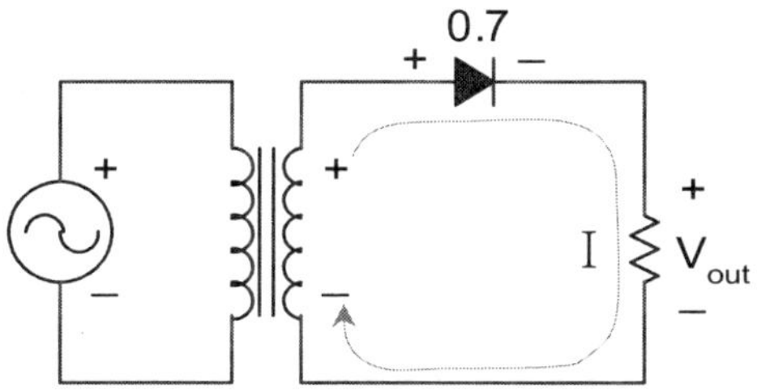

(a) 정(+)의 반주기 동작

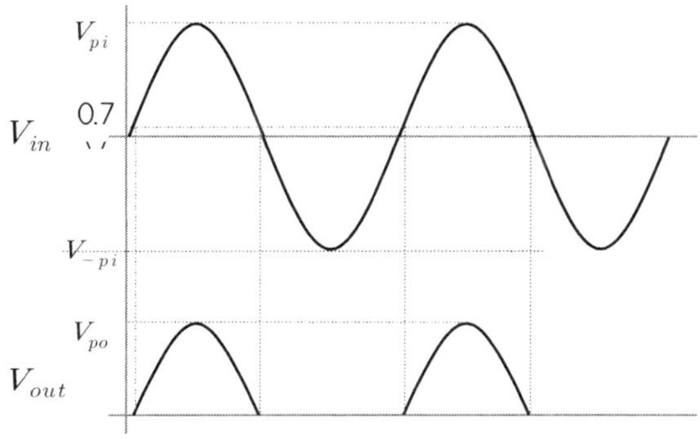

(b) 입/출력 파형

그림 2-12 반파정류회로의 기본 동작

표 2-4 반파정류회로의 동작 요약

동작조건	전압조건	다이오드 상태	전류	출력전압
순방향 바이어스	$V_{in} \geq 0.7$	D 도통	$I=\frac{V_{out}}{R_L}$	$V_{out}=V_{in}-0.7$
역방향 바이어스	$V_{in} < 0.7$	D 차단	$I=0$	$V_{out}=0$

출력전압의 첨두값 V_{po}는 다음과 같다.

$$V_{po}=V_{pi}-0.7 \tag{2-2}$$

여기서 V_{pi}는 변압기 2차전압 V_{in}의 첨두값이다. 이때 첨두값이 다이오드의 장벽전위보다 훨씬 큰 경우(적어도 10V 이상)에는 장벽전위의 영향을 무시할 수 있다. 이후에는 항상 실리콘 다이오드를 사용할 것이며 다른 언급이 없는 한 장벽전위를 고려할 것이다.

출력전압의 평균값은 직류전압계에 의해 측정되는 값으로 그림 2-13과 같이 전주기 내의 곡선에 의해 둘러싸인 부분의 면적을 계산하여 한 주기 T로 나눈 것으로 다음과 같다.

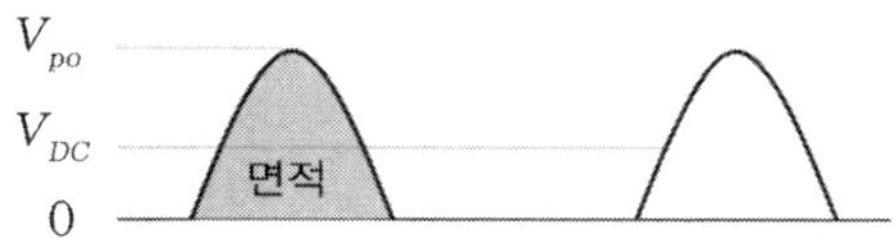

그림 2-13 반파정류신호의 평균값

$$V_{DC} = \frac{\text{Area}}{\text{Period}} = \frac{1}{2\pi}\int_0^{2\pi} V_{out}\, d\theta = \frac{1}{2\pi}\int_0^{\pi} V_{po}\sin\theta\, d\theta \qquad (2\text{-}3)$$
$$= \frac{V_{po}}{2\pi}[-\cos\theta]_0^{\pi} = \frac{V_{po}}{\pi}$$

예제 2-2

그림 2-14의 반파정류회로에 대해 출력전압의 첨두값 V_{po}, 평균값 V_{DC}및 주파수 f_o를 구하시오. 단, 다이오드의 장벽전위는 0.7V로 한다.

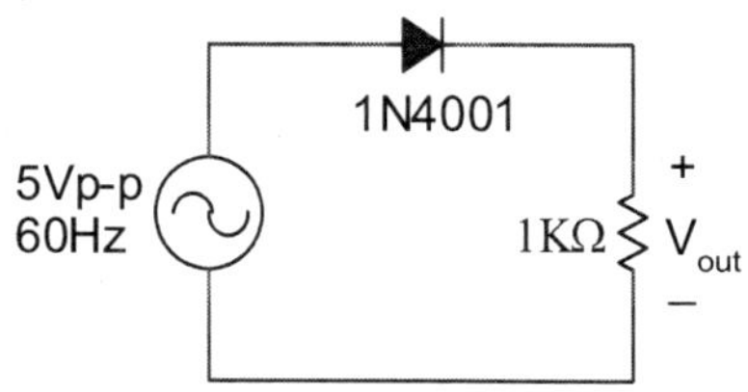

그림 2-14 반파정류 예제회로

입력전압의 첨두값 $V_{pi} = 5\text{V}$ 이므로 출력전압의 첨두값은

$$V_{po} = V_{pi} - 0.7 = 5 - 0.7 = 4.3[\text{V}]$$

출력전압의 평균값은

$$V_{DC} = \frac{V_{po}}{\pi} = \frac{4.3}{3.14} = 1.37[\text{V}]$$

출력전압의 주파수는

$$f_o = f_i = 60[\text{Hz}]$$

[실험 2-2] 반파정류회로 실험

1. 실험 목적

1) 다이오드 반파정류회로의 동작을 이해한다.
2) 반파정류회로의 입/출력 파형에 있어서 다이오드 장벽전위의 영향에 따른 형태와 첨두전압의 변화를 관찰한다.

2. 실험 기기 및 부품

1) 파형발생기 : 정현파, 전압 10Vpp, 주파수 60Hz 1채널, 또는
   변압기 : 입력 220V/출력 8V 1개
2) 오실로스코프 : 2채널
3) 디지털 멀티미터 : 1대
4) 만능 조립기판 : 1대
5) 다이오드 : 1N4001 1개
6) 저항 : 1kΩ/0.25W 1개

3. 실험 방법

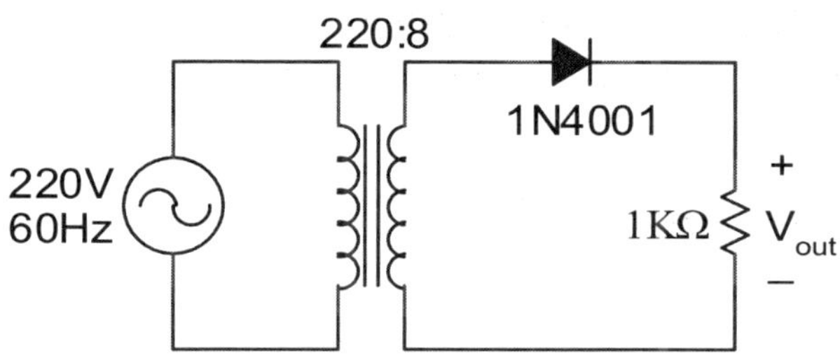

(a) 변압기 회로

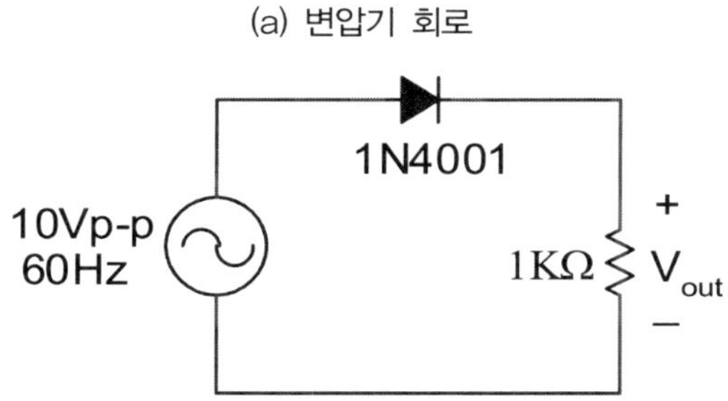

(b) 파형발생기 회로

그림 2-15 반파정류 실험회로

1) 그림 2-15의 반파정류회로의 주어진 입력조건에 대해 예제 2-5와 같은 방법으로 출력전압의 첨두값 V_{po}, 평균값 V_{DC}, 주파수 f_o를 계산하고, 표 2-5에 계산식과 함께 결과를 기록하시오.
2) 그림 2-15의 반파정류회로를 만능 조립기판에 구성하시오. 실제로는 그림 (a)의 변압기를 사용하지만, 실험 시에는 안전 문제와 전압 및 주파수의 가변 필요성 등을 고려하여 변압기 대신 그림 (b)의 파형발생기를 사용하는 것이 훨씬 편리하다.
3) 입력 교류전압의 설정을 위해 권선비가 220:8인 변압기를 사용하여 220V의 교류전원에 연결하거나, 파형발생기를 주파수가 60Hz인 정현파로 조절하시오.
4) 오실로스코프의 CH1을 회로의 입력에 연결하고 수직설정에서 입력 커플링(Coupling)을 접지(GND)로 선택하여 0V 접지레벨이 화면의 수평축 상에 오도록 수직위치를 조절한 다음, 입력 커플링을 다시 교류(AC)로 변경하시오.
5) 오실로스코프의 화면에 2~3 주기의 신호파형이 나타나도록 오실로스코프의 시간 스케일과 화면에 최대 진폭의 신호파형이 나타나도록 오실로스코프의 전압 스케일을 조정하시오.
6) 오실로스코프를 사용하여 변압기 2차 측의 첨두전압을 측정하거나 입력신호의 첨두전압 V_{pi} 및 주파수 f_i을 측정하여 $10V_{PP}$, 60Hz가 되도록 파형발생기의 진폭 및 주파수를 정확히 조절하시오. 측정 결과를 표 2-5에 기록하시오.
7) 오실로스코프를 사용하여 절대로 220V 교류전원을 측정해서는 안 된다. 오실로스코프의 전원과 측정신호가 전기적으로 분리되지 않으면 오실로스코프가 손상될 수 있다.
8) 오실로스코프의 CH2을 회로의 출력인 부하저항의 양단에 연결하고 수직설정에서 입력 커플링을 직류(DC)로 선택한 다음, 출력파형의 첨두값, 평균값, 주파수를 측정하시오. 표 2-5에 그 측정 결과를 기록하시오.
9) 오실로스코프에 나타난 회로의 입력파형과 출력파형을 다음의 그래프 상에 함께 그리시오.

실험결과 보고서

학번 : 성명 :

1. 제목 : 반파정류회로
2. 회로도

3. 실험결과

1) 입/출력 파형

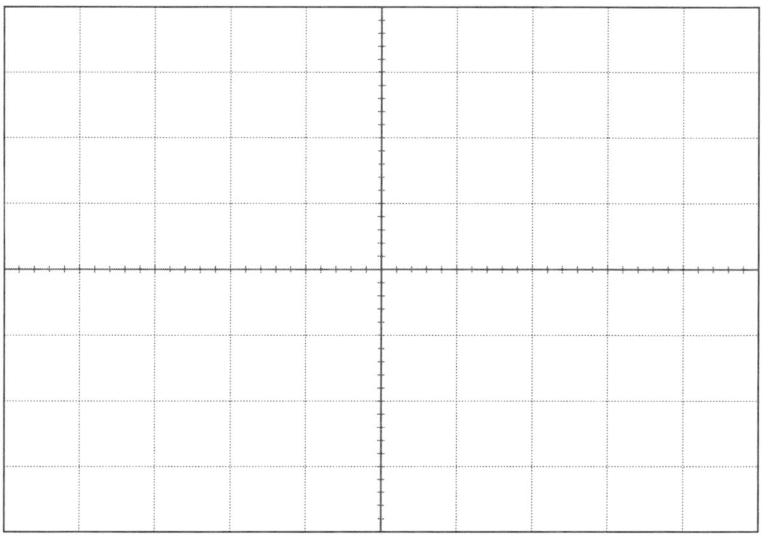

CH1 : v/Div M : sec/Div

2) 입/출력 데이터

표 2-5

반파정류회로		계산값	측정값
입력	첨두값 V_{pi}	[V]	[V]
	주파수 f_i	[Hz]	[Hz]
출력	첨두값 V_{po}	[V]	[V]
	평균값 V_{DC}	[V]	[V]
	주파수 f_o	[Hz]	[Hz]

2. 중간탭 전파정류회로(full-wave rectifier)

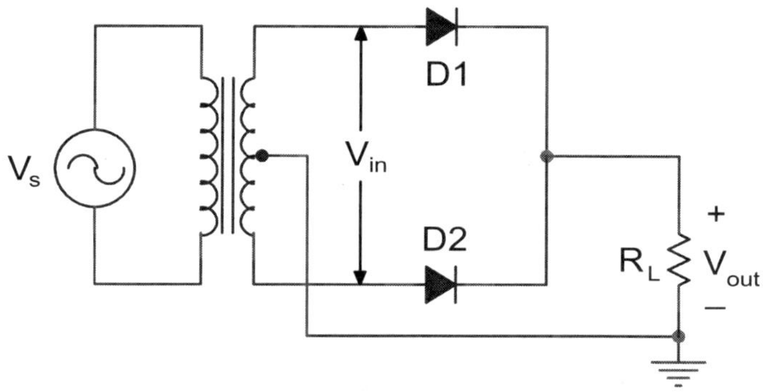

그림 2-16 중간탭 전파정류회로

중간탭 전파정류회로는 그림 2-16과 같이 교류 입력전원 V_s 에 중간탭을 갖는 변압기를 사용하여 중간탭을 접지시키고 2차 측에 두 개의 다이오드를 사용하여 그 중간점을 부하저항 R_L 에 연결함으로써 구성한다. 전압이 변압기 2차권선의 중간탭에 의해 양분되기 때문에 변압기 2차전압 V_{in} 의 반이 중간탭과 2차권선의 양끝에 나타난다.

중간탭 전파정류회로의 입력인 변압기 2차전압 V_{in} 의 반이 다이오드의 장벽전위(0.7V)보다 큰 정의 반주기 동안($V_{in} \geq 1.4$)에 다이오드 D1은 순방향, D2는 역방향으로 바이어스되어 전류는 그림 2-17 (a)와 같이 다이오드 D1과 부하저항 R_L 을 통해 흐르게 된다. 따라서 중간탭 전파정류회로의 출력전압은 2차전압 V_{in} 의 반보다 다이오드의 0.7V만큼 적게 되므로

$$V_{out} = \frac{V_{in}}{2} - 0.7 \tag{2-4}$$

반대로 2차전압 V_{in} 의 반이 0.7V보다 큰 부의 반주기 동안($V_{in} \leq -1.4$)에 다이오드 D1은 역방향, D2는 순방향으로 바이어스되어 전류는 그림 2-17 (b)와 같이 다이오드 D2와 정의 반주기의 경우와 같은 방향으로 부하저항에 흐르게 되므로 출력전압은 2차전압 V_{in} 의 양의 값의 반보다 0.7V만큼 적게 된다.

$$V_{out} = -\frac{V_{in}}{2} - 0.7 \tag{2-5}$$

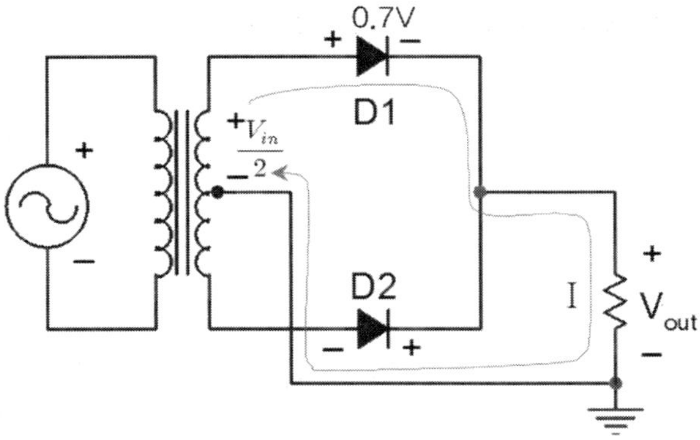

(a) 정(+)의 반주기 동작

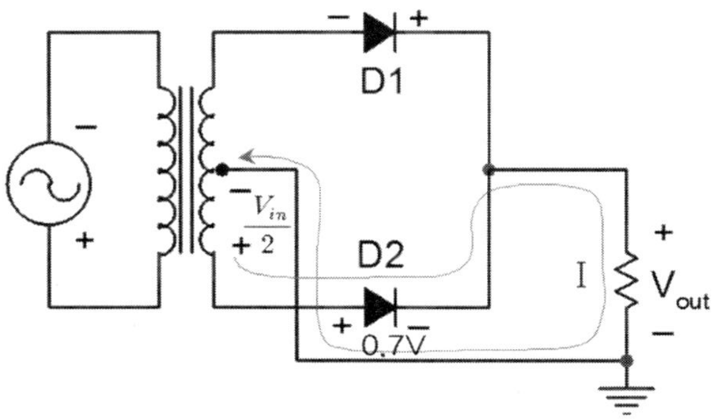

(b) 부(−)의 반주기 동작

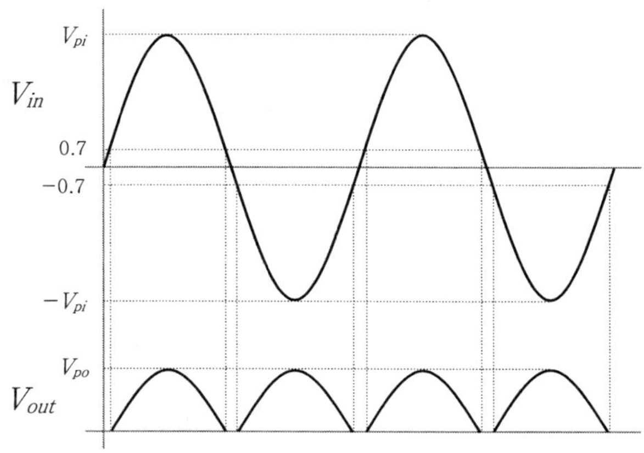

(c) 입/출력 파형

그림 2-17 중간탭 전파정류회로의 기본동작

2차전압 V_{in} 의 반이 장벽전위보다 작은 나머지의 경우($-1.4 < V_{in} < 1.4$)에는 다이오드 D1과 D2 모두 역방향 바이어스가 걸리므로 전류가 흐르지 않게 되어 출력전압은 0이 된다.

이와 같이 입력전압이 정이나 부의 어느 때이든 2개의 다이오드 중 하나만이 도통되고 부하저항에는 항상 같은 방향으로만 전류가 흐르게 되므로 직류 출력전압이 나타나는데 이를 전파정류라 하고 그 입/출력파형은 그림 2-17 (c)와 같다.

표 2-6 중간탭 전파정류회로의 동작 요약

전압조건	다이오드 상태	전 류	출력전압
$V_{in} \geqq 1.4$	D1 순방향 도통 D2 역방향 차단	$I = \frac{V_{out}}{R_L}$	$V_{out} = \frac{V_{in}}{2} - 0.7$
$V_{in} \leqq -1.4$	D1 역방향 차단 D2 순방향 도통	$I = \frac{V_{out}}{R_L}$	$V_{out} = -\frac{V_{in}}{2} - 0.7$
$-1.4 < V_{in} < 1.4$	D1, D2 역방향 차단	$I = 0$	$V_{out} = 0$

출력전압의 첨두값은 식 (2-4)로부터 다음과 같다.

$$V_{po} = \frac{V_{pi}}{2} - 0.7 \quad (2\text{-}6)$$

출력전압의 평균값은

$$V_{DC} = \frac{2V_{po}}{\pi} \quad (2\text{-}7)$$

출력전압의 주파수는 그림 2-17에서 보는 바와 같이 입력 주파수의 2배이므로

$$f_o = 2f_i \quad (2\text{-}8)$$

[실험 2-3] 중간탭 전파정류회로 실험

1. 실험 목적

1) 다이오드 중간탭 전파정류회로의 동작을 이해한다.
2) 반파정류와 전파정류의 차이점을 이해한다.
3) 중간탭 전파정류회로의 입/출력 파형에 있어서 그 형태와 첨두전압의 변화를 관찰한다.

2. 실험 기기 및 부품

1) 파형발생기 : 정현파, 전압 10V_{pp}, 주파수 60Hz 1채널
2) 오실로스코프 : 2채널
3) 디지털 멀티미터 : 1대
4) 만능 조립기판 : 1대
5) 다이오드 : 1N4001 2개
6) 저항 : 1kΩ/0.25W 3개

3. 실험 방법

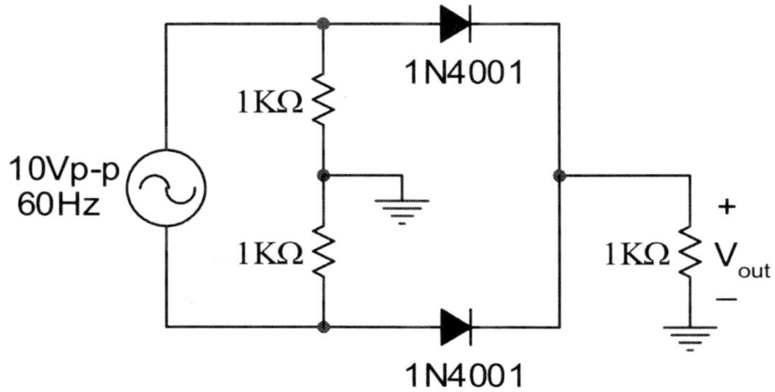

그림 2-18 중간탭 전파정류 실험회로

1) 그림 2-18의 중간탭 변압기 대신에 저항을 사용한 중간탭 전파정류회로의 주어진 입력조건에 대해 출력전압의 첨두값 V_{po}, 평균값 V_{DC}, 주파수 f_o를 계산하고, 표 2-7에 그 계산식과 함께 결과를 기록하시오.
2) 그림 2-18의 중간탭 전파정류회로를 만능 조립기판에 구성하시오.
3) 오실로스코프의 CH1을 회로의 입력에 연결하고 수직설정에서 입력 커플링을 접지(GND)로

선택하여 0V 접지레벨이 화면의 수평축 상에 오도록 수직위치를 조절한 다음, 입력 커플링을 다시 교류(AC)로 변경하시오.

4) 오실로스코프의 화면에 2~3 주기의 신호파형이 나타나도록 오실로스코프의 시간 스케일과 화면에 최대 진폭의 신호파형이 나타나도록 오실로스코프의 전압 스케일을 조정하시오.
5) 오실로스코프를 사용하여 입력신호의 첨두전압 V_{pi} 및 주파수 f_i 을 측정하여 $10V_{PP}$, 60Hz가 되도록 파형발생기의 진폭 및 주파수를 정확히 조절하시오. 측정 결과를 표 2-7에 기록하시오.
6) 오실로스코프의 CH2를 회로의 출력인 부하저항의 양단에 연결하고 수직설정에서 입력 커플링을 직류(DC)로 선택한 다음, 출력파형의 첨두값, 평균값, 주파수를 측정하시오. 표 2-7에 그 측정 결과를 기록하시오.
7) 오실로스코프에 나타난 회로의 입력파형과 출력파형을 다음의 그래프 상에 함께 그리시오.

실험결과 보고서

학번 : 성명 :

1. 제목 : 중간탭 전파정류회로
2. 회로도

3. 실험결과

1) 입/출력 파형

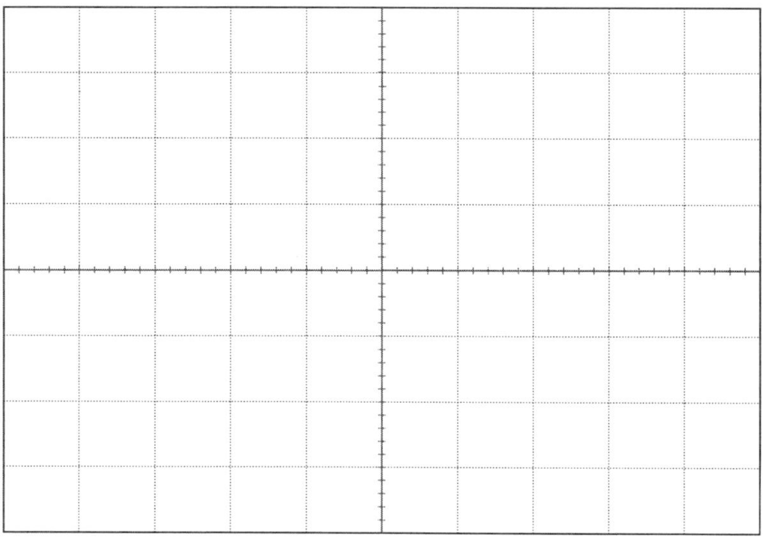

CH1 : v/Div M : sec/Div

2) 입/출력 데이터

표 2-7

중간탭 전파정류회로		계산값	측정값
입력	첨두값 V_{pi}	[V]	[V]
	주파수 f_i	[Hz]	[Hz]
출력	첨두값 V_{po}	[V]	[V]
	평균값 V_{DC}	[V]	[V]
	주파수 f_o	[Hz]	[Hz]

3. 전파 브리지 정류회로(full-wave bridge rectifier)

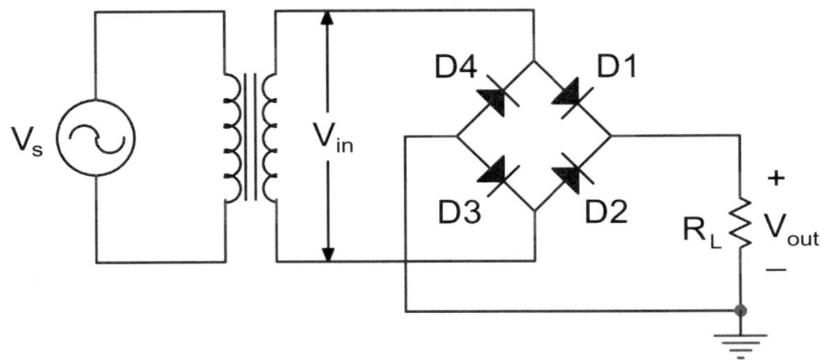

그림 2-19 전파 브리지 정류회로

정류회로에 가장 많이 사용되는 전파 브리지 정류회로는 그림 2-19와 같이 4개의 다이오드를 사용하여 브리지를 구성한다.

변압기 2차전압 V_{in} 이 다이오드 장벽전위의 2배보다 큰 정의 반주기 동안($V_{in} \geq 1.4$)에 다이오드 D1 및 D3는 순방향 바이어스되고, D2 및 D4는 역방향 바이어스되어 전류는 그림 2-20 (a)와 같이 두 개의 다이오드 D1, D3과 부하저항 R_L 을 통해 흐르게 된다. 따라서 전파 브리지 정류회로의 출력전압은 2차전압 V_{in} 보다 다이오드 두 개의 장벽전위만큼 적게 되므로

$$V_{out} = V_{in} - 1.4 \tag{2-9}$$

반대로 2차전압이 다이오드 장벽전위의 2배보다 큰 부(-)의 반주기 동안($V_{in} \leq -1.4$)에 다이오드 D2 및 D4는 순방향 바이어스되고 D1 및 D3는 역방향 바이어스되어 전류는 그림 2-20 (b)와 같이 두 개의 다이오드 D2, D4와 정의 반주기의 경우와 같은 방향으로 부하저항을 통해 흐르게 되므로 출력전압은 2차전압 V_{in} 의 양의 값보다 다이오드 두 개의 장벽전위만큼 적게 되므로

$$V_{out} = -V_{in} - 1.4 \tag{2-10}$$

2차전압 V_{in} 이 장벽전위의 2배보다 작은 나머지의 경우 ($-1.4 \leq V_{in} \leq 1.4$)에는 다이오드 D1, D2, D3, D4 모두 역방향 바이어스가 걸리므로 전류가 흐르지 않게 되어 출력전압은 0이 된다.

이와 같이 입력전압이 정이나 부의 어느 경우든 다이오드는 두 개씩 번갈아가며 도통되고 부하저항 R_L 에는 두 경우 모두 같은 방향으로 전류가 흐르게 되므로 직류 출력전압이 나타나며 그 파형은 그림 2-20 (c)와 같다.

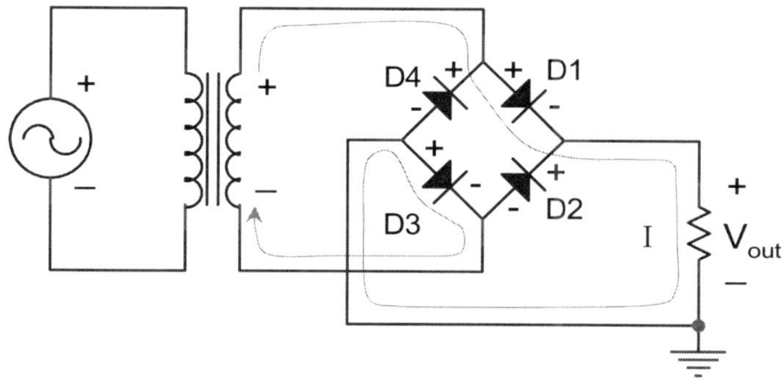

(a) 정(+)의 반주기

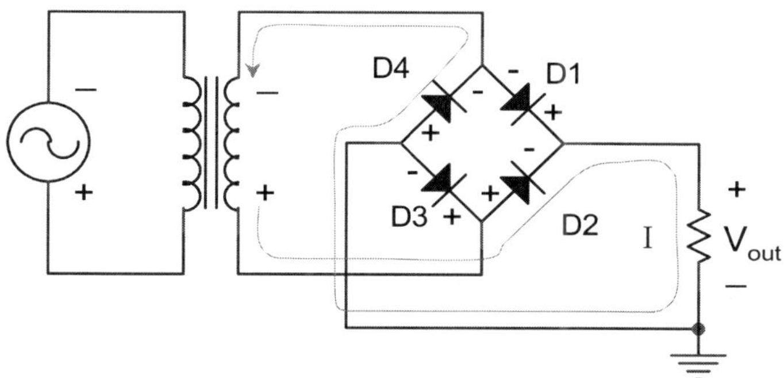

(b) 부(−)의 반주기

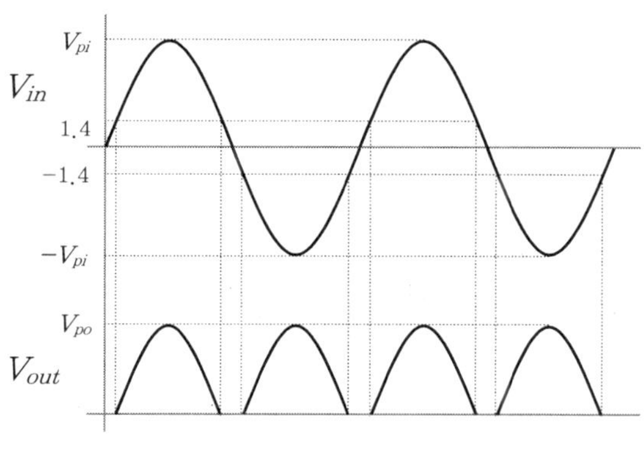

(c) 입/출력 파형

그림 2-20 전파 브리지 정류회로의 기본 동작

표 2-8 전파 브리지 정류회로의 동작 요약

전압조건	다이오드 상태	전 류	출력전압
$V_{in} \geq 1.4$	D1, D3 순방향 도통 D2, D4 역방향 차단	$I = \frac{V_{out}}{R_L}$	$V_{out} = V_{in} - 1.4$
$V_{in} \leq -1.4$	D1, D3 역방향 차단 D2, D4 순방향 도통	$I = \frac{V_{out}}{R_L}$	$V_{out} = -V_{in} - 1.4$
$-1.4 < V_{in} < 1.4$	D1, D2, D3, D4 역방향 차단	$I = 0$	$V_{out} = 0$

출력전압의 최대값은 두 개의 다이오드의 전압강하를 고려하면 식 (2-11)과 같다.

$$V_{po} = V_{pi} - 2V_F = V_{pi} - 1.4 \tag{2-11}$$

출력전압의 평균값은

$$V_{DC} = \frac{2V_{po}}{\pi} \tag{2-12}$$

출력전압의 주파수는 그림 2-20에서 보는 바와 같이 입력 주파수의 2배이므로

$$f_o = 2f_i \tag{2-13}$$

예제 2-3

그림 2-21의 전파 브리지 정류회로에 대해 출력전압의 첨두값, 평균값 및 주파수를 구하시오.

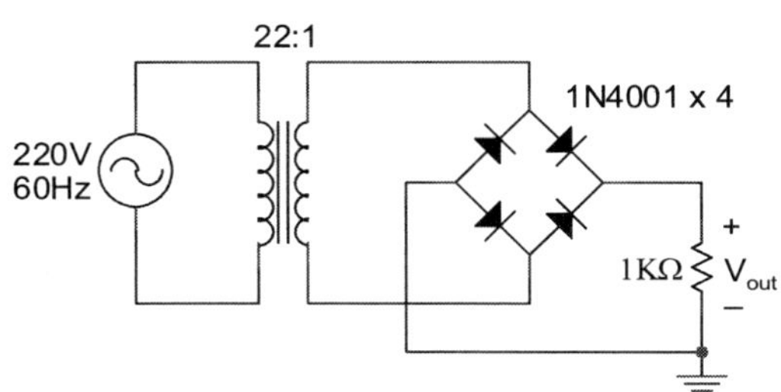

그림 2-21 전파 브리지 정류 예제회로

변압기 1차권선의 실효전압이 220V이고, 권선비가 22:1이므로 변압기 2차권선의 실효전압 V_{ri}는

$$22:1 = 220: V_{ri}$$

비례식의 내항의 곱은 외항의 곱과 같으므로

$$22 \cdot V_{ri} = 1 \cdot 220$$

$$V_{ri} = \frac{220}{22} = 10[\mathrm{V}]$$

변압기 2차권선의 첨두전압 V_{pi}는 실효값 V_{ri}의 $\sqrt{2}$ 배이므로

$$V_{pi} = \sqrt{2}\, V_{ri} = 10\sqrt{2} = 14.14[\mathrm{V}]$$

출력전압의 첨두값 V_{po}는

$$V_{po} = V_{pi} - 1.4 = 14.14 - 1.4 = 12.74[\mathrm{V}]$$

출력전압의 평균값 V_{DC}는

$$V_{DC} = \frac{2V_{po}}{\pi} = \frac{2 \cdot 12.74}{3.14} = 8.11[\mathrm{V}]$$

출력전압의 주파수 f_o는 입력 주파수 f_i의 2배가 되므로

$$f_o = 2f_i = 2 \cdot 60 = 120[\mathrm{Hz}]$$

[실험 2-4] 전파 브리지 정류회로 실험

1. 실험 목적

1) 다이오드 전파 브리지 정류회로의 동작을 이해한다.
2) 전파 브리지 정류회로의 입/출력 파형의 형태와 첨두전압의 변화를 관찰한다.
3) 같은 입력조건에 대한 출력의 평균값들을 비교함으로써 다른 정류회로에 비해 전파 브리지 정류회로의 효율이 우수함을 확인한다.

2. 실험 기기 및 부품

1) 파형발생기 : 정현파, 전압 10Vpp, 주파수 60Hz 1채널, 또는
   변압기 : 입력 220V/출력 8V 1개
2) 오실로스코프 : 2채널
3) 디지털 멀티미터 : 1대
4) 만능 조립기판 : 1대
5) 다이오드 : 1N4001 4개
6) 저항 : 1kΩ/0.25W 1개

3. 실험 방법

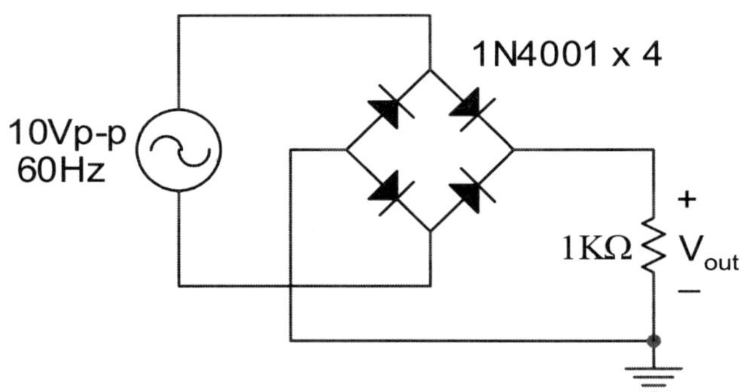

그림 2-22 전파 브리지 정류 실험회로

1) 그림 2-22의 전파 브리지 정류회로의 주어진 입력조건에 대해 출력전압의 첨두값 V_{po}, 평균값 V_{DC}, 주파수 f_o를 계산하고, 표 2-9에 그 계산식과 함께 결과를 기록하시오.
2) 그림 2-22의 전파 브리지 정류회로를 만능 조립기판에 구성하시오.
3) 오실로스코프의 CH1을 회로의 입력에 연결하고 수직설정에서 입력 커플링을 접지(GND)로

선택하여 0V 접지레벨이 화면의 수평축 상에 오도록 수직위치를 조절한 다음, 입력 커플링을 다시 교류(AC)로 변경하시오.

4) 오실로스코프의 화면에 2~3 주기의 신호파형이 나타나도록 오실로스코프의 시간 스케일과 화면에 최대 진폭의 신호파형이 나타나도록 오실로스코프의 전압 스케일을 조정하시오.

5) 오실로스코프를 사용하여 입력신호의 첨두전압 V_{pi} 및 주파수 f_i를 측정하여 10 V_{pp}, 60Hz가 되도록 파형발생기의 진폭 및 주파수를 정확히 조절하시오. 그 결과를 표 2-9에 기록하시오.

6) 오실로스코프의 CH2를 회로의 출력인 부하저항의 양단에 연결하고 수직설정에서 입력 커플링을 직류(DC)로 선택한 다음, 출력파형의 첨두값, 평균값, 주파수를 측정하시오. 측정 결과를 표 2-9에 기록한 다음 반파정류의 경우와 평균전압을 비교하시오.

7) 오실로스코프에 표시된 정류회로의 입력파형과 출력파형을 다음 그래프 상에 함께 그리시오.

실험결과 보고서

학번 : 성명 :

1. 제목 : 전파 브리지 정류회로
2. 회로도

3. 실험결과

1) 입/출력 파형

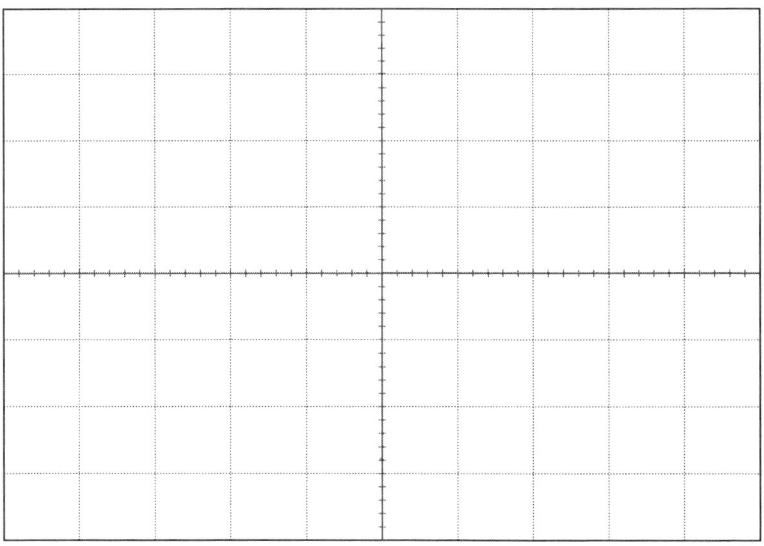

CH1 : v/Div M : sec/Div

2) 입/출력 데이터

표 2-9

전파 브리지 정류회로		계산값	측정값
입력	첨두값 V_{pi}	[V]	[V]
	주파수 f_i	[Hz]	[Hz]
출력	첨두값 V_{po}	[V]	[V]
	평균값 V_{DC}	[V]	[V]
	주파수 f_o	[Hz]	[Hz]

4. 평활회로

1) 반파 및 전파 평활회로

앞 절의 정류회로는 출력파형이 주기적으로 0V에서 첨두값 V_{po}까지 변화되므로 엄밀한 의미에서 직류전압이라고 하기는 어렵다. 따라서 출력전압을 보다 더 직류에 가까운 직선레벨의 전압으로 변환하기 위하여 그림 2-23과 같이 반파정류회로와 전파정류회로에 콘덴서를 병렬로 연결하여 평활회로를 구성한다. 콘덴서의 경우 일반적으로 방전시간이 충전시간보다 더 길게 되므로 전압의 변동이 훨씬 적은 직선에 가까운 출력전압을 얻을 수 있다. 평활회로를 필터회로라고도 한다.

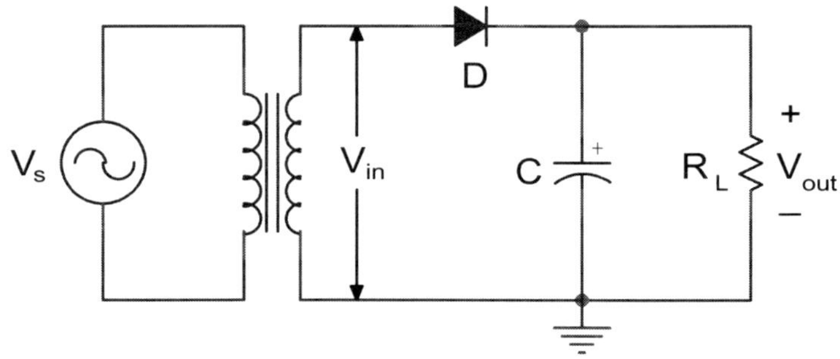

(a) 반파 평활회로

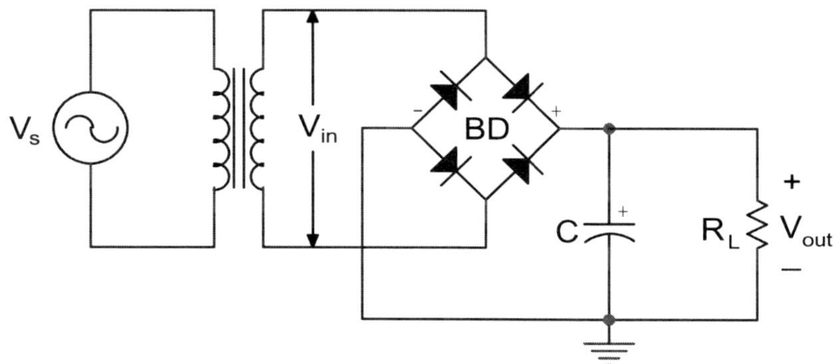

(b) 전파 평활회로

그림 2-23 평활회로

반파 평활회로의 경우 변압기 2차전압 V_{in}이 정(+)으로 증가하는 첫 $\frac{1}{4}$주기 동안 다이오드는 순방향 바이어스되어 그림 2-24 (a)와 같이 전류가 흘러 콘덴서는 입력의 첨두값보다 0.7V 낮은 전압까지 급격히 충전된다. 다음의 입력이 첨두값보다 작아지는 정(+)의 1/4 주기 및 부(-)의 반주기 동안 다이오드는 음극전압이 양극보다 더 커져 역방향 바이어스되어 차단되므로 콘덴서는 R_LC의 시정수에 의해 정해진 비율로 부하저항 R_L을 통해 서서히 방전하게 된다. 시정수가 크면 클수록 콘덴서는 방전시간이 훨씬 길어지게 된다. 그 다음 계속해서 입력전압이 콘덴서의 전압보다 0.7V 이상 크면 다이오드는 순방향 바이어스되어 콘덴서는 충전되고, 그 이외의 경우 다이오드는 역방향 바이어스되어 콘덴서가 방전되는 과정을 입력전압의 한 주기마다 반복한다. 그림 2-24 (b)에 반파 정류파형과 반파 평활회로의 출력파형(굵은 선)을 나타내었다.

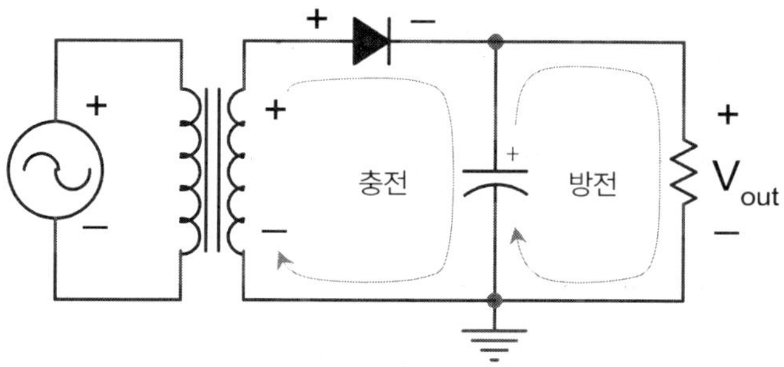

(a) 콘덴서의 충/방전

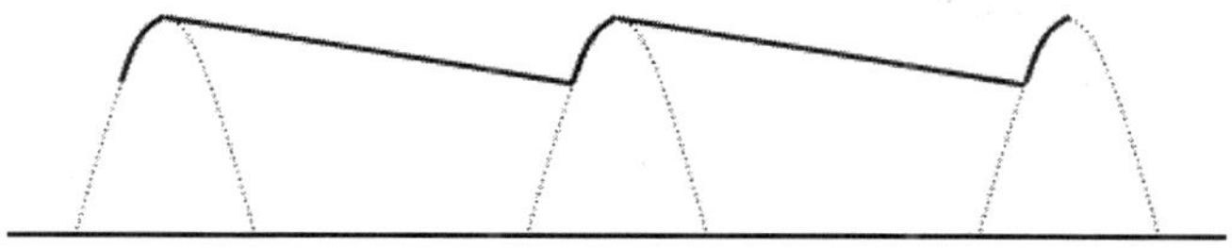

(b) 출력파형

그림 2-24 반파 평활회로의 동작

전파 평활회로의 경우는 변압기 2차전압이 정(+), 부(-)의 부호에 관계없이 콘덴서의 전압보다 1.4V 이상 크면 두 개의 다이오드씩 번갈아 가며 도통되므로 그림 2-25 (a)와 같이 전류가 흘러 콘덴서는 입력의 첨두값보다 1.4V 낮은 전압까지 급격히 충전되고 그 이외의 경우는 모든 다이오드가 역방향 바이어스되어 차단되므로 역시 콘덴서는 R_LC의 시정수에 의해 정해진 비율로 부하저항 R_L을 통해 서서히 방전하게 된다. 그 다음 계속해서 콘덴서가 충전되고 방전되는 과정을 입력전압의 반주기마다 반복한다. 그림 2-25 (b)에 전파 정류파형과 전파 평활회로의 출력파형(굵은 선)을 나타내었다.

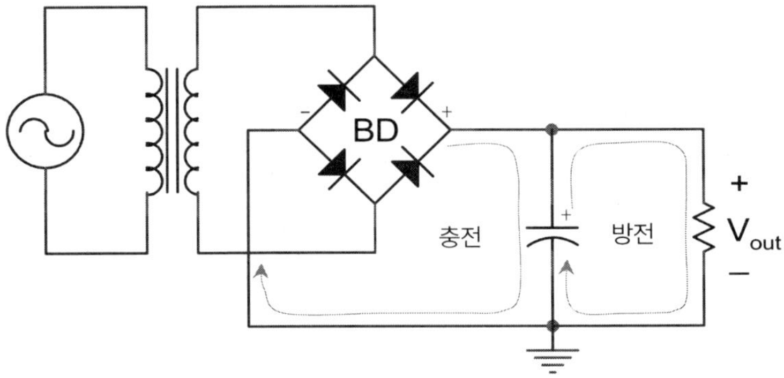

(a) 콘덴서의 충전/방전

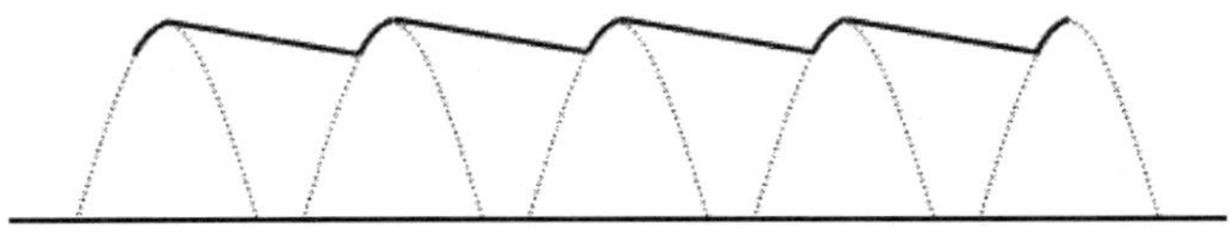

(b) 출력파형

그림 2-25 전파 평활회로의 동작

2) 리플전압(ripple voltage)

콘덴서는 그림 2-24 (b), 2-25 (b)와 같이 급격히 충전되고 서서히 방전된다. 이와 같이 콘덴서의 충전과 방전으로 인한 출력전압의 변동을 리플전압이라고 하며 리플이 적으면 적을수록 평활작용이 더 효율적이다.

같은 부하저항과 같은 정전용량을 갖는 콘덴서로 평활할 때 전파 평활회로의 출력전압이 반파 평활회로의 출력전압보다 리플이 더 적다. 이것은 그림에서 보는 바와 같이 펄스 사이의 구간이 반파 평활회로보다 전파 평활회로의 경우가 더 짧아서 방전이 적게 되기 때문이다. 또한 정전용량이 큰 콘덴서로 평활할수록 시정수가 커져 방전시간이 더 길어지기 때문에 리플이 더 적어진다.

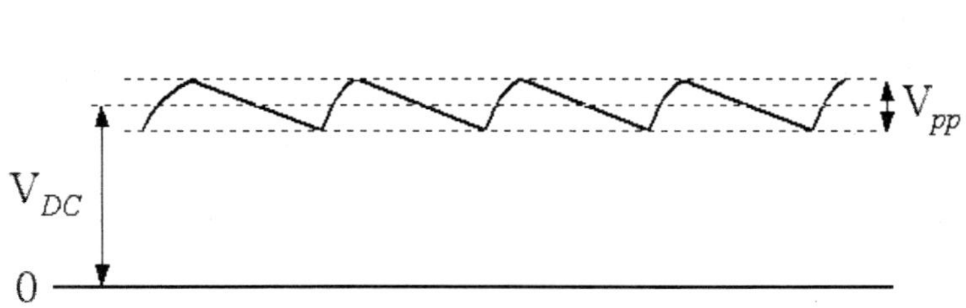

그림 2-26 리플계수

리플계수(ripple factor)는 평활작용의 효율을 나타내며 다음과 같이 정의한다.

$$r = \frac{V_{pp}}{V_{DC}} \tag{2-14}$$

여기서 V_{pp}는 리플전압의 첨두간 전압이며, V_{DC}는 직류전압의 평균값이다. 리플계수가 적으면 적을수록 평활작용이 더 효율적인 것이다. 리플계수는 부하저항을 증가시키거나 콘덴서의 정전용량이 클수록 적어진다.

충분히 큰 정전용량을 가진 콘덴서를 사용한 전파 평활회로의 경우 V_{DC}가 정류된 입력전압의 첨두값의 10% 내에 있다면 첨두전압 V_{pp}와 평균전압 V_{DC}는 다음과 같이 계산된다.

$$V_{pp} = \frac{V_{po}}{f R_L C} \tag{2-15}$$

$$V_{DC} = \left(1 - \frac{1}{2f R_L C}\right) V_{po} \tag{2-16}$$

여기서 V_{po}는 평활회로에 입력되는 정류된 파형의 첨두전압이고, f는 정류된 파형의 주파수이다.

예제 2-4

그림 2-27의 전파 평활회로에 대해 리플계수를 구하시오.

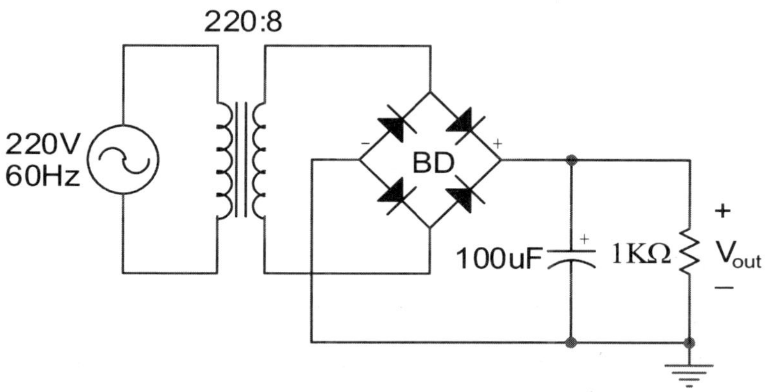

그림 2-27 전파 평활회로

변압기 1차권선의 실효전압이 220 [V]이고, 권선비가 220:8이므로 변압기 2차권선의 실효전압 V_{ri}는

$$220 : 8 = 220 : V_{ri}$$

$$V_{ri} = \frac{220 \cdot 8}{220} = 8[\mathrm{V}]$$

변압기 2차권선의 첨두값 V_{pi}는 실효값의 $\sqrt{2}$ 배이므로

$$V_{pi} = \sqrt{2}\, V_{ri} = 8\sqrt{2} = 11.3[\mathrm{V}]$$

평활회로에서 전파정류된 전압의 첨두값 V_{po}는

$$V_{po} = V_{pi} - 1.4 = 11.3 - 1.4 = 9.9[\mathrm{V}]$$

전파정류파형의 주파수 f는 120[Hz]이므로 리플전압의 첨두값 V_{pp}는

$$V_{pp} = \frac{V_{po}}{f R_L C} = \frac{9.9}{120 \cdot 1000 \cdot 100 \times 10^{-6}} = \frac{9.9}{12} = 0.825[\mathrm{V}]$$

평활된 출력전압의 평균값 V_{DC}는

$$V_{DC} = \left(1 - \frac{1}{2f R_L C}\right) V_{po} = \left(1 - \frac{1}{2 \cdot 120 \cdot 1000 \cdot 10^{-4}}\right) 9.9$$
$$= (1 - \frac{1}{24}) 9.9 = 9.5[\mathrm{V}]$$

리플계수는

$$r = \frac{V_{pp}}{V_{DC}} = \frac{0.825}{9.5} = 0.087$$

3) 브리지 다이오드

전파 브리지 정류회로에서와 같이 4개의 정류용 다이오드를 사용이 편리하도록 조합한 것을 브리지 다이오드라 한다. 브리지 다이오드는 그림 2-28 (a)와 같이 4개의 단자로 구성되며 ∿ 표시가 되어있는 두 단자에 교류를 입력하고, +, -는 직류 출력단자이다. 그림 2-28 (b)는 브리지 다이오드의 형태를 보여준다.

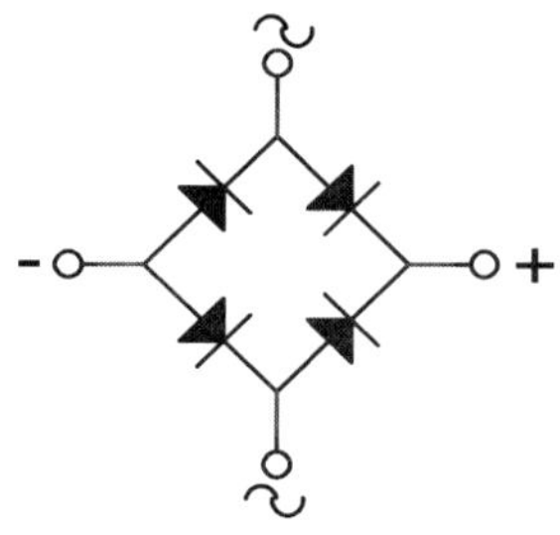

(a) 기호

(b) 형태

그림 2-28 브리지 다이오드의 기호와 형태

4) 브리지 다이오드의 규격표

표 2-10 브리지 다이오드

형명	내전압 VRRM	전류용량 Io	형명	내전압 VRRM	전류용량 Io
BR66	600[V]	6[A]	KBPC10-96	600[V]	10[A]
BR106	600[V]	10[A]	KBPC15-02	200[V]	15[A]
BR252	200[V]	25[A]	KBPC15-06	600[V]	15[A]
BR256	600[V]	25[A]	KBPC25-02	200[V]	25[A]
DB1206	600[V]	12[A]	KBPC25-06	600[V]	25[A]
DF04M	400[V]	1[A]	KBPC35-02	200[V]	35[A]
DF06M	600[V]	1[A]	KBPC35-06	600[V]	35[A]
KBP06	600[V]	1.5[A]	RS402	200[V]	4[A]
KBPC102	200[V]	3[A]	RS404	400[V]	4[A]
KBPC602	200[V]	6[A]	SB206	600[V]	2[A]
KBPC606	600[V]	6[A]	SB406	600[V]	4[A]
KBPC806	600[V]	8[A]	W02M	200[V]	1.5[A]
KBPC10-02	200[V]	10[A]	W06M	600[V]	1.5[A]

5) 급증전류

평활회로에 교류전원을 인가하기 전에 콘덴서는 충전되어 있지 않으므로 전원을 인가한 직후에 콘덴서는 단락상태가 되어 전류는 부하저항을 통하지 않고 바로 콘덴서를 통해 흐르게 되는데 전류를 제한하는 저항이 없으므로 다이오드에 급증전류가 흘러 다이오드를 파괴시킬 수 있다. 따라서 그림 2-29와 같이 브리지 다이오드와 콘덴서 사이에 전류제한용 저항 Rs을 직렬로 접속함으로써 초기의 급증전류를 막을 수 있다.

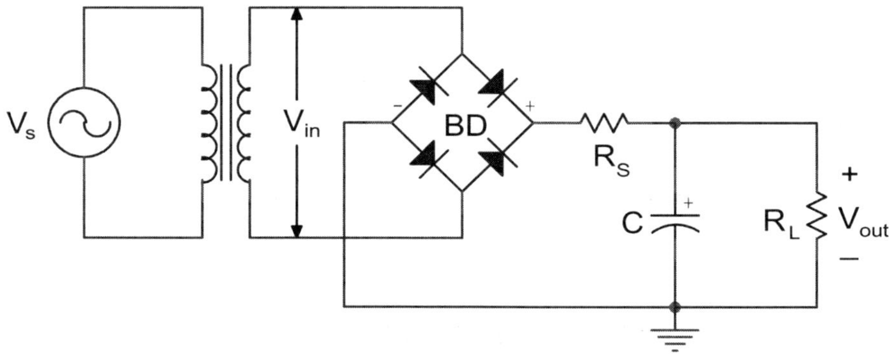

그림 2-29 직렬저항 접속

6) LC 필터회로

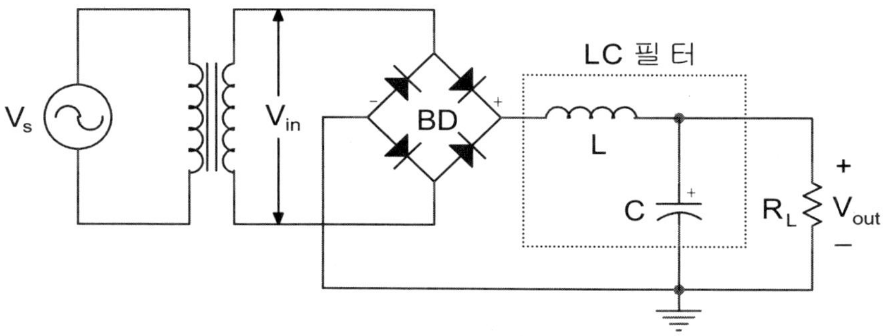

그림 2-30 LC 필터 접속

브리지 다이오드와 콘덴서 사이에 그림 2-29의 직렬저항 R_s 대신에 그림 2-30과 같이 인덕터를 직렬로 접속하여 LC 필터를 구성하면 초기의 급증전류를 막을 수 있을 뿐만 아니라 인덕턴스에 의해 출력전압의 시정수(LC)가 더 커지므로 리플을 훨씬 줄일 수 있다.

[실험 2-5] 평활회로 실험

1. 실험 목적

1) 반파 및 전파 평활회로의 동작을 이해한다.
2) 전파 평활회로가 반파 평활회로보다 평균전압이 더 크고 리플은 더 적어 효율이 우수함을 확인한다.
3) 정전용량이 큰 콘덴서로 평활할 때 평균전압이 더 크고, 리플이 더 적게 됨을 확인한다.

2. 실험 기기 및 부품

1) 파형발생기 : 정현파, 전압 $10V_{pp}$, 주파수 60Hz 1채널, 또는
   변압기 : 입력 220V/출력 10V 1개
2) 오실로스코프 : 2채널
3) 디지털 멀티미터 : 1대
4) 만능 조립기판 : 1대
5) 다이오드 : 1N4001 1개
6) 브리지 다이오드 : SB406 1개
7) 저항 : 1kΩ/0.25W 1개
8) 전해콘덴서 : 10uF/25V, 100uF/25V 각 1개

3. 실험 방법

1) 그림 2-31 (a)의 반파 평활회로에서 콘덴서 C를 제거한 반파 정류회로를 만능 조립기판에 구성하시오.
2) 오실로스코프의 CH1을 회로의 입력에 연결하고 수직설정에서 입력 커플링을 접지(GND)로 선택하여 0V 접지레벨이 화면의 수평축 상에 오도록 수직위치를 조절한 다음, 입력 커플링을 다시 교류(AC)로 변경하시오.
3) 오실로스코프의 화면에 2~3 주기의 압력파형이 나타나도록 오실로스코프의 시간 스케일과 화면에 최대 진폭의 신호파형이 나타나도록 오실로스코프의 전압 스케일을 조정하시오.
4) 오실로스코프를 사용하여 입력신호의 첨두전압 V_{pi} 및 주파수 f_i를 측정하여 $10V_{PP}$, 60Hz 가 되도록 파형발생기의 진폭 및 주파수를 정확히 조절하시오.

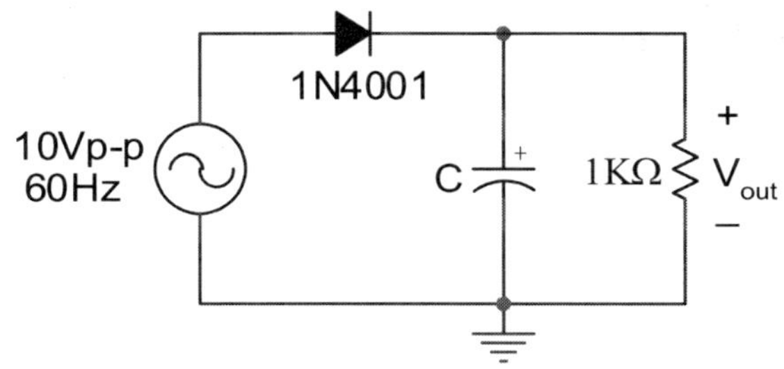

(a) 반파 평활회로

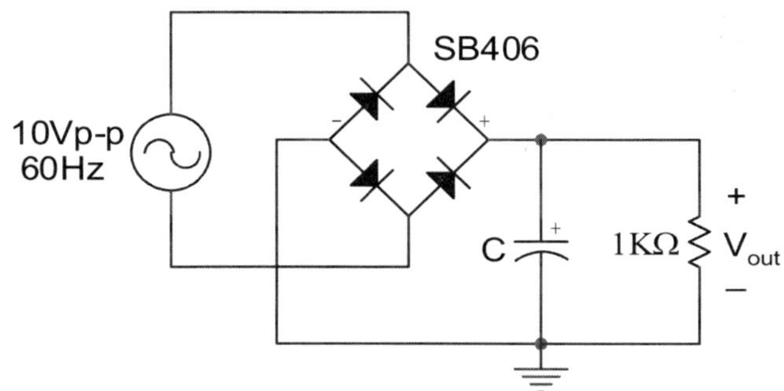

(b) 전파 평활회로

그림 2-31 평활 실험회로

5) 오실로스코프의 CH2를 회로의 출력인 부하저항의 양단에 연결하고 수직설정에서 입력 커플링을 직류(DC)로 선택한 다음 오실로스코프에 나타난 반파정류파형을 다음의 그래프 상에 그리시오.
6) 10uF의 콘덴서를 그림 2-31 (a)의 회로와 같이 연결한 다음 오실로스코프에 표시된 반파 평활회로의 출력파형을 그래프 상에 함께 그리시오. 또한 출력파형의 첨두전압 V_{pp}와 평균 전압 V_{DC}를 측정하고 리플계수 r을 계산하여 표 2-11에 기록하시오.
7) 반파 평활회로에 10uF의 콘덴서 대신에 100uF의 콘덴서를 사용하여 6)번의 실험과정을 반복하시오.
8) 그림 2-31 (b)의 전파 평활회로에 대해서도 10uF과 100uF의 콘덴서에 대해 1)번에서 7)번까지의 실험과정을 다시 반복하여 출력파형을 그래프 상에 그린 다음, 첨두전압과 평균전압을 측정하고 리플계수를 계산하여 표 2-11에 기록하시오.
9) 반파 평활회로와 전파 평활회로, 10uF과 100uF의 콘덴서를 사용한 각각의 경우에 대해 출력전압의 평균값 및 리플계수를 비교하여 각각의 평활작용 및 효율을 평가하시오.

실험결과 보고서

학번 : 성명 :

1. 제목 : 평활회로
2. 회로도

3. 실험결과

1) 입/출력 파형

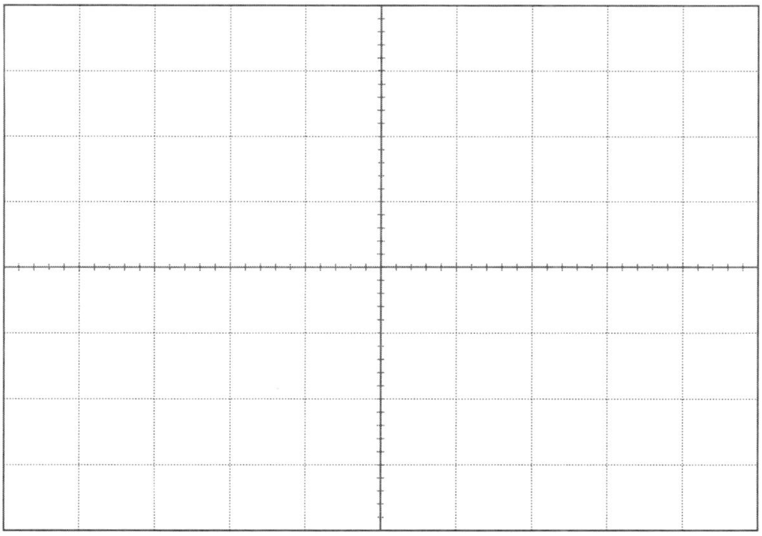

CH1 : v/Div M : sec/Div

2) 입/출력 데이터

표 2-11

회로	콘덴서 용량	평균전압 V_{DC}	첨두전압 V_{pp}	리플계수 r
반파 평활회로	10[μF]			
	100[μF]			
전파 평활회로	10[μF]			
	100[μF]			

5. 정전압 직류전원회로

큰 정전용량의 콘덴서를 갖는 전파 평활회로는 거의 직선으로 리플이 매우 작은 직류의 출력전압을 얻을 수 있다. 그러나 출력전압의 평균값이 평활회로의 입력에 따라 결정되므로 원하는 레벨의 출력전압을 얻기 위해서는 입력전압을 조정해야 한다. 또한 입력전압이 변화되면 출력의 평균전압도 변동될 수 있다. 따라서 입력전압의 변동에 관계없이 안정된 일정 레벨의 직류 출력전압을 얻기 위해서는 정전압회로를 추가하여야 한다.

1) 정전압 조정기(voltage regulator)의 구성 및 동작

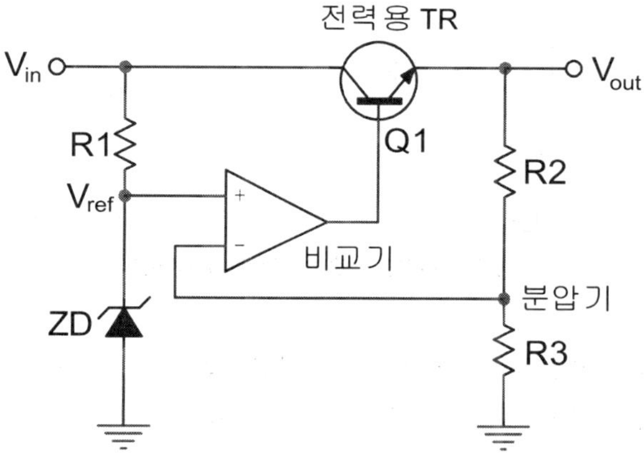

그림 2-32 정전압 조정기의 구성

기본 정전압 조정기의 구조는 그림 2-32와 같다. 출력전압의 변화는 저항 R2, R3로 구성된 분압기에 의해 검출된다. 출력전압이 감소하여 제너 다이오드에 의해 발생된 기준전압 V_{ref} 보다 작으면 연산증폭기로 구성된 비교기의 오차전압은 양(+)의 값으로 증폭되어 출력된다. 비교기의 출력에 연결된 전력용 트랜지스터 Q1의 베이스 전압이 증가하면 트랜지스터가 동작하여 입력전압이 공급되므로 출력전압이 증가하게 된다. 반대로 출력전압이 증가하여 기준전압보다 크게 되면 비교기의 출력은 음(-)의 값으로 증폭되어 전력용 트랜지스터가 동작하지 않으므로 출력전압은 감소하게 된다.

따라서 입력전압 V_{in} 이나 부하 R_L 이 변해도 출력전압을 원하는 크기로 계속 유지할 수 있다. 이때 출력전압은 입력전압보다 더 작게 된다. 또한 모든 부하전류가 전력용 트랜지스터를 통해 흐르므로 방열판을 부착하여 사용한다.

2) 고정출력 정전압 조정 IC

78XX 계열은 정(+)의 고정 출력전압을 갖는 대표적인 선형 정전압 조정용 IC로 그림 2-33 (a)와 같이 입력, 접지, 출력의 3단자로 구성되어 있으며 XX로 표시된 마지막 두 자리 숫자는 정(+)의 출력전압을 의미한다. 그림 2-33 (b)에 정(+) 정전압 조정 IC의 종류와 출력전압을 표시하였다.

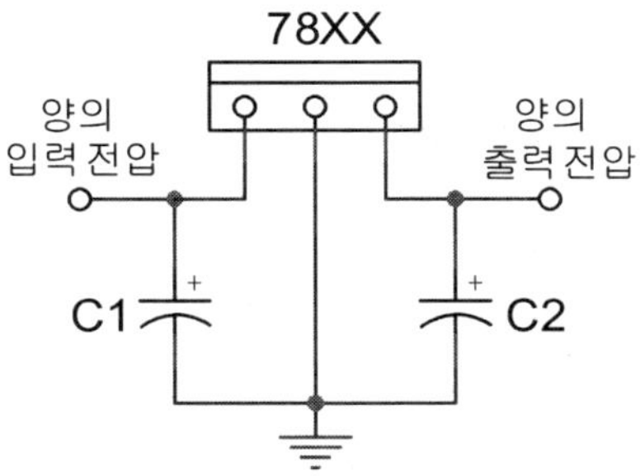

(a) 회로

종류	출력전압
7805	+5[V]
7806	+6[V]
7808	+8[V]
7809	+9[V]
7812	+12[V]
7815	+15[V]
7818	+18[V]
7824	+24[V]

(b) 7800 계열

그림 2-33 정(+) 정전압 조정기

79XX 계열은 부(-)의 고정 출력전압을 갖는 전형적인 선형 정전압 조정용 IC로 그림 2-34 (a)와 같이 입력, 접지, 출력의 3단자로 구성되어 있으며 78XX계열과 반대로 부(-)의 입/출력전압을 갖으며 XX로 표시된 마지막 두 자리 숫자는 부(-)의 출력전압을 의미한다. 그림 2-34 (b)에 부(-) 정전압 조정 IC의 종류와 출력전압을 표시하였다.

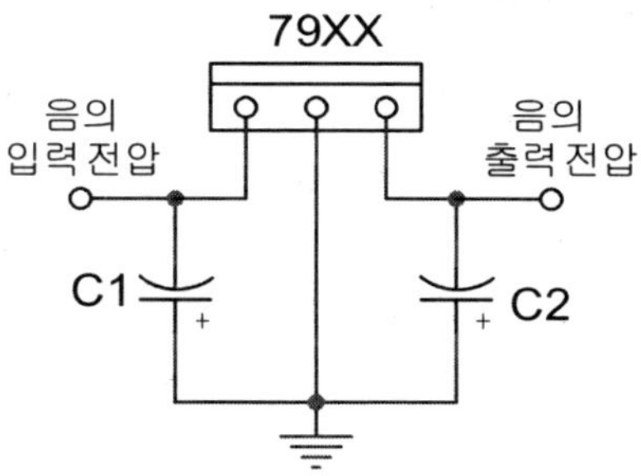

(a) 회로

종류	출력전압
7905	-5[V]
7906	-6[V]
7908	-8[V]
7912	-12[V]
7915	-15[V]
7918	-18[V]
7924	-24[V]

(b) 7900 계열

그림 2-34 부(–) 정전압 조정기

그림 2-33 (a)와 2-34 (a)와 같이 입력단과 출력단에 콘덴서를 사용하는데 입력측 콘덴서는 정전압 조정기와 전원공급장치 필터가 멀리 떨어져 있을 때 유도되는 발진을 방지하기 위해

사용한다. 출력측 콘덴서는 순간적인 응답특성을 개선하기 위해 사용한다. 보통 C1은 0.33㎌, C2는 0.1㎌을 사용한다.

안정화를 유지하기 위해서는 정전압 조정기의 입력전압이 출력전압보다 최소한 2V 이상 커야 한다. 적절한 방열판과 함께 사용하면 1A까지의 출력전류를 흘릴 수 있다.

3) +5V 정전압 직류전원회로

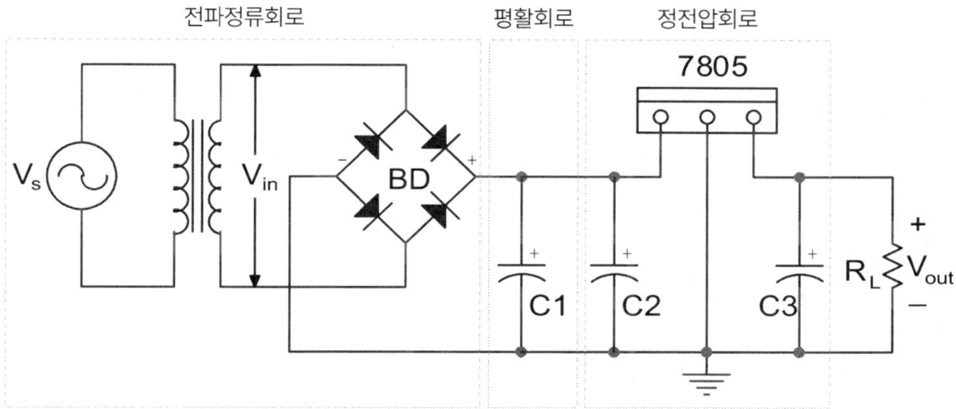

그림 2-35 +5V 정전압 직류전원회로

+5V 출력의 직류전원회로는 그림 2-35와 같이 7805를 사용하고 전파 브리지 정류회로, 평활회로, 정전압회로로 구성된다. 7805의 입력전압이 7V 이상으로 유지되는 한은 교류전원 V_s가 변하거나 부하가 변해도 출력전압 V_{out}은 5V로 일정하게 유지되지만 7805의 입력전압이 7V 이하로 떨어지게 되면 출력전압은 5V로 유지되지 못하고 감소하며 리플도 커지고 안정을 잃게 된다.

[실험 2-6] 정전압 직류전원회로

1. 실험 목적

1) 정전압 조정기의 구성 및 동작을 이해한다.
2) 입력전압이 변화해도 정전압 직류전원회로 출력전압은 변하지 않고 계속 일정한 값으로 안정되고 리플이 매우 적음을 확인한다.
3) 정전압 조정기의 출력전압이 안정되지 않고 변동하게 하는 최소 입력전압을 이해한다.

2. 실험 기기 및 부품

1) 파형발생기 : 정현파, 전압 10V_{pp}, 주파수 60Hz 1채널, 또는
   변압기 : 입력 220V/출력 10V 1개
2) 오실로스코프 : 1채널
3) 디지털 멀티미터 : 1대
4) 만능 조립기판 : 1대
5) 브리지 다이오드 : SB406 1개
6) 저항 : 1kΩ/0.25W 1개
7) 전해콘덴서 : 470uF/25V, 0.33uF/25V 각 1개
8) 세라믹콘덴서 : 0.1uF/16V 1개

3. 실험 방법

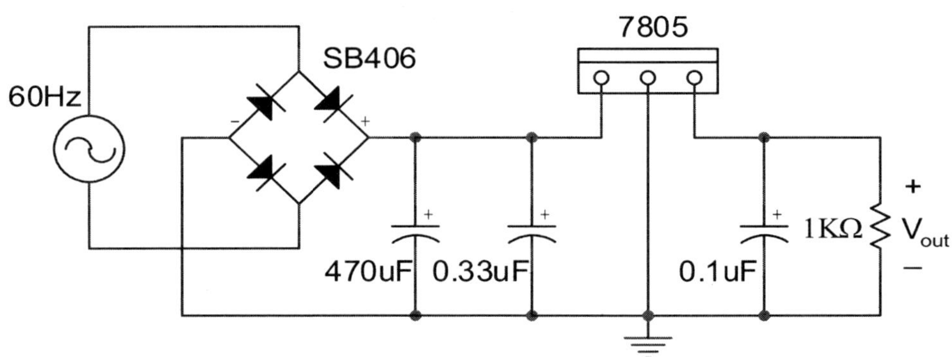

그림 2-36 정전압 직류전원 실험회로

1) 그림 2-36의 정전압 직류전원회로를 만능 조립기판에 구성하시오.
2) 파형발생기의 첨두전압이 10V 이상, 주파수가 60Hz가 되도록 입력신호의 진폭 및 주파수를 조절하시오.
3) 오실로스코프 CH1과 CH2의 수직설정에서 입력 커플링을 접지(GND)로 선택하여 0V 접지 레벨이 화면의 수평축 상에 오도록 수직위치를 조절한 다음, 입력 커플링을 다시 직류(DC)로 변경하시오.
4) 오실로스코프의 CH1과 CH2에 대한 시간 스케일을 1ms, 전압 스케일을 2V로 조정하시오.
5) 오실로스코프의 CH1은 정전압 조정 IC 7805의 입력단자에 연결하고, CH2를 회로의 출력인 부하저항의 양단에 연결하고 출력전압의 첨두값 V_{pp}, 평균값 V_{DC}를 측정하시오. 측정 결과를 표 2-12에 기록한 다음 리플계수 r을 계산하고 결과를 표 2-12에 계산식과 함께 기록하시오.
6) 교류 입력전압의 크기를 변화시켜 가면서 출력전압의 변동을 관찰하시오. 입력전압을 변화시켜도 출력전압은 변하지 않고 안정을 유지하지만 계속 감소시키면 어느 순간 출력전압이 불안정해져 리플이 커지고 감소하기 시작한다. 바로 그 순간 정전압 조정 IC 7805의 직류 입력전압을 CH1을 통해 측정하여 표 2-12의 최저 직류 입력전압 칸에 기록하시오.

실험결과 보고서

학번 : 성명 :

1. 제목 : 정전압 직류전원회로
2. 회로도

3. 실험결과(출력전압)

표 2-12

종 류	결과값
평균전압 V_{DC}	
첨두전압 V_{pp}	
리플계수 r	
최저 직류 입력전압	

2-6 다이오드 전압제한회로(Limiter)

1. 기본 리미터

1) 정 리미터

그림 2-37 (a)는 교류 입력전압의 정(+)의 반주기를 자르는 다이오드 리미터를 나타낸 것이다.

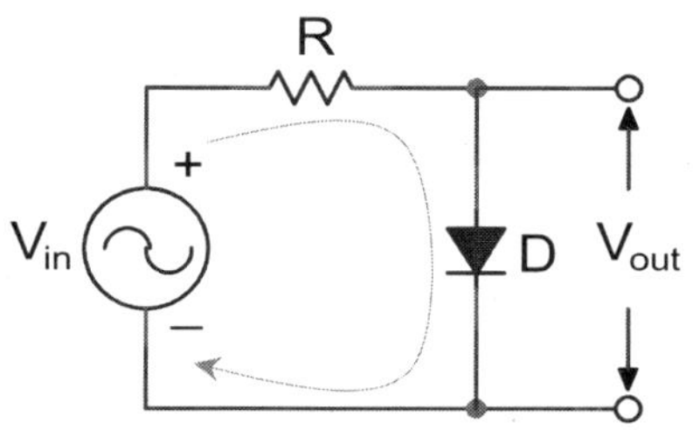

(a) 회로

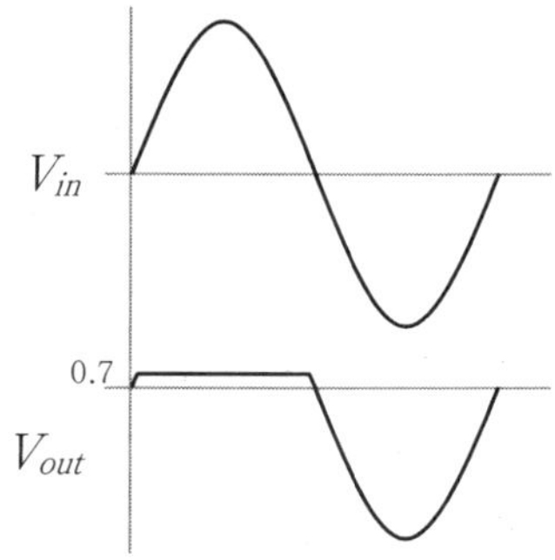

(b) 입/출력 파형

그림 2-37 기본 정 리미터

입력신호 V_{in} 이 0.7[V]보다 큰 정(+)의 반주기 동안에 다이오드 D는 순방향 바이어스되어 전류가 흐르므로 출력전압은 다이오드의 장벽전위로 제한되고, 입력전압의 나머지 경우에 다이오드는 역방향 바이어스되어 전류가 흐르지 않아 차단되므로 입력전압이 그대로 출력된다. 그림 2-37 (b)는 다이오드를 사용한 정 리미터의 입출력 파형을 보여준다.

표 2-13 기본 정 리미터의 동작 요약

전압조건	다이오드 상태	출력전압
$V_{in} \geq 0.7$	D 순방향 도통	$V_{out} = 0.7$
$V_{in} < 0.7$	D 역방향 차단	$V_{out} = V_{in}$

2) 부 리미터

그림 2-38 (a)는 교류 입력전압의 부(-)의 반주기를 자르는 다이오드 리미터를 나타낸 것이다.

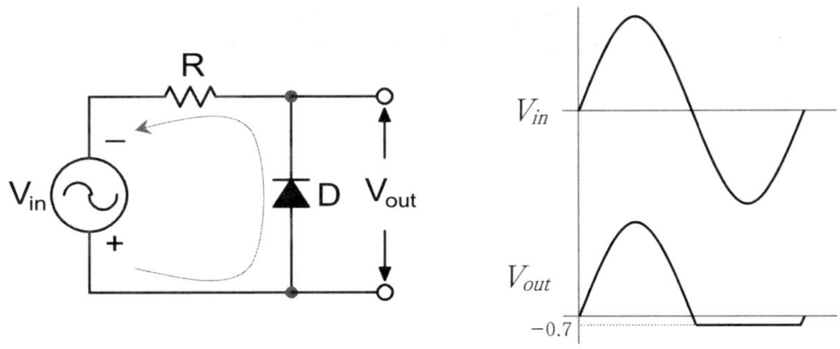

(a) 회로 (b) 입/출력 파형

그림 2-38 기본 부 리미터

입력신호 V_{in} 이 -0.7[V]보다 작은 부(-)의 반주기 동안에 다이오드 D는 순방향 바이어스되어 전류가 흐르고 출력전압은 다이오드 장벽전위의 음의 값으로 제한되고, 입력전압의 나머지 경우에 다이오드는 역방향 바이어스되어 전류가 흐르지 않아 차단되므로 입력전압이 그대로 출력된다. 그림 2-38 (b)는 다이오드를 사용한 부 리미터의 입출력 파형을 보여준다.

표 2-14 기본 부 리미터의 동작 요약

전압조건	다이오드 상태	출력전압
$V_{in} \leqq -0.7$	D 순방향 도통	$V_{out} = -0.7$
$V_{in} > -0.7$	D 역방향 차단	$V_{out} = V_{in}$

2. 바이어스된 리미터

1) 정 리미터

그림 2-39 (a)와 같이 다이오드와 직렬로 바이어스전압 VB를 연결하면 정(+)의 전압 제한레벨을 조정할 수 있다.

입력신호 V_{in} 이 V_B+0.7[V]보다 큰 정(+)의 반주기 동안에 다이오드 D는 순방향 바이어스되어 전류가 흐르므로 출력전압은 다이오드 장벽전위와 바이어스 전압의 합 V_B+0.7[V]으로 제한되고, 입력전압의 나머지 경우에 다이오드는 역방향 바이어스되어 전류가 흐르지 않아 차단되므로 입력전압이 그대로 출력된다. 그림 2-39 (b)는 바이어스된 정리미터의 입/출력 파형을 보여준다. 바이어스전압을 변화시키면 전압 제한레벨이 변화된다.

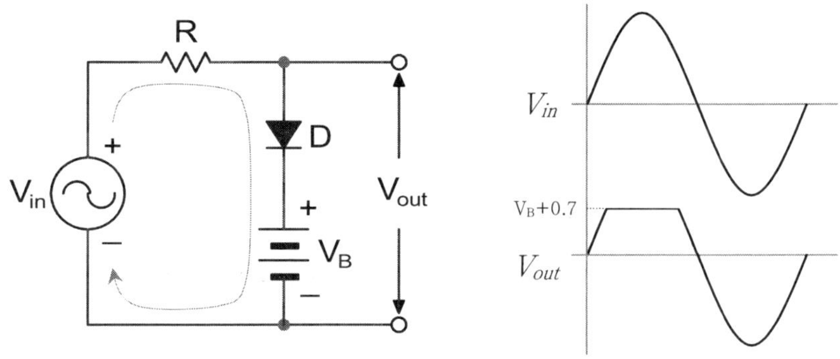

(a) 회로 (b) 입/출력 파형

그림 2-39 바이어스된 정 리미터

표 2-15 바이어스된 정 리미터의 동작 요약

전압조건	다이오드 상태	출력전압
$V_{in} \geq (V_B+0.7)$	D 순방향 도통	$V_{out} = V_B+0.7$
$V_{in} < (V_B+0.7)$	D 역방향 차단	$V_{out} = V_{in}$

2) 부 리미터

부(-)의 전압 제한레벨을 조정하기 위해서 다이오드와 직렬로 바이어스전압 V_B를 그림 2-40 (a)와 같이 연결한다.

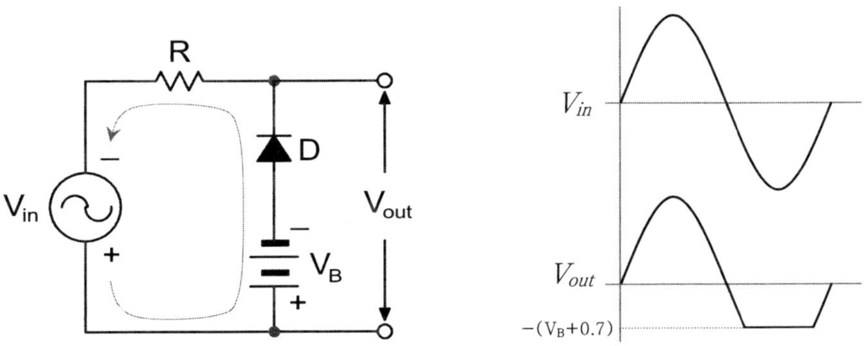

(a) 회로 (b) 입/출력 파형

그림 2-40 바이어스된 부 리미터

입력신호 V_{in} 이 $(-V_B-0.7)$보다 작은 부(-)의 반주기 동안에 다이오드 D는 순방향 바이어스되어 전류가 흐르고 출력전압은 다이오드 장벽전위와 바이어스 전압의 합의 음의 값 $(-V_B-0.7)$으로 제한되고, 입력전압의 나머지 경우에 다이오드는 역방향 바이어스되어 전류가 흐르지 않아 차단되므로 입력전압이 그대로 출력된다. 그림 2-40 (b)는 바이어스된 부리미터의 입/출력 파형을 보여준다. 역시 바이어스전압을 변화시키면 전압 제한레벨이 변화된다.

표 2-16 바이어스된 부 리미터의 동작 요약

전압조건	다이오드 상태	출력전압
$V_{in} \leqq -(V_B+0.7)$	D 순방향 도통	$V_{out}=-(V_B+0.7)$
$V_{in} > -(V_B+0.7)$	D 역방향 차단	$V_{out}=V_{in}$

3. 다이오드 슬라이서(Slicer)

그림 2-41 (a)는 바이어스된 정 리미터와 바이어스된 부 리미터를 결합하여 교류 입력전압의 정(+), 부(-)의 전압 제한레벨을 조정할 수 있는 다이오드 슬라이서를 나타낸 것이다.

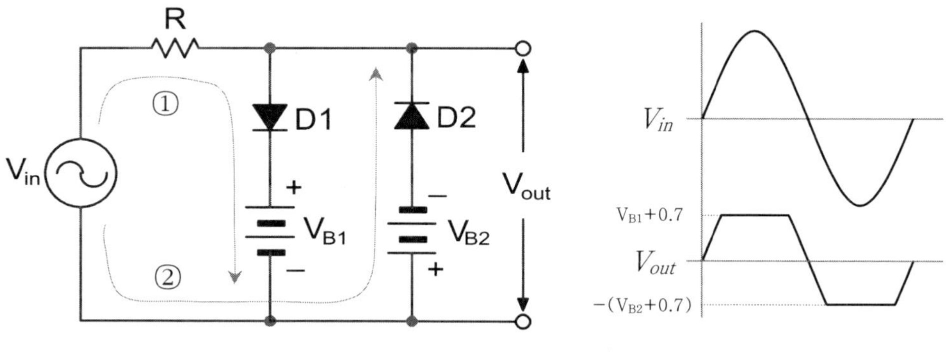

(a) 회로 (b) 입/출력 파형

그림 2-41 다이오드 슬라이서

입력신호 V_{in} 이 $(V_{B1}+0.7)$보다 큰 정의 반주기 동안에 다이오드 D1은 순방향 바이어스되고 D2는 역방향 바이어스되어 그림 2-41 (a)의 ①과 같이 전류가 흐르므로 출력전압은 $(V_{B1}+0.7)$로 제한되고, V_{in} 이 $-(V_{B2}+0.7)$보다 작은 부의 반주기 동안에 다이오드 D1은 역방향 바이어스되고 D2는 순방향 바이어스되어 전류가 ②와 같이 흐르고 출력전압은 $-(V_{B2}+0.7)$으로 제한되며, 입력전압의 나머지 경우에 다이오드 D1, D2는 모두 역방향 바이어스되어 전류가 흐르지 않아 차단되므로 입력전압이 그대로 출력된다. 그림 2-41 (b)는 다이오드 슬라이서의 입/출력 파형을 보여준다. 역시 바이어스전압을 변화시키면 전압 제한레벨이 변화된다.

표 2-17 다이오드 슬라이서의 동작 요약

전압조건	다이오드 상태	출력전압
$V_{in} \geq (V_{B1}+0.7)$	D1 순방향 도통 D2 역방향 차단	$V_{out} = V_{B1}+0.7$
$V_{in} \leq -(V_{B2}+0.7)$	D1 역방향 차단 D2 순방향 도통	$V_{out} = -(V_{B2}+0.7)$
$-(V_{B2}+0.7) < V_{in} < (V_{B1}+0.7)$	D1, D2 역방향 차단	$V_{out} = V_{in}$

[실험 2-7] 다이오드 슬라이서 실험

1. 실험 목적

1) 다이오드 슬라이서의 동작을 이해한다.
2) 다이오드 슬라이서의 바이어스전압의 선택에 따른 전압 제한레벨의 변화를 측정한다.

2. 실험 기기 및 부품

1) 파형발생기 : 삼각파, 전압 $12V_{pp}$, 주파수 1KHz
2) 오실로스코프 : 2채널
3) 디지털 멀티미터 : 1대
4) 직류전원장치 : 가변 2채널
5) 만능 조립기판 : 1대
6) 다이오드 : 1N4937 2개
7) 저항 : 10kΩ/0.25W 1개

3. 실험 방법

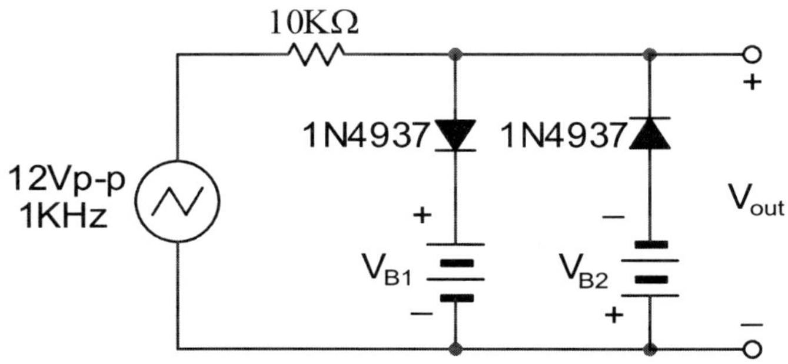

그림 2-42 다이오드 슬라이서 실험회로

1) 그림 2-42의 다이오드 슬라이서를 만능 조립기판에 구성하시오.
2) 파형 발생기의 파형을 삼각파로 선택하시오.
3) 오실로스코프의 CH1을 회로의 입력에 연결하고 수직설정에서 입력 커플링을 접지(GND)로 선택하여 0[V] 접지레벨이 화면의 수평축 상에 오도록 수직위치를 조절한 다음, 입력 커플링을 다시 교류(AC)로 변경하시오.
4) 오실로스코프의 화면에 2~3 주기의 신호파형이 나타나도록 오실로스코프의 시간 스케일과 화면에 최대 진폭의 신호파형이 나타나도록 오실로스코프의 전압 스케일을 조정하시오.

5) 오실로스코프를 사용하여 입력신호의 첨두전압 및 주파수를 측정하여 12V, 1KHz가 되도록 파형발생기의 진폭 및 주파수를 정확히 조절하시오.
6) 오실로스코프의 CH2를 회로의 출력에 연결하고 수직설정에서 입력 커플링을 교류(AC)로 선택하시오.
7) 바이어스 전압 $V_{B1} = V_{B2} = 5[\mathrm{V}]$로 선택하고 정의 전압 제한레벨과 부의 전압 제한레벨을 계산하여 표 2-18에 계산식과 함께 기록하시오.
8) 오실로스코프의 CH2에 나타난 실제의 정의 전압 제한레벨과 부의 전압 제한레벨을 측정하여 그 결과를 표 2-18에 기록하시오.
9) 오실로스코프에 나타난 다이오드 슬라이서의 입력파형과 출력파형을 다음의 그래프 상에 함께 그리시오.
10) 바이어스 전압 9V, 12V, 15V에 대해서 앞의 6)에서 8)까지의 실험과정을 반복하시오

실험결과 보고서

학번 : 성명 :

1. 제목 : 다이오드 슬라이서
2. 회로도

3. 실험결과

1) 입/출력 파형

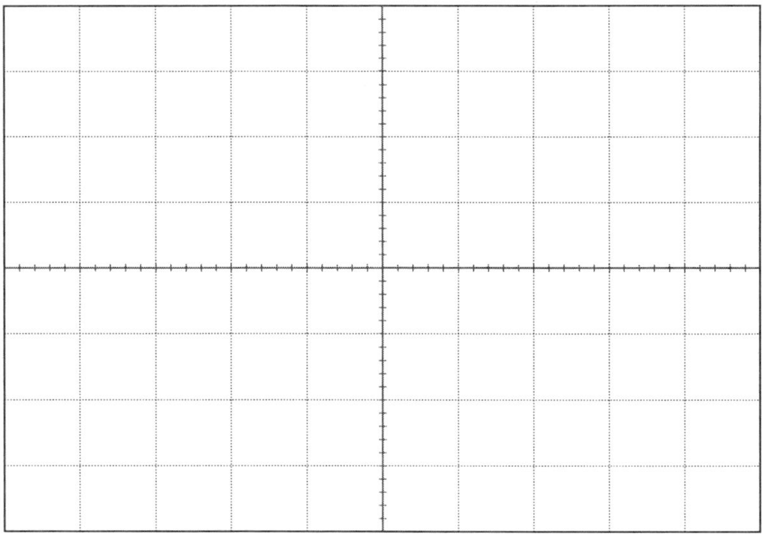

CH1 : v/Div M : sec/Div

2) 입/출력 데이터

표 2-18

V_{B1}	V_{B2}	정(+)의 제한전압		부(-)의 제한전압	
		계산값	측정값	계산값	측정값
5[V]	5[V]	[V]	[V]	[V]	[V]
9[V]	5[V]	[V]	[V]	[V]	[V]
12[V]	12[V]	[V]	[V]	[V]	[V]
15[V]	15[V]	[V]	[V]	[V]	[V]

2-7 다이오드 클램퍼(Clamper)

클램퍼는 교류전압에 직류레벨을 더하는 것으로 입력파형이 상하로 이동한다. 클램퍼를 직류복원기라고도 한다.

1. 기본 클램퍼

1) 정 클램퍼

그림 2-43 (a)는 정(+)의 직류레벨을 더하는 다이오드 클램퍼를 나타낸 것이다.

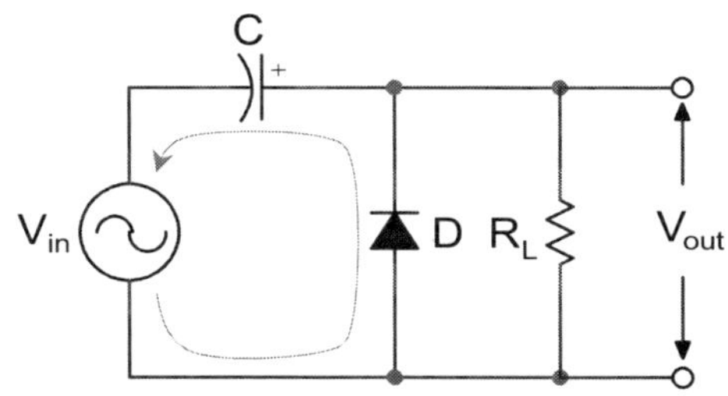

(a) 회로

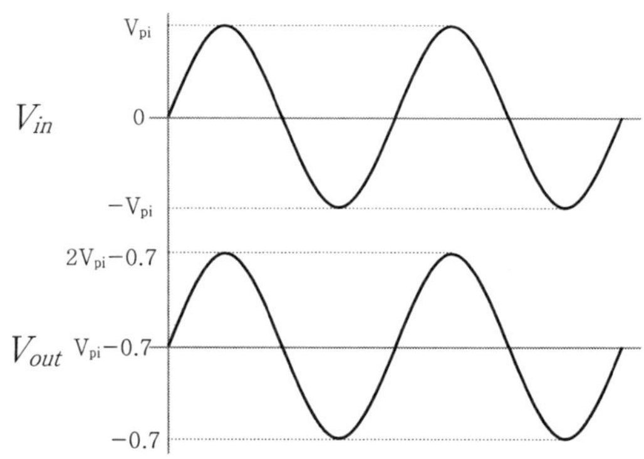

(b) 입/출력 파형

그림 2-43 기본 정(+) 클램퍼

입력전압의 처음 부의 반주기 동안 다이오드는 순방향 바이어스가 걸려 콘덴서는 충전하게 되므로 최대 충전전압은 입력전압의 첨두값에서 다이오드의 전압강하를 뺀 값과 같게 된다.

$$V_C = V_{pi} - 0.7 \tag{2-17}$$

다음 정의 반주기 동안 다이오드는 역방향 바이어스가 걸리므로 차단되어 부하저항 R_L을 통해서 전류가 흐르므로 이미 콘덴서에 충전된 전압은 입력신호와 직렬로 연결된 전지와 같은 역할을 하기 때문에 부하저항 양단의 출력전압은 중첩의 원리에 의해 입력전압에 콘덴서의 전압이 더해지므로 다음과 같다.

$$V_{out} = V_{in} + V_C = V_{in} + (V_{pi} - 0.7) \tag{2-18}$$

계속해서 다음 부의 반주기 동안 콘덴서에 충전된 전압이 방전되어 약간 떨어지면 다이오드는 순방향 바이어스가 걸려 콘덴서는 곧바로 다시 충전하게 되고, 최대로 충전되면 콘덴서에 충전된 전압 V_C에 의해 다이오드는 역방향 바이어스가 걸려 차단되며, 다음 정의 반주기 동안에도 다이오드는 역방향으로 차단되므로 입/출력파형은 그림 2-43 (b)와 같다. 이때 콘덴서는 식 (2-14)의 전압을 계속 유지하도록 적게 방전해야 하므로 부하저항의 값은 커야 한다.

2) 부 클램퍼

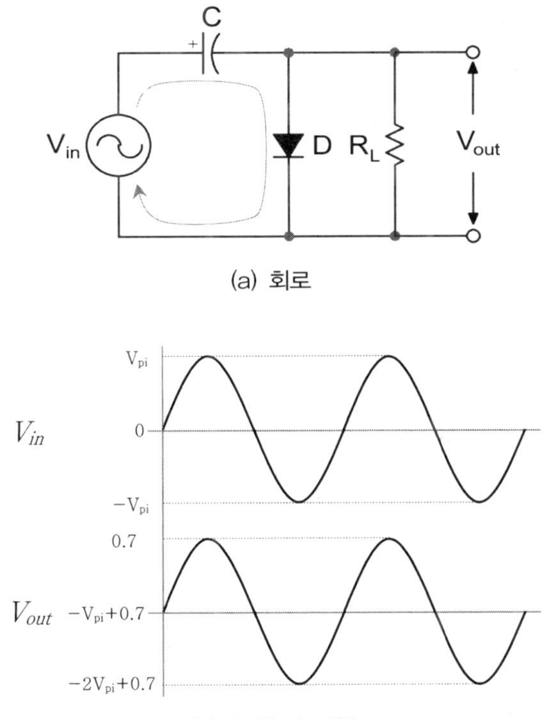

(a) 회로

(b) 입/출력 파형

그림 2-44 기본 부(−) 클램퍼

그림 2-44 (a)는 정의 직류레벨을 더하는 다이오드 클램퍼를 나타낸 것이다.

입력전압의 처음 정의 반주기 동안 다이오드는 순방향 바이어스가 걸려 콘덴서는 충전하게 되므로 최대 충전전압은 역시 $V_C = V_{pi} - 0.7$ 이 된다. 그 다음 부의 반주기 동안 다이오드는 역방향 바이어스가 걸려 차단되어 부하저항을 통해서 전류가 흐르므로 출력전압은 중첩의 원리에 의해 입력전압에 콘덴서 전압의 부의 값이 더해지므로 다음과 같다.

$$V_{out} = V_{in} - V_C = V_{in} - (V_{pi} - 0.7) \tag{2-19}$$

계속해서 다음 정의 반주기 동안 콘덴서에 충전된 전압이 방전되어 약간 떨어지면 다이오드는 순방향 바이어스가 걸려 콘덴서는 곧바로 다시 충전하게 되고, 최대로 충전되면 콘덴서에 충전된 전압 V_C에 의해 다이오드는 역방향 바이어스가 걸려 차단되며, 다음 부의 반주기 동안에도 다이오드는 역방향으로 차단되므로 입/출력파형은 그림 2-44 (b)와 같다.

2. 바이어스된 클램퍼

1) 바이어스된 정 클램퍼

그림 2-45 (a)는 다이오드와 직렬로 바이어스전압 V_B를 인가하여 정의 이동레벨을 조정할 수 있는 바이어스된 다이오드 클램퍼를 나타낸 것이다.

입력전압이 $V_{in} \leq -(V_B + 0.7)$ 인 처음 부의 반주기 동안 다이오드는 순방향 바이어스가 걸려 콘덴서는 충전하게 되므로 최대 충전전압은 입력전압의 첨두값에서 바이어스전압과 다이오드의 전압강하를 뺀 것과 같게 된다.

$$V_C = V_{pi} - (V_B + 0.7) \tag{2-20}$$

그 다음 정의 반주기 동안 다이오드는 역방향 바이어스가 걸리므로 차단되어 부하저항을 통해서 전류가 흐르므로 출력전압은 중첩의 원리에 의해 입력전압에 콘덴서의 전압이 더해지므로 다음과 같다.

$$V_{out} = V_{in} + V_C = V_{in} + (V_{pi} - V_B - 0.7) \tag{2-21}$$

계속해서 다음 부의 반주기 동안 콘덴서에 충전된 전압이 방전되어 약간 떨어지면 다이오드는 순방향 바이어스가 걸려 콘덴서는 곧바로 다시 충전하게 되고, 최대로 충전되면 콘덴서에 충전된 전압 V_C에 의해 다이오드는 역방향 바이어스가 걸리고, 다음 정의 반주기 동안에도 다이오드는 역방향 바이어스가 걸려 차단되므로 입/출력파형은 그림 2-45 (b)와 같다.

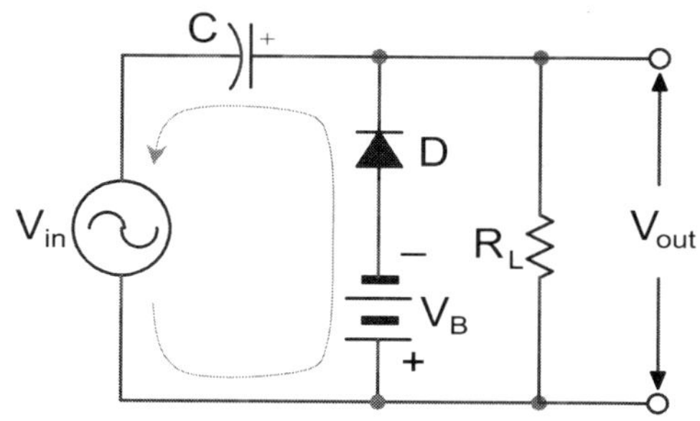

(a) 회로

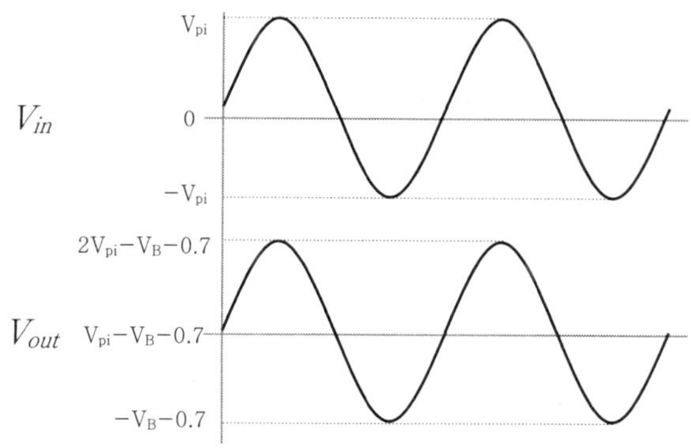

(b) 입/출력 파형

그림 2-45 바이어스된 정(+) 클램퍼

2) 바이어스된 부 클램퍼

그림 2-46 (a)는 다이오드와 직렬로 바이어스전압 V_B를 인가하여 부의 이동레벨을 조정할 수 있는 바이어스된 다이오드 클램퍼를 나타낸 것이다.

입력전압이 $V_{in} \geq -(V_B+0.7)$인 처음 정의 반주기 동안 다이오드는 순방향 바이어스가 걸려 콘덴서는 충전하게 되므로 최대 충전전압은 $V_C = V_{pi}-(V_B+0.7)$이 된다. 그 다음 부의 반주기 동안 다이오드는 역방향 바이어스가 걸려 차단되어 부하저항을 통해서 전류가 흐르므로 출력전압은 중첩의 원리에 의해 입력전압에 콘덴서 전압의 부의 값이 더해지므로 다음과 같다.

$$V_{out} = V_{in} - V_C = V_{in} - (V_{pi} - V_B - 0.7) \tag{2-22}$$

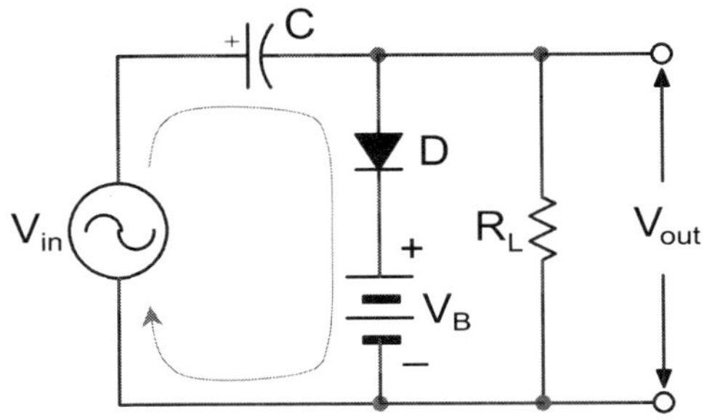

(a) 회로

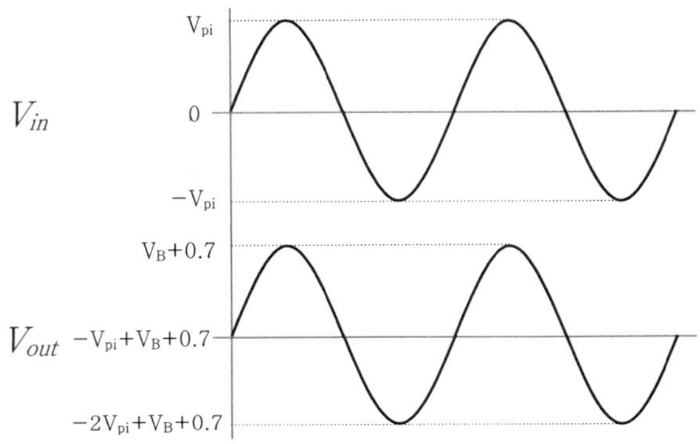

(b) 입/출력 파형

그림 2-46 바이어스된 부클램퍼

계속해서 다음 정의 반주기 동안 콘덴서에 충전된 전압이 방전되어 약간 떨어지면 다이오드는 순방향 바이어스가 걸려 콘덴서는 곧바로 다시 충전하게 되고, 최대로 충전되면 콘덴서에 충전된 전압 V_C에 의해 다이오드는 역방향 바이어스가 걸리고, 다음 부의 반주기 동안에도 다이오드는 역방향 바이어스가 걸려 차단되므로 입/출력파형은 그림 2-46 (b)와 같다.

[실험 2-8] 다이오드 클램퍼 실험

1. 실험 목적

1) 다이오드 클램퍼의 동작을 이해한다.
2) 다이오드 클램퍼의 바이어스 전압의 선택에 따른 전압 이동레벨의 변화를 측정한다.

2. 실험 기기 및 부품

1) 파형발생기 : 삼각파, 전압 $10V_{pp}$, 주파수 1KHz
2) 오실로스코프 : 2채널
3) 디지털 멀티미터 : 1대
4) 직류전원장치 : 가변 1채널
5) 만능 조립기판 : 1대
6) 다이오드 : 1N4937 1개
7) 저항 : 100kΩ/0.25W 1개
8) 전해콘덴서 : 10uF/16V 1개

3. 실험 방법

1) 그림 2-47 (a)의 바이어스된 다이오드 정 클램퍼 회로를 만능 조립기판에 구성하시오.
2) 파형 발생기의 파형을 삼각파로 선택하시오.
3) 오실로스코프의 CH1을 회로의 입력에 연결하고 수직설정에서 입력 커플링을 접지(GND)로 선택하여 0V 접지레벨이 화면의 수평축 상에 오도록 수직위치를 조절한 다음, 입력 커플링을 다시 교류(AC)로 변경하시오.
4) 오실로스코프의 화면에 2~3 주기의 신호파형이 나타나도록 오실로스코프의 시간 스케일과 화면에 최대 진폭의 신호파형이 나타나도록 오실로스코프의 전압 스케일을 조정하시오.
5) 오실로스코프를 사용하여 입력신호의 첨두전압 및 주파수를 측정하여 10V, 1KHz가 되도록 파형발생기의 진폭 및 주파수를 정확히 조절하시오
6) 오실로스코프의 CH2를 회로의 출력에 연결하고 수직설정에서 입력 커플링을 교류(AC)로 선택하시오.

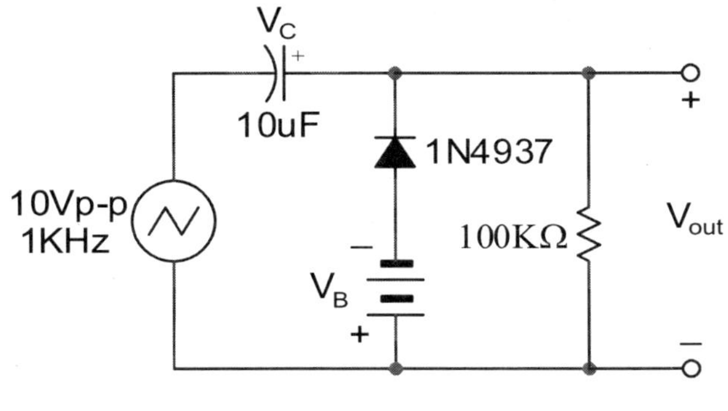

(a) 정 클램퍼

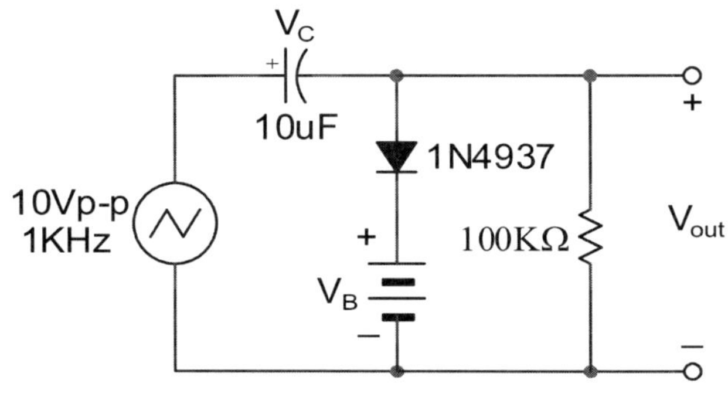

(b) 부 클램퍼

그림 2-47 바이어스된 다이오드 클램퍼 실험회로

7) 바이어스 전압 $V_B = 5\text{V}$로 선택하고 정의 전압 이동레벨과 부의 전압 이동레벨을 계산하여 표 2-19에 계산식과 함께 기록하시오.
8) 오실로스코프의 CH2에 나타난 실제의 정의 전압 이동레벨과 부의 전압 이동레벨을 측정하여 측정결과를 표 2-19에 기록하시오.
9) 오실로스코프에 나타난 다이오드 클램퍼의 입력파형과 출력파형을 다음의 그래프 상에 함께 그리시오.
10) 바이어스 전압 9V에 대해서 앞의 7)에서 8)까지의 실험과정을 반복하시오.
11) 그림 2-47 (b)의 바이어스된 다이오드 부 클램퍼 회로에 대해 앞의 7)에서 10)까지의 실험과정을 반복하시오.

실험결과 보고서

학번 : 성명 :

1. 제목 : 다이오드 클램퍼
2. 회로도

3. 실험결과

1) 입/출력 파형

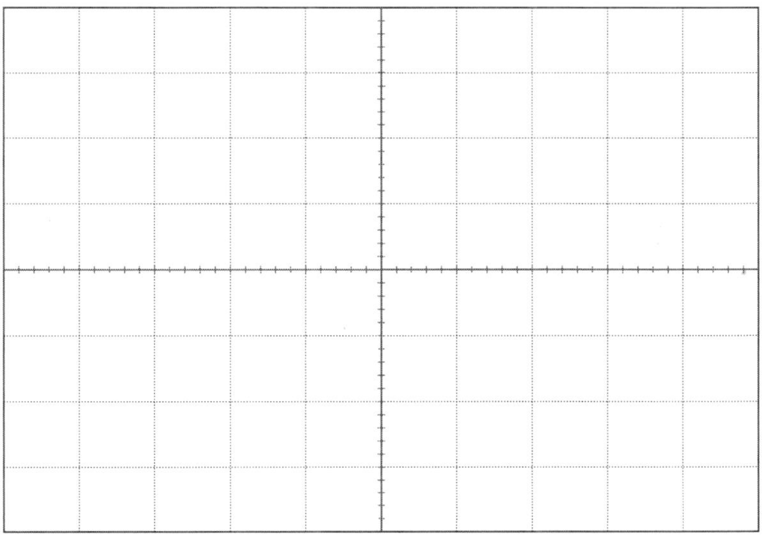

CH1 : v/Div M : sec/Div

2) 입/출력 데이터

표 2-19

클램퍼	V_B	입력 첨두전압 V_{pi}	직류 이동레벨 V_C	
			계산값	측정값
정(+) 클램퍼	5[V]	[V]	[V]	[V]
	9[V]	[V]	[V]	[V]
부(+) 클램퍼	5[V]	[V]	[V]	[V]
	9[V]	[V]	[V]	[V]

2-8 배전압회로

1. 2배 전압회로

1) 반파 배전압회로

그림 2-48은 다이오드 반파 배전압회로이다.

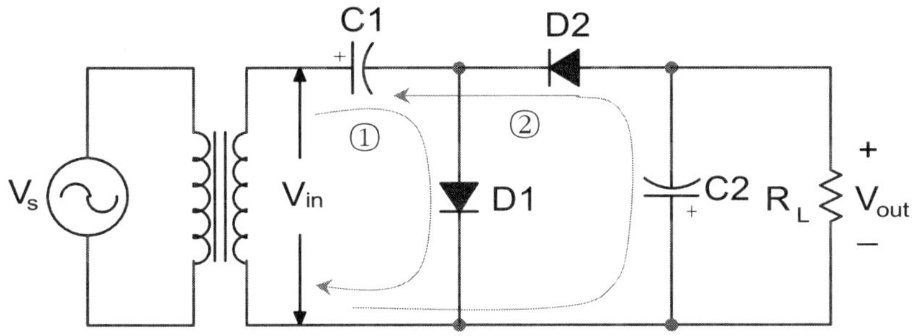

그림 2-48 반파 배전압회로

변압기 2차전압의 정의 반주기 동안 다이오드 D1은 순방향, D2는 역방향 바이어스되어 그림 2-48의 ①과 같이 전류가 흐른다. 콘덴서 C1의 충전전압은 변압기 2차 전압의 첨두값 V_{pi}에서 다이오드의 전압강하를 뺀 것과 같다.

$$V_{C1} = V_{pi} - 0.7 \quad (2\text{-}23)$$

변압기 2차 전압의 부(-)의 반주기 동안에는 다이오드 D1은 역방향, D2는 순방향 바이어스되어 그림 2-48의 ②와 같이 전류가 흐른다. 콘덴서 C1의 충전전압은 변압기 2차 전압과 직렬로 연결된 전지와 같은 역할을 하므로 콘덴서 C2의 충전전압은 변압기 2차 전압의 첨두값에서 다이오드의 전압강하를 뺀 전압에 콘덴서 C1의 충전전압이 더해지므로 다음과 같다.

$$V_{C2} = V_{pi} + V_{C1} = 2V_{pi} - 0.7 \quad (2\text{-}24)$$

다이오드의 전압강하를 무시하면 $V_{C1} = V_{pi}$이므로

$$V_{out} \fallingdotseq 2V_{pi} \quad (2\text{-}25)$$

부하저항 R_L이 콘덴서 C2의 양단에 연결되어 있으므로 콘덴서 C2는 입력전압의 정의 반주기 동안에는 부하저항을 통해 방전하고 그 다음 부의 반주기 동안에는 다시 $2V_{pi}$까지 충전하므로 콘덴서에 의해 필터된 반파 평활전압이 출력된다.

2) 전파 배전압회로

그림 2-49는 다이오드 전파 배전압회로이다.

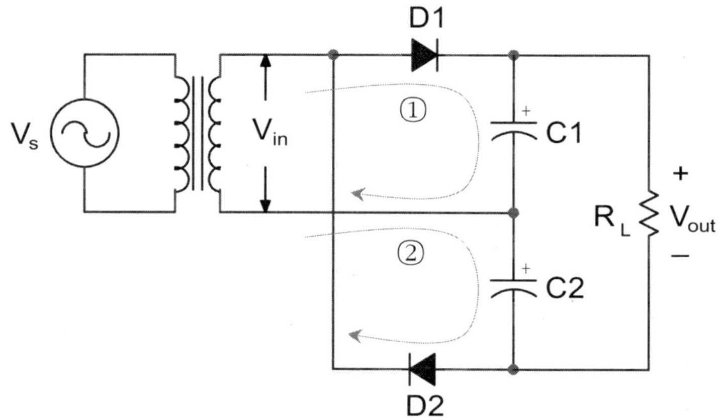

그림 2-49 전파 배전압회로

변압기 2차 전압의 정의 반주기 동안 다이오드 D1은 순방향, D2는 역방향 바이어스되어 그림 2-49의 ①과 같이 전류가 흐르므로 콘덴서 C1은 변압기 2차전압의 첨두값 V_{pi}에서 다이오드의 전압강하를 뺀 전압까지 충전된다.

$$V_{C1} = V_{pi} - 0.7$$

변압기 2차 전압의 부의 반주기 동안 다이오드 D1은 역방향, D2는 순방향 바이어스되어 그림 2-49의 ②와 같이 전류가 흐르므로 콘덴서 C2는 변압기 2차 전압의 첨두값에서 다이오드의 전압강하를 뺀 전압까지 충전된다.

$$V_{C2} = V_{pi} - 0.7 \tag{2-26}$$

부하저항 양단의 출력전압은 직렬로 연결된 두 개의 콘덴서 양단에서 얻을 수 있으므로 다이오드의 전압강하를 무시하면

$$V_{out} = V_{C1} + V_{C2} \fallingdotseq 2V_{pi} \tag{2-27}$$

입력전압의 정의 반주기 동안에는 콘덴서 C1이 충전되고, 그 다음 부의 반주기 동안에는 콘덴서 C2가 충전되어 $2V_{pi}$까지 충전되지만 입력전압이 콘덴서 충전전압보다 낮으면 콘덴서는 부하저항을 통해 방전하므로 콘덴서에 의해 필터된 전파 평활전압이 출력된다. 전파 배전압회로가 반파 배전압회로보다 출력 임피던스가 낮고 출력전압의 리플도 적다.

2. 3배 전압회로

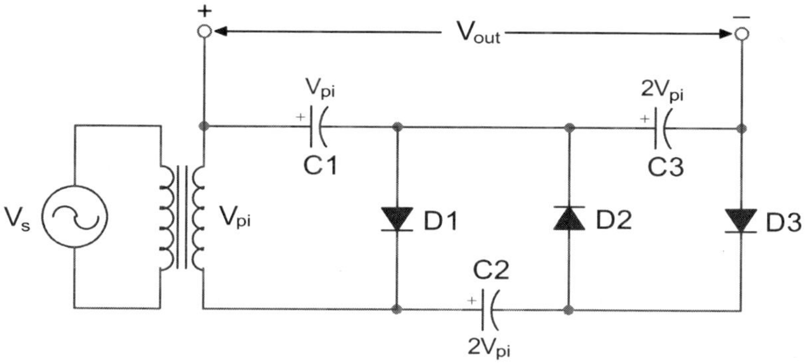

그림 2-50 3배 전압회로

반파 배전압회로에 다이오드와 콘덴서를 추가함으로써 그림 2-50과 같이 3배 전압회로를 구성한다. 변압기 2차 전압의 정의 반주기 동안 D1을 통해 C1은 첨두값 V_{pi}까지 충전된다. 부의 반주기 동안 D2를 통해 C2는 $2V_{pi}$까지 충전된다. 그 다음 정의 반주기 동안 D3를 통해 C3는 $2V_{pi}$까지 충전된다. 따라서 콘덴서 C1과 C3 양단 전압은 변압기 2차전압의 첨두값의 3배의 전압을 얻을 수 있다.

3. 4배 전압회로

그림 2-51과 같이 3배 전압회로에 다이오드와 콘덴서를 추가하면 첨두값의 4배의 출력전압을 얻을 수 있다. 변압기 2차 전압의 부의 반주기 동안 D4를 통해 C4는 첨두값의 2배인 $2V_{pi}$까지 충전된다. 따라서 콘덴서 C2와 C4 양단 전압은 변압기 2차 전압의 첨두값의 4배의 전압을 얻을 수 있다.

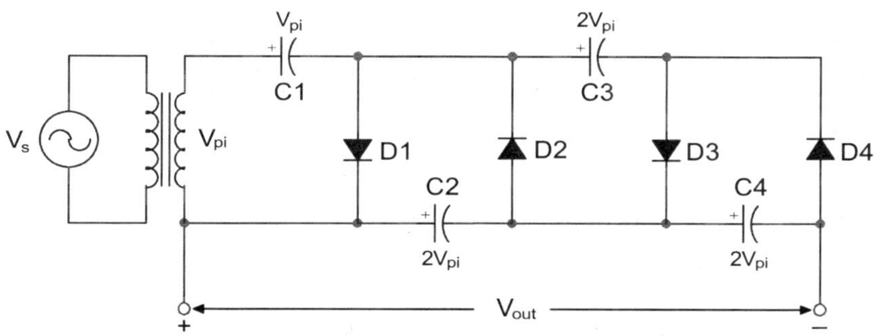

그림 2-51 4배 전압회로

[실험 2-9] 배전압회로 실험

1. 실험 목적

1) 다이오드 반파 및 전파 배전압회로의 동작을 이해한다.
2) 반파 및 전파 배전압회로의 출력전압은 입력전압 첨두값의 2배가 됨을 확인한다.
3) 전파 배전압회로의 출력전압이 반파 배전압회로의 출력전압보다 리플이 적음을 확인한다.

2. 실험 기기 및 부품

1) 파형발생기 : 정현파, 전압 $5\,V_{pp}$, 주파수 60Hz 1채널, 또는
   변압기 : 입력 220V/출력 4V 1개
2) 오실로스코프 : 2채널
3) 디지털 멀티미터 : 1대
4) 만능 조립기판 : 1대
5) 다이오드 : 1N4001 2개
6) 저항 : 1kΩ/0.25W 1개
7) 전해콘덴서 : 100uF/16V 2개

3. 실험 방법

1) 그림 2-52 (a)의 반파 배전압회로의 주어진 입력조건에 대해 콘덴서 C1의 충전전압 V_{C1}, 콘덴서 C2의 충전전압 V_{C2}, 출력전압 V_{out}을 계산하여, 표 2-20에 그 계산식과 함께 결과를 기록하시오.
2) 그림 2-52 (a)의 반파 배전압회로를 만능 조립기판에 구성하시오.
3) 입력 교류전압의 설정을 위해 권선비가 220:4인 변압기를 사용하여 220V의 교류전원에 연결하거나, 파형발생기를 주파수가 60[Hz]인 정현파로 조절하시오.
4) 오실로스코프의 CH1을 회로의 입력에 연결하고 수직설정에서 입력 커플링을 접지(GND)로 선택하여 0[V] 접지레벨이 화면의 수평축 상에 오도록 수직위치를 조절한 다음, 입력 커플링을 다시 교류(AC)로 변경하시오.
5) 오실로스코프의 화면에 2~3 주기의 신호파형이 나타나도록 오실로스코프의 시간 스케일과 화면에 최대 진폭의 신호파형이 나타나도록 오실로스코프의 전압 스케일을 조정하시오.
6) 오실로스코프를 사용하여 입력신호의 첨두전압 및 주파수를 측정하여 5V, 60Hz가 되도록 파형발생기의 진폭 및 주파수를 정확히 조절하시오.

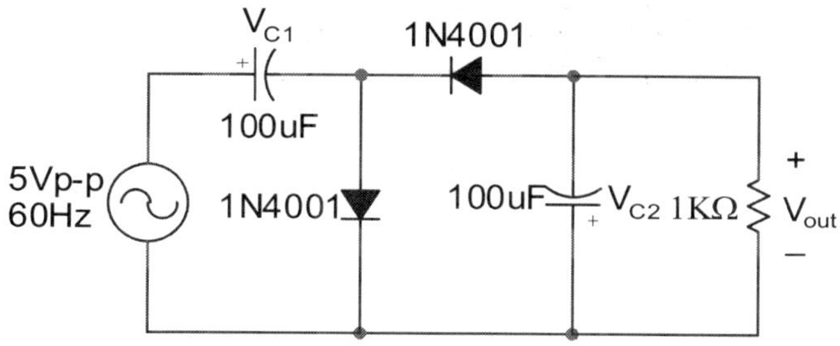

(a) 반파 배전압기

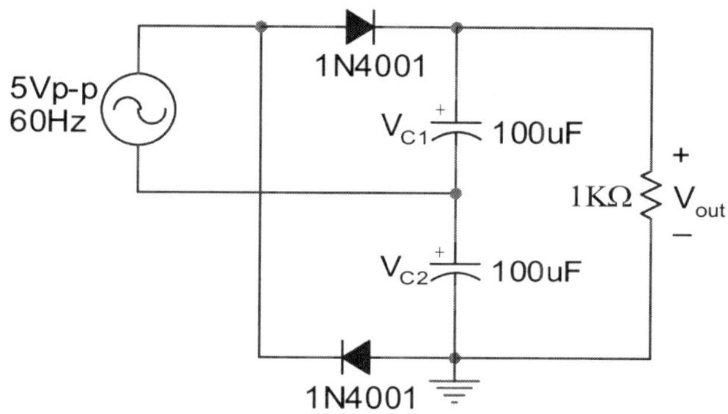

(b) 전파 배전압기

그림 2-52 배전압 실험회로

7) 오실로스코프의 CH2를 회로의 콘덴서 C1에 연결하고 수직설정에서 입력 커플링을 직류(DC)로 선택한 다음 충전전압 V_{C1} 을 측정하여 그 결과를 표 2-20에 기록하시오.

8) 오실로스코프의 CH2를 회로의 콘덴서 C2에 연결하고 충전전압 V_{C2} 을 측정하여 그 결과를 표 2-20에 기록하시오.

9) 오실로스코프의 CH2를 회로의 부하저항 R_L 에 연결하고 출력전압 V_{out} 을 측정하여 그 결과를 표 2-20에 기록하시오.

10) 그림 2-52 (b)의 전파 배전압회로를 만능 조립기판에 구성한 다음 전파 배전압회로에 대해서 앞의 1)에서 9)까지의 실험과정을 반복하시오.

11) 반파 배전압회로와 전파 배전압회로의 측정결과를 토대로 리플계수를 계산하고 서로 비교하여 전파 배전압회로가 반파 배전압회로보다 출력전압의 리플이 적음을 확인하시오.

실험결과 보고서

학번 : 성명 :

1. 제목 : 배전압회로
2. 회로도

3. 실험결과

표 2-20

배전압회로	종류	계산값	측정값
반파 배전압기	V_{pi}	[V]	[V]
	V_{C1}	[V]	[V]
	V_{C2}	[V]	[V]
	V_{out}	[V]	[V]
전파 배전압기	V_{pi}	[V]	[V]
	V_{C1}	[V]	[V]
	V_{C2}	[V]	[V]
	V_{out}	[V]	[V]

2-9 특수 다이오드

1. 제너(zener) 다이오드

일반적으로 다이오드에 역방향 전압을 인가하면 전류는 흐르지 않는다. 그러나 어느 정도의 큰 전압을 인가하면 다이오드는 견딜 수 없어 갑자기 역방향으로 큰 전류가 흐르기 시작한다. 이러한 현상을 역방향 항복이라 하고 이 특성을 이용한 것이 제너 다이오드이다.

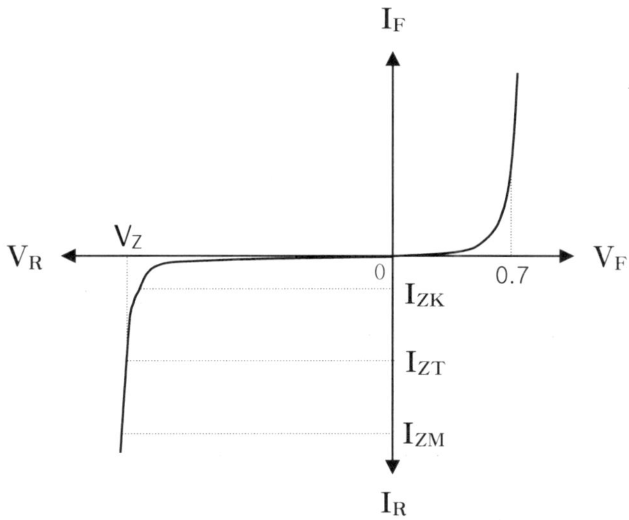

그림 2-53 제너 다이오드의 전압-전류 특성

제너 다이오드는 정류용 다이오드와는 다른 실리콘 pn접합 소자로서 역방향으로 이용하도록 설계되었다. 그림 2-53의 전압-전류 특성곡선과 같이 제너 다이오드의 순방향 특성은 일반적인 정류 다이오드와 동일하지만 역방향 전압에 의하여 전류가 흐르게 되면 계속 전압을 증가시켜도 다이오드에 걸리는 역방향 전압은 더 이상 증가하지 않고 일정전압으로 제한된다. 이때 일정하게 유지되는 전압을 항복전압 V_z 이라 하고 시험 제너전류 I_{ZT}에서 측정된 값이다. 제너 다이오드의 항복전압은 제작과정 중 불순물 도핑레벨에 의하여 적절히 조절할 수 있다. 제너 다이오드는 역방향 최소전류 I_{ZK}에서 역방향 최대전류 I_{ZM}까지의 역방향 전류 변화에 대하여 다이오드 양단의 전압을 거의 일정하게 유지한다. 이러한 현상을 이용하여 제너 다이오드는 정전압회로, 기준전압회로, 전압제한회로 등에 이용된다.

그림 2-54는 제너 다이오드의 기호와 역방향 항복에서의 등가회로를 나타낸 것이다. 등가회로에는 제너 임피던스 Z_Z를 포함한다. 전압의 변화는 완전히 수직이 아니기 때문에 그림 2-53에서 보는 바와 같이 제너전류의 변화는 미소한 제너전압의 변화를 만든다.

제너 임피던스는 제너전압의 변화 ΔV_Z와 제너전류의 변화 ΔI_Z의 비로 다음과 같다.

$$Z_Z = \frac{\Delta V_Z}{\Delta I_Z} \tag{2-28}$$

일반적으로 제너 임피던스는 제너전류 값의 선형 범위에 걸쳐서 일정한 것으로 가정된다.

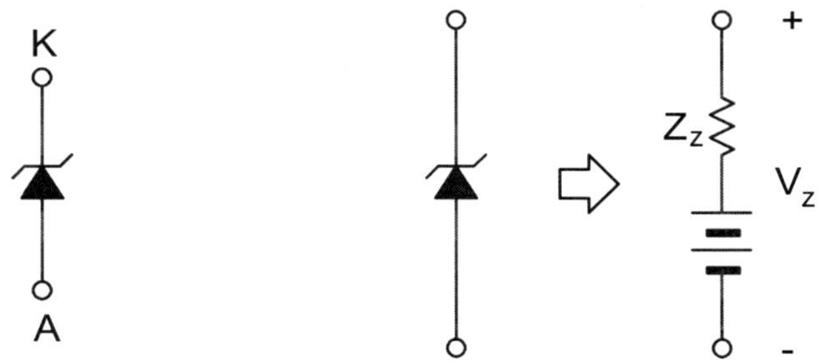

(a) 기호 (b) 등가회로

그림 2-54 제너 다이오드의 기호 및 등가회로

1) 제너 다이오드 규격표

표 2-21 제너 다이오드

형 명	항복전압 V_Z [V]	시험전류 I_{ZT} [mA]	Zener Impedance			Leakage Current	
			Z_{ZT} [Ω]	Z_{ZK} [Ω]	I_{ZK} [mA]	I_R [μA]	V_R [V]
1N4728	3.3	76	10	400	1.0	100	1.0
1N4729	3.6	69	10	400	1.0	100	1.0
1N4730	3.9	64	9.0	400	1.0	50	1.0
1N4731	4.3	58	9.0	400	1.0	10	1.0
1N4732	4.7	53	8.0	500	1.0	10	1.0
1N4733	5.1	49	7.0	550	1.0	10	1.0
1N4734	5.6	45	5.0	600	1.0	10	2.0
1N4735	6.2	41	2.0	700	1.0	10	3.0
1N4736	6.8	37	3.5	700	1.0	10	4.0
1N4737	7.5	34	4.0	700	0.5	10	5.0
1N4738	8.2	31	4.5	700	0.5	10	6.0

형 명	항복전압 V_Z [V]	시험전류 I_{ZT} [mA]	Zener Impedance			Leakage Current	
			Z_{ZT} [Ω]	Z_{ZK} [Ω]	I_{ZK} [mA]	I_R [μA]	V_R [V]
1N4739	9.1	28	5.0	700	0.5	10	7.0
1N4740	10	25	7.0	700	0.25	10	7.6
1N4741	11	23	8.0	700	0.25	5.0	8.4
1N4742	12	21	9.0	700	0.25	5.0	9.1
1N4743	13	19	10	700	0.25	5.0	9.9
1N4744	15	17	14	700	0.25	5.0	11.4
1N4745	16	15.5	16	700	0.25	5.0	12.2
1N4746	18	14	20	750	0.25	5.0	13.7
1N4747	20	12.5	22	750	0.25	5.0	15.2
1N4748	22	11.5	23	750	0.25	5.0	16.7
1N4749	24	10.5	25	750	0.25	5.0	18.2
1N4750	27	9.5	35	750	0.25	5.0	20.6
1N4751	30	8.5	40	1000	0.25	5.0	22.8
1N4752	33	7.5	45	1000	0.25	5.0	25.1
1N4753	36	7.0	50	1000	0.25	5.0	27.4
1N4754	39	6.5	60	1000	0.25	5.0	29.7
1N4755	43	6.0	70	1500	0.25	5.0	32.7
1N4756	47	5.5	80	1500	0.25	5.0	35.8
1N4757	51	5.0	95	1500	0.25	5.0	38.8
1N4758	56	4.5	110	2000	0.25	5.0	42.6
1N4759	62	4.0	125	2000	0.25	5.0	47.1
1N4760	68	3.7	150	2000	0.25	5.0	51.7
1N4761	75	3.3	175	2000	0.25	5.0	56.0
1N4762	82	3.0	200	3000	0.25	5.0	62.2
1N4763	91	2.8	250	3000	0.25	5.0	69.2
1N4764	100	2.5	350	3000	0.25	5.0	76.0

2) 전압 안정화

제너 다이오드는 직류전원의 전압 안정화에 널리 사용된다. 그림 2-55에서와 같이 직류 입력전압 V_B를 제너 다이오드에 대해 역방향으로 연결하면 입력전압이 제너 다이오드의 항복전압 V_z 보다 작은 경우 출력전압 V_{out} 은 입력전압이 그대로 출력되지만, 입력전압이 더 큰 경우 출력전압은 항복전압으로 제한된다. 입력전압이 항복전압보다 큰 범위 내에서 변화할지라도 제너 다이오드는 출력전압을 거의 일정하게 유지한다.

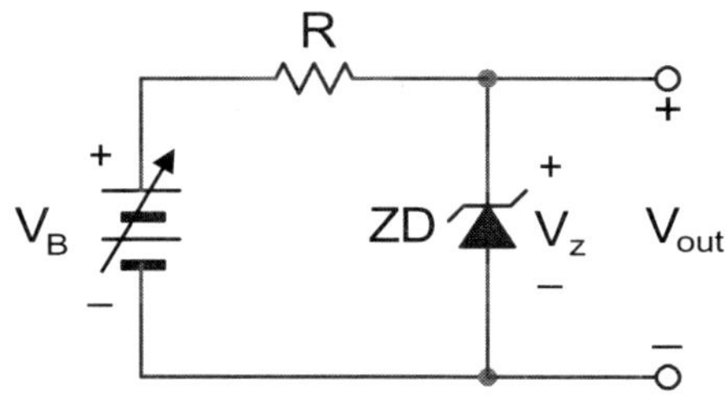

그림 2-55 전압 안정화 회로

최대 제너전류 I_{ZM}은 규격표에서 정해지지 않을 수도 있기 때문에 다음 식과 같이 계산할 수 있다.

$$I_{ZM} = \frac{P_{Dmax}}{V_Z} \tag{2-29}$$

여기서 P_{Dmax}는 최대 소비전력이다.

예제 2-5

그림 2-56의 제너 안정화 회로에 대하여 다음 질문에 답하시오.

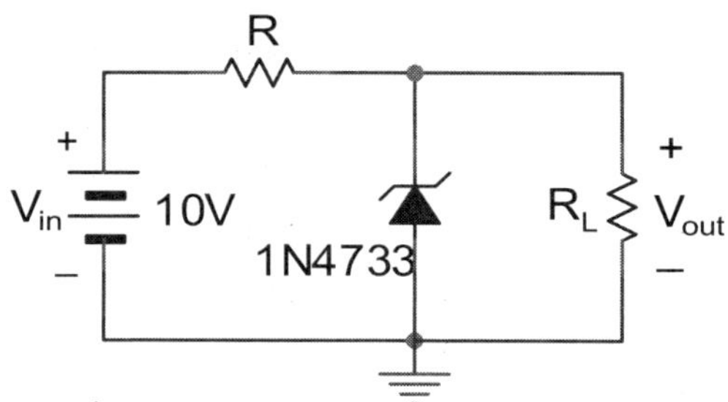

그림 2-56 제너 안정화 회로

사용된 제너 다이오드 1N4733은 부록의 제너 다이오드 규격표에서 항복전압 $V_z = 5.1[\text{V}]$, 최소 제너전류 $I_{ZK} = 1[\text{mA}]$, 시험 제너전류 $I_{ZT} = 49[\text{mA}]$, 제너 임피던스 $Z_{ZT} = 7[\Omega]$으로 주어져 있다.

(a) I_{ZK}와 I_{ZM}에서 출력전압 V_{out}을 구하시오.

① I_{ZK}의 경우

$$V_{out} = V_Z = 5.1 - \Delta I_Z Z_{ZT} = 5.1 - (I_{ZT} - I_{ZK}) Z_{ZT}$$

$$= 5.1 - (49 - 1) \times 10^{-3} \cdot 7 = 4.764[\text{V}]$$

② I_{ZM}의 경우

소비전력이 1[W]이므로 최대 제너전류는

$$I_{ZM} = \frac{1}{5.1} = 196[\text{mA}]$$

$$V_{out} = V_Z = 5.1 + \Delta I_Z Z_{ZT} = 5.1 + (I_{ZM} - I_{ZT}) Z_{ZT}$$

$$= 5.1 + (196 - 49) \times 10^{-3} \cdot 7 = 6.129[\text{V}]$$

(b) 사용될 수 있는 R값을 구하시오.

그림 2-57 (a)와 같이 무부하인 경우 제너 다이오드에 흐르는 전류가 최대가 될 때의 R값을 계산한다.

$$R = \frac{V_{in} - V_{out}}{I_{ZM}} = \frac{10 - 6.129}{0.196} = 19.75[\Omega]$$

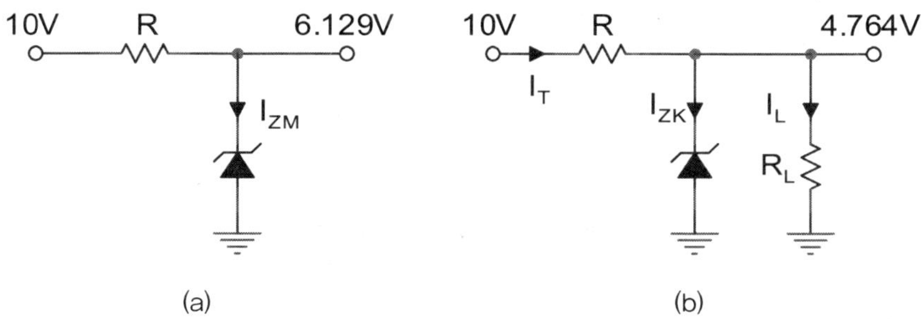

그림 2-57

(c) 부하저항 R_L의 최소값을 구하시오.

최소 부하저항에 대해 부하전류는 최대가 되므로 제너 다이오드에 흐르는 전류는 최소가 된다.

저항 R에 흐르는 전류는

$$I_T = \frac{V_{in} - V_{out}}{R} = \frac{10 - 4.764}{19.75} = 265[\mathrm{mA}]$$

부하저항 R_L 에 흐르는 전류는

$$I_L = I_T - I_{ZK} = 265[\mathrm{mA}] - 1[\mathrm{mA}] = 264[\mathrm{mA}]$$

$$R_{L\cdot\min} = \frac{V_{out}}{I_L} = \frac{4.764}{0.264} = 18[\Omega]$$

3) 전압제한회로

제너 다이오드는 교류 응용에 사용하여 전압을 원하는 레벨로 제한할 수 있다. 2-6절의 일반 다이오드를 사용한 전압제한회로는 바이어스전원을 사용하여 회로의 구성이 복잡하므로 다음과 같이 제너 다이오드만을 사용하여 전압제한회로를 간단히 구성할 수 있다.

a) 제너 정 리미터

그림 2-58 (a)는 교류 입력신호의 정의 첨두부분을 원하는 전압으로 제한하는 제너 다이오드 리미터를 나타낸 것이다.

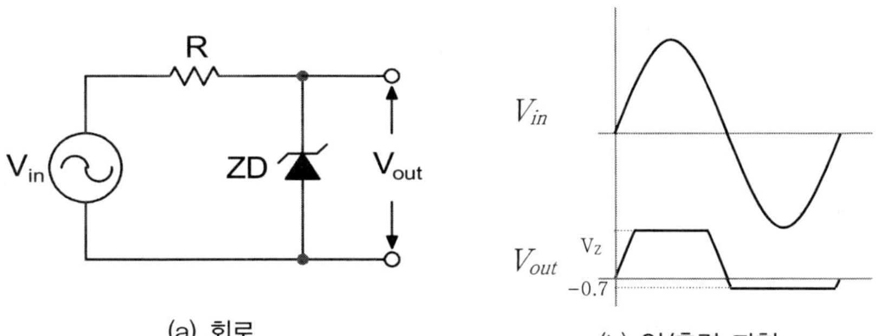

(a) 회로 (b) 입/출력 파형

그림 2-58 제너 정 리미터

교류 입력전압 V_{in} 이 정의 반주기 동안 제너 다이오드의 항복전압 V_z 보다 크면 제너 다이오드에는 역방향 전류가 흘러 출력전압은 항복전압 V_z 로 제한되고, 입력전압이 부의 반주기 동안 다이오드 장벽전위보다 크면 제너 다이오드에는 순방향 전류가 흘러 출력전압은 제너 다이오드와 극성이 반대이므로 부의 장벽전위인 -0.7V로 제한된다.

입력전압의 나머지의 경우에는 제너 다이오드가 역방향으로 차단되어 전류가 흐르지 않으므로 입력전압이 그대로 출력된다. 이상의 정 리미터의 동작을 표 2-22에 정리하였다.

표 2-22 제너 정 리미터의 동작 요약

전압조건	제너 다이오드 상태	출력전압
$V_{in} \geqq V_z$	ZD 역방향항복 도통	$V_{out} = V_z$
$V_{in} \leqq -0.7$	ZD 순방향 도통	$V_{out} = -0.7$
$-0.7 < V_{in} < V_z$	ZD 역방향 차단	$V_{out} = V_{in}$

b) 제너 부 리미터

그림 2-59 (a)는 교류 입력신호의 부의 첨두부분을 원하는 전압으로 제한하는 제너 다이오드 리미터를 나타낸 것이다.

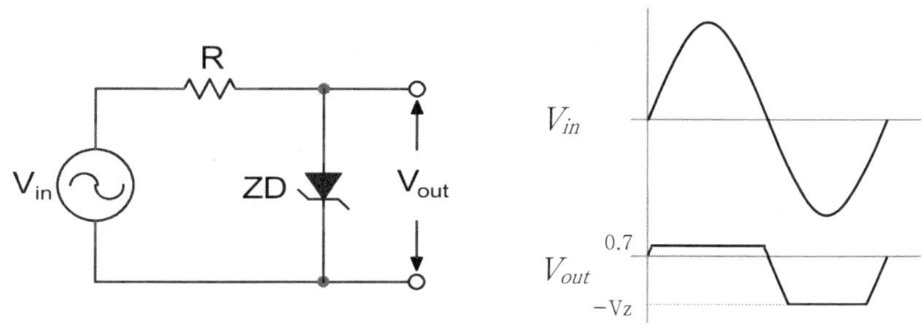

(a) 회로 (b) 입/출력 파형

그림 2-59 제너 부 리미터

교류 입력전압이 정의 반주기 동안 다이오드 장벽전위보다 크면 제너 다이오드에는 순방향 전류가 흘러 출력전압은 정의 장벽전위인 0.7V로 제한되고, 입력전압이 부의 반주기 동안 제너 다이오드의 항복전압보다 크면 제너 다이오드에는 역방향 전류가 흘러 출력전압은 제너 다이오드와 극성이 같으므로 부의 항복전압 $-V_z$로 제한된다.

입력전압의 나머지 경우에는 제너 다이오드가 역방향으로 차단되어 전류가 흐르지 않으므로 입력전압이 그대로 출력된다. 이상의 부 리미터의 동작을 표 2-23에 정리하였다.

표 2-23 제너 부 리미터의 동작 요약

전압조건	제너 다이오드 상태	출력전압
$V_{in} \geqq 0.7$	ZD 순방향 도통	$V_{out} = 0.7$
$V_{in} \leqq -V_z$	ZD 역방향항복 도통	$V_{out} = -V_z$
$-V_z < V_{in} < 0.7$	ZD 역방향 차단	$V_{out} = V_{in}$

c) 제너 슬라이서

그림 2-60 (a)는 교류 입력신호의 정과 부의 첨두부분을 모두 원하는 전압으로 제한하는 제너 다이오드 슬라이서를 나타낸 것이다.

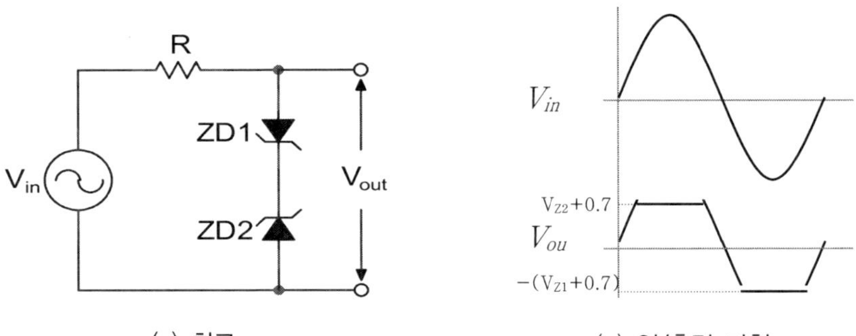

(a) 회로 (b) 입/출력 파형

그림 2-60 제너 슬라이서

교류 입력전압이 $V_{in} \geq V_{z2}+0.7$ 인 정(+)의 반주기 동안 ZD1의 장벽전위와 ZD2의 항복전압의 합보다 크면 ZD1에는 순방향전류, ZD2에는 역방향전류가 흘러 출력전압은 ZD1의 장벽전위와 ZD2의 항복전압의 합으로 제한된다.

$$V_{out} = V_{z2}+0.7 \tag{2-30}$$

입력전압이 $V_{in} \leq V_{z1}+0.7$ 인 부(-)의 반주기 동안 ZD1의 항복전압과 ZD2의 장벽전위의 합보다 크면 ZD1에는 역방향전류, ZD2에는 순방향전류가 흘러 출력전압은 ZD1의 항복전압과 ZD2의 장벽전위의 부의 합으로 제한된다.

$$V_{out} = -(V_{z1}+0.7)$$

입력전압의 나머지 경우에 ZD1과 ZD2는 모두 역방향으로 차단되어 전류가 흐르지 않으므로 입력전압이 그대로 출력된다. 그림 2-60의 (b)는 제너 다이오드 슬라이서의 입/출력 파형을 보여준다. 이상의 제너 다이오드 슬라이서의 동작을 표 2-24에 정리하였다.

표 2-24 제너 슬라이서의 동작 요약

전압조건	제너 다이오드 상태	출력전압
$V_{in} \geq (V_{z2}+0.7)$	ZD1 순방향 도통 ZD2 역방향항복 도통	$V_{out} = V_{z2}+0.7$
$V_{in} \leq -(V_{z1}+0.7)$	ZD1 역방향항복 도통 ZD2 순방향 도통	$V_{out} = -(V_{z1}+0.7)$
$-(V_{z1}+0.7) < V_{in} < (V_{z2}+0.7)$	ZD1, ZD2 역방향 차단	$V_{out} = V_{in}$

[실험 2-10] 제너 다이오드 슬라이서 실험

1. 실험 목적

1) 제너 다이오드 슬라이서의 동작을 이해한다.
2) 제너 다이오드 슬라이서의 선택된 제너 다이오드의 항복전압에 따른 전압 제한레벨의 변화를 측정한다.

2. 실험 기기 및 부품

1) 파형발생기 : 전압 $10V_{pp}$, 주파수 1KHz, 삼각파 1채널
2) 오실로스코프 : 2채널
3) 디지털 멀티미터 : 1대
4) 만능 조립기판 : 1대
5) 제너 다이오드 : 1N4728, 1N4733 각 1개
6) 저항 : 500Ω/0.25W 1개

3. 실험 방법

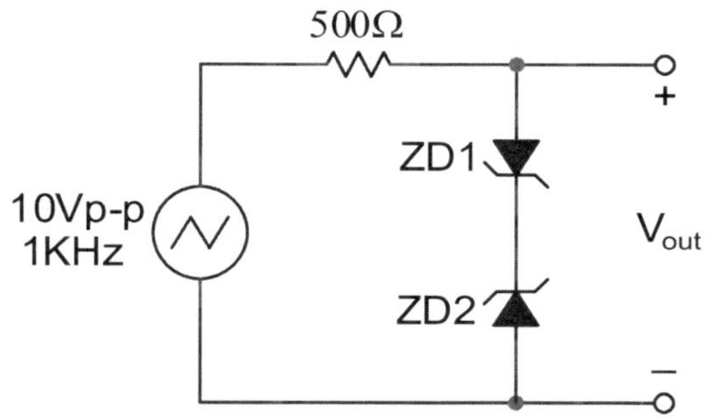

그림 2-61 제너 다이오드 슬라이서 실험회로

1) 그림 2-61의 제너 다이오드 슬라이서를 만능 조립기판에 구성하시오.
2) 파형 발생기의 파형을 삼각파로 선택하시오.
3) 오실로스코프의 CH1을 회로의 입력에 연결하고 수직설정에서 입력 커플링을 접지(GND)로 선택하여 0V 접지레벨이 화면의 수평축 상에 오도록 수직위치를 조절한 다음, 입력 커플링을 다시 교류(AC)로 선택하시오.
4) 오실로스코프의 화면에 2~3 주기의 신호파형이 나타나도록 오실로스코프의 시간 스케일과 화면에 최대 진폭의 신호파형이 나타나도록 오실로스코프의 전압 스케일을 조정하시오.

5) 오실로스코프를 사용하여 입력신호의 첨두전압 및 주파수를 측정하여 10V, 1KHz가 되도록 파형발생기의 진폭 및 주파수를 정확히 조절하시오.
6) 오실로스코프의 CH2를 회로의 출력에 연결하고 수직설정에서 입력 커플링을 교류(AC)로 선택하시오.
6) 제너 다이오드를 모두 ZD1=ZD2=1N4728로 선택하고 정(+)의 전압 제한레벨과 부(-)의 전압 제한레벨을 계산하여 표 2-25에 계산식과 함께 기록하시오.
7) 오실로스코프의 CH2에 나타난 정(+)의 전압 제한레벨과 부(-)의 전압 제한레벨을 측정하여 그 결과를 표 2-25에 기록하시오.
8) 오실로스코프에 나타난 슬라이서 회로의 입력파형과 출력파형을 다음의 그래프 상에 함께 그리시오.
9) 제너 다이오드 ZD2를 1N4733으로 바꾸고 앞의 6)에서 8)까지의 실험과정을 반복하시오.
10) 계속해서 표 2-25의 나머지 2가지 경우처럼 제너 다이오드를 선택하여 앞의 6)에서 8)까지의 실험과정을 반복하시오.

실험결과 보고서

학번 : 성명 :

1. 제목 : 제너 다이오드 슬라이서
2. 회로도

3. 실험결과

1) 입/출력 파형

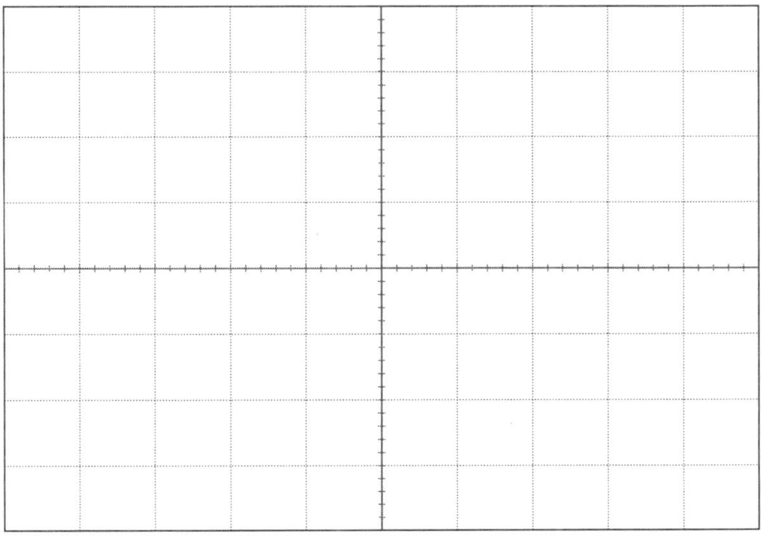

CH1 : v/Div M : sec/Div

2) 입/출력 데이터

표 2-25

ZD1	ZD2	정(+)의 제한전압		부(-)의 제한전압	
		계산값	측정값	계산값	측정값
1N4728	1N4728	[V]	[V]	[V]	[V]
1N4728	1N4733	[V]	[V]	[V]	[V]
1N4733	1N4728	[V]	[V]	[V]	[V]
1N4733	1N4733	[V]	[V]	[V]	[V]

2. 발광 다이오드(LED)

발광 다이오드는 Lighting Emitting Diode의 약자로, LED라고도 한다. 순방향 전류가 흐를 때 빛을 방출하는데, 이때 방출되는 빛의 양은 순방향 전류에 비례한다. 그림 2-62는 발광 다이오드의 기호와 형태를 나타내는데, 긴 단자가 양극이다. 일반적으로 가장 적당한 빛의 밝기에서 최적의 상태로 LED를 동작시키기 위한 순방향정격전류는 약 20mA 정도이다.

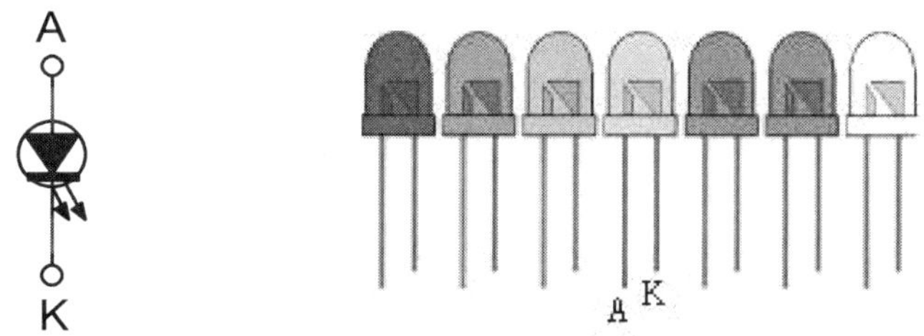

(a) 기호 (b) 형태

그림 2-62 LED의 기호 및 형태

LED 양단의 순방향 전압 V_F는 일반적인 실리콘 다이오드보다 훨씬 커서 소자에 따라 최대 1.2V~3.2V 정도이다.

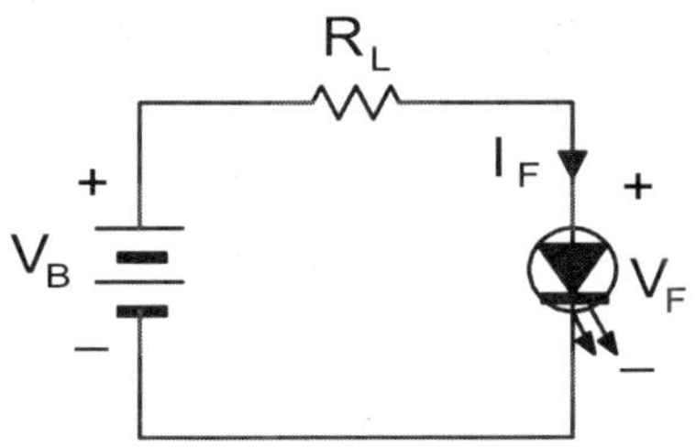

그림 2-63 LED 동작회로

그림 2-63에서 LED에 약 20mA의 순방향 전류 I_F가 흐를 수 있도록 전압 V_B와 저항 R_L을 결정하기 위한 식은 다음과 같다.

$$R_L = \frac{V_B - V_F}{I_F} = \frac{V_B - V_F}{0.02} \tag{2-31}$$

LED의 규격표는 다음 표와 같다.

표 2-26 발광다이오드(LED)

형 명	색	형 명	색
TLR102A	Red	TLG147	Green
TLG102A	Green	TLY147	Yellow
TLY102A	Yellow	RLD-237	Red
TLR114	Red	RLD-337	Yellow
TLG114	Green	RLD-537	Green
TLR147	Red		

예제 2-6

그림 2-64의 LED 점등회로에서 20[mA]의 전류가 흐르도록 저항값을 결정하시오. 단, LED의 순방향 전압은 1.8[V]이다.

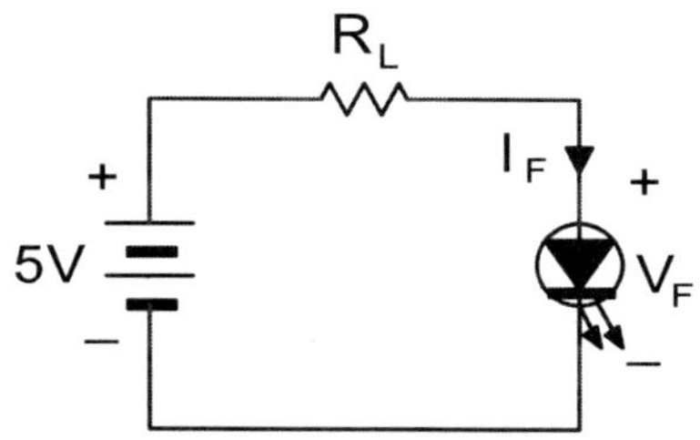

그림 2-64 LED 예제 회로

$V_B = 5[\mathrm{V}]$, $V_F = 1.8[\mathrm{V}]$, $I_F = 20[\mathrm{mA}]$이므로 저항값은

$$R_L = \frac{V_B - V_F}{I_F} = \frac{5 - 1.8}{20 \cdot 10^{-3}} = \frac{3.2}{0.02} = 160[\Omega]$$

여러 개의 LED를 사용하는 경우 그림과 같이 직렬회로와 병렬회로로 구성할 수 있다. 그림 2-65 (a)와 같이 LED 4개를 직렬로 연결한 직렬회로의 경우 전류는 4개의 LED에 똑같이 10mA가 흐르지만 LED 순방향 전압이 2V일 경우 순방향 전압이 직렬로 합해져서 4개면 8V가 되어 5V 전원을 사용할 수 없으므로 8V보다 큰 12V 전원이 사용되었다. 병렬회로의 경우는 그림 2-65 (b)와 같이 전류가 4개로 나뉘어 10mA씩 총 40mA의 큰 전류가 흐르고, LED 순방향 전압이 병렬로 2V만 걸리므로 5V 전원을 사용할 수 있다.

결국 직렬회로는 전류가 적게 흐르지만 LED 개수에 비례하여 공급전압이 커야 하고, 병렬회로는 공급전압이 작아도 되지만 LED 개수에 비례하여 큰 전류가 흐른다. 따라서 여러 개의 LED를 사용하는 실제 회로의 경우에는 그림 2-65 (c)와 같이 직렬회로와 병렬회로의 장점을 결합한 직병렬회로가 많이 사용되고 있다.

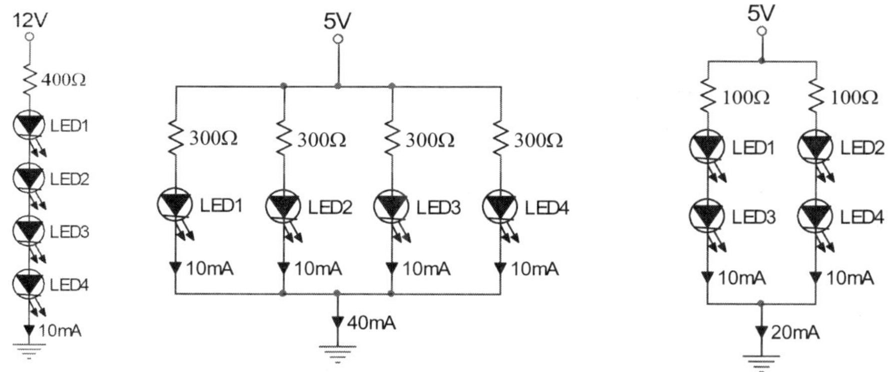

(a) 직렬회로 (b) 병렬회로 (c) 직병렬회로

그림 2-65 LED 동작회로

[실험 2-11] LED 점등회로 실험

1. 실험 목적

1) 발광 다이오드(LED) 점등회로의 동작을 이해한다.
2) 발광 다이오드 점등회로에서 최적의 전류(20mA)를 흘리기 위해 전류제한 저항을 결정하는 방법을 이해한다.
3) 발광 다이오드의 순방향전류가 커질수록 발광 다이오드의 빛의 밝기가 더욱 밝아짐을 확인한다.

2. 실험 기기 및 부품

1) 디지털 멀티미터 : 1대, 또는
   직류 전압계, 직류 전류계 : 각 1대
2) 직류전원장치 : 15V 1채널
3) 만능 조립기판 : 1대
4) LED : 적색, 녹색, 황색 각 1개
5) 볼륨형 가변저항 : 10kΩ 1개
6) 저항 : 100Ω/0.25W 1개
7) 조도계 : 1개

3. 실험 방법

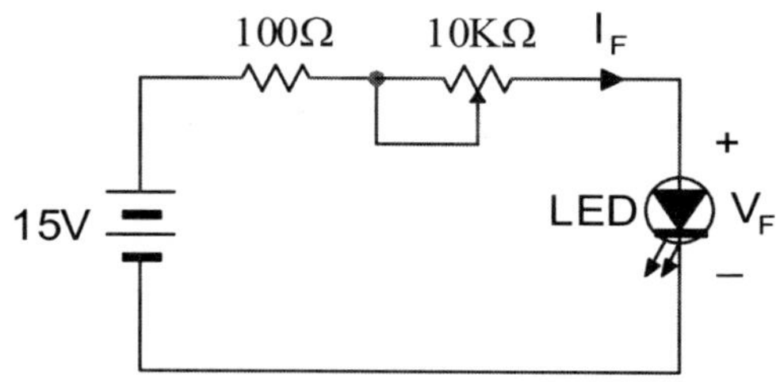

그림 2-66 LED 점등 실험회로

1) 그림 2-65의 LED 점등회로를 적색 LED를 사용하여 만능 조립기판에 구성하시오.
2) 가변저항 값을 10kΩ으로 설정하고 LED의 순방향전압을 2V로 할 때 순방향 전류 I_F를 계산하여 표 2-27에 계산식과 함께 기록하시오.
3) 직류전류계를 사용하여 순방향전류 I_F를 측정하고 그 측정결과를 표 2-27에 기록하시오.
4) 조도계를 사용하여 LED의 빛의 밝기를 측정하고 그 측정결과를 표 2-27에 기록하시오.

5) 가변저항 값을 각각 2kΩ으로 설정하여 앞의 2)에서 4)까지의 실험과정을 반복하시오.
6) 가변저항 값을 각각 0Ω으로 설정하여 앞의 2)에서 4)까지의 실험과정을 반복하시오.
7) 가변저항 값을 각각 550Ω으로 설정하여 앞의 2)에서 4)까지의 실험과정을 반복하시오.
8) 녹색 LED를 사용하여 앞의 2)에서 4)까지의 실험과정을 반복하시오.
9) 황색 LED를 사용하여 앞의 2)에서 4)까지의 실험과정을 반복하시오.
10) 표 2-27의 실험결과로부터 LED의 순방향전류가 클수록 LED의 빛의 밝기가 더욱 밝아짐을 확인한다.

실험결과 보고서

학번 : 성명 :

1. 제목 : LED 점등회로
2. 회로도

3. 실험결과

표 2-27

가변 저항값	LED전압 V_F	전류 I_F		LED 밝기
		계산값	측정값	
10[kΩ]	[V]	[A]	[A]	[Lx]
2[kΩ]	[V]	[A]	[A]	[Lx]
550[Ω]	[V]	[A]	[A]	[Lx]
0[Ω]	[V]	[A]	[A]	[Lx]

3. 포토다이오드(photo diode)

포토다이오드는 빛의 검출에 이용되는 역 바이어스로 동작하는 pn접합 소자이다. 광 다이오드라고도 하며, pn접합에 빛이 투과할 수 있는 광을 받아들이는 작은 투명한 창을 갖고 있다.

그림 2-66과 같이 역방향으로 전압을 인가했을 때 입사되는 빛이 없으면 역방향 전류가 흐르지 않고 빛이 있으면 빛의 세기에 비례하여 역방향 전류가 흐른다. 즉, 포토다이오드에 흐르는 역방향 전류는 인가한 전압의 크기에는 거의 영향을 받지 않고 입사된 빛의 세기에 따라 변한다.

(a) 기호

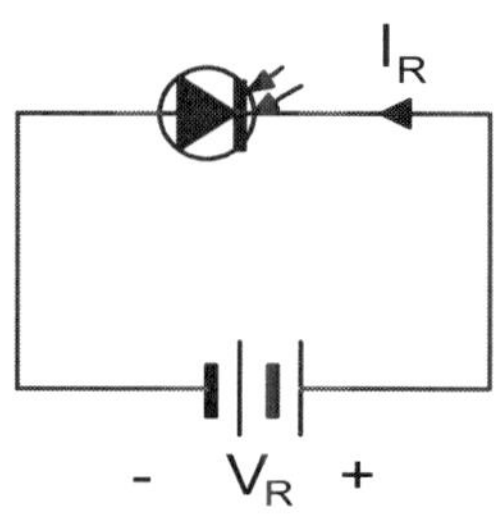

(b) 동작회로

그림 2-67 포토다이오드

제 3 장
트랜지스터

3단자 반도체 소자인 트랜지스터는 1947년 벨연구소에서 발명된 이후 오늘날 전자소자 및 전자시스템 발달의 초석이 되었다. 본 장에서는 바이폴라 접합 트랜지스터의 기본 구조와 동작을 위한 바이어스 및 특성과, 종류 및 단자 구별법에 대해 설명한다. 또한 전기적 신호를 증폭하는 선형증폭기와 전자스위치로서 사용되는 트랜지스터의 두 가지 응용에 대해서 응용회로의 동작설명과 함께 실험을 수록하였다.

3-1 트랜지스터의 구조
3-2 트랜지스터의 동작
3-3 트랜지스터의 특성
3-4 트랜지스터의 시험
3-5 스위치회로
3-6 바이어스회로
3-7 소신호 증폭기

3-1 트랜지스터의 구조

3단자 반도체 소자인 트랜지스터는 바이폴라 접합 트랜지스터(BJT : Bipolar Junction Transistor)와 전계효과 트랜지스터(FET : Field Effect Transistor)로 나눌 수 있다. 여기서는 가장 많이 사용되는 바이폴라 접합 트랜지스터를 설명하고자 한다.

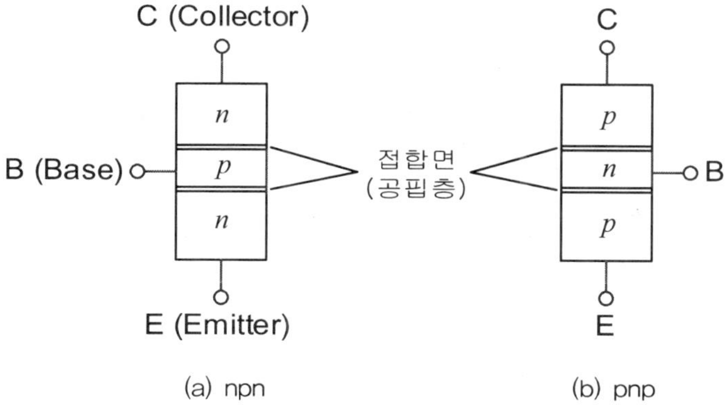

그림 3-1 바이폴라 접합 트랜지스터의 구조

그림 3-1과 같이 트랜지스터는 에미터(emitter), 베이스(base), 컬렉터(collector)의 3개의 불순물 반도체 영역으로 나눌 수 있고, 2종류(p형 반도체와 n형 반도체)의 불순물 반도체 3개를 어떻게 접합하느냐에 따라 npn 트랜지스터와 pnp 트랜지스터로 나눌 수 있다. 그림에 나타낸 것처럼 베이스영역과 에미터영역을 결합하는 pn접합을 베이스-에미터 접합이라 하고 베이스영역과 컬렉터영역을 결합하는 pn접합을 베이스-컬렉터 접합이라고 한다.

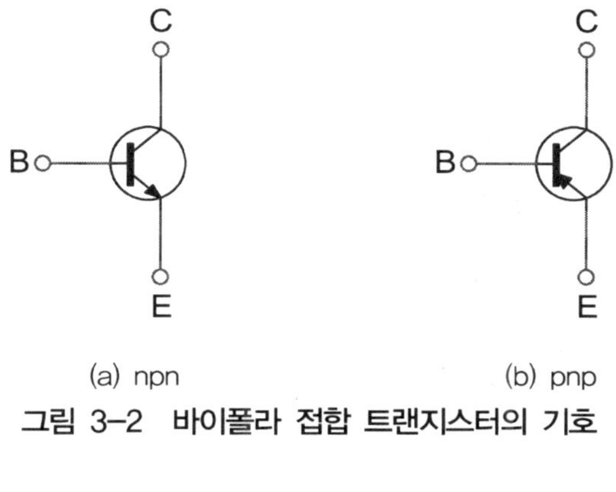

그림 3-2 바이폴라 접합 트랜지스터의 기호

그림 3-2는 바이폴라 접합 트랜지스터의 기호를 나타낸 것이다. 바이폴라 접합 트랜지스터란 자유전자와 정공 두 개의 캐리어가 모두 사용된다는 것을 의미하는데 그냥 트랜지스터라고

부르기로 한다.

일반적으로 그림 3-3에 나타낸 것과 같이 에미터 영역은 넓고 농도가 높게 도핑하는 데 반해, 베이스 영역은 아주 좁고 농도가 엷게 도핑하며, 컬렉터 영역은 중간 정도로 도핑한다.

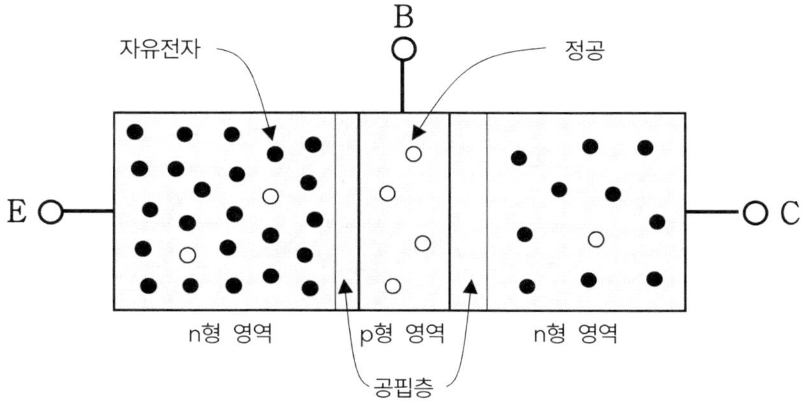

그림 3-3 npn 트랜지스터의 내부 구조

3-2 트랜지스터의 동작

1. 트랜지스터의 바이어스

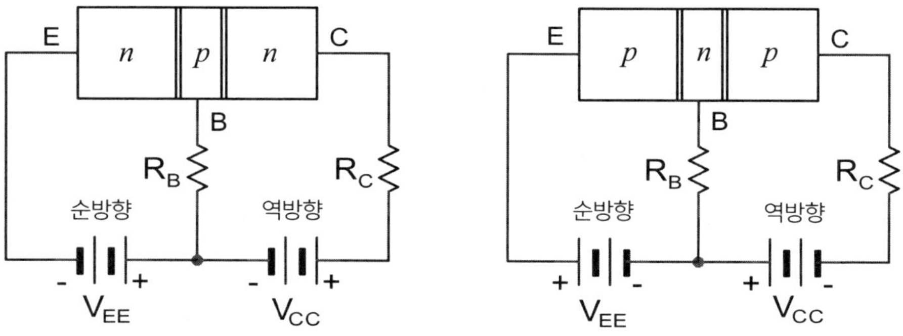

(a) npn형 (b) pnp형

그림 3-4 트랜지스터의 바이어스

트랜지스터가 증폭기로서 적절히 동작하기 위해서는 그림 3-4와 같이 npn과 pnp 트랜지스터 두 경우 모두 베이스와 에미터 간의 접합은 순방향 바이어스를 걸고, 베이스와 컬렉터 간의 접합은 역방향 바이어스를 걸어준다.

2. 트랜지스터의 동작설명

일반적으로 npn형 트랜지스터가 많이 사용되므로, npn형 트랜지스터에 대해 설명한다. 3개의 반도체가 접합되어 있으므로 2개의 접합면이 생겨 트랜지스터도 다이오드와 마찬가지로 접합 경계면에서 전자(혹은 정공)의 밀도 차이에 의하여 전자(혹은 정공)의 확산운동이 일어나 공핍층이 생긴다. 이제 트랜지스터에 전류를 흘리기 위하여 그림 3-5와 같이 베이스와 에미터 사이에는 순방향 전압을 베이스와 컬렉터 사이에 역방향으로 전압을 인가한다. 순방향으로 바이어스된 베이스-에미터 간의 공핍층은 좁아지고 역방향으로 바이어스된 베이스-컬렉터 간 공핍층은 넓어진다.

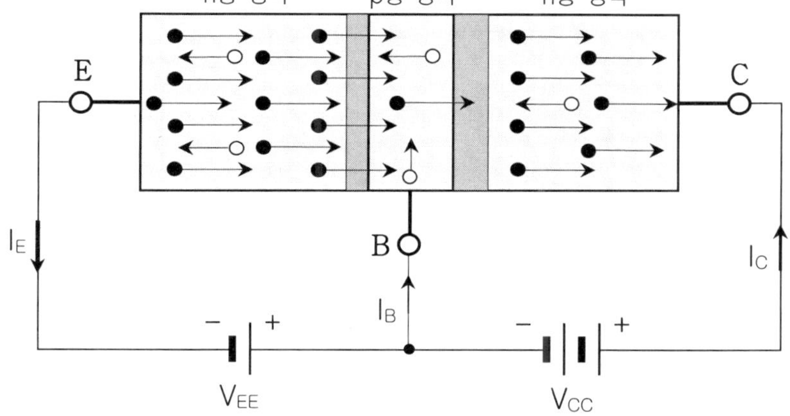

그림 3-5 npn 트랜지스터의 동작

순방향으로 바이어스된 다이오드의 경우와 마찬가지로 n형의 에미터 영역은 넓고 불순물의 농도가 높게 도핑되어 있으므로 n형 영역의 많은 자유전자들이 순방향 바이어스된 베이스-에미터 접합을 통해 p형의 베이스 영역으로 쉽게 확산해 들어간다. 에미터 영역에서 방출되는 전자들은 에미터에 연결된 전원 V_{EE}의 음극에서 계속 전자를 공급하므로 에미터 전류 I_E를 형성한다. 베이스 영역은 불순물이 엷게 도핑되고 폭이 좁아 매우 한정된 수의 정공을 갖고 있기 때문에 에미터 영역에서 방출된 전자 중 극히 일부분만이 베이스 영역의 정공과 재결합하여 사라져 버린다. 이와 같이 재결합된 소수의 전자들은 가전자들로써 베이스 단자로 흘러나가 아주 적은 베이스 전류 I_B를 형성한다. 에미터 영역에서 베이스 영역으로 흘러 들어가서 재결합하지 못한 대부분의 전자들은 베이스-컬렉터 공핍영역으로 확산해 들어간다. 이 영역 내에 있는 전자들은 역방향 바이어스된 베이스-컬렉터 접합을 통해 컬렉터에 연결된 전원 V_{CC}의 양극 인력에 의해 당겨지므로 컬렉터 영역을 이동하여 컬렉터 단자로 흘러 나가 컬렉터 전류 I_C를 형성한다.

3. 트랜지스터의 전류

전류의 방향은 전자의 흐름과 반대이므로 npn 트랜지스터의 경우 그림 3-6 (a)에서 보는 바와 같이 에미터는 전자를 방출하므로 에미터 전류는 나오는 방향이 되고, 에미터에서 방출된 전자는 베이스의 정공과 결합하여 베이스 단자로 흘러나가므로 베이스 전류는 들어가는 방향이 되며, 베이스에서 정공과 결합하지 못한 전자들은 컬렉터 공급전압의 인력에 의해 컬렉터로 이동하여 컬렉터 단자로 흘러나가므로 컬렉터 전류는 들어가는 방향이 된다. 마찬가지로 pnp 트랜지스터에서 전류의 방향은 그림 3-6 (b)와 같다. 그림에서 보는 것처럼 트랜지스터 기호에서 에미터 화살표의 방향이 바로 전류의 방향을 의미한다는 것을 알 수 있다.

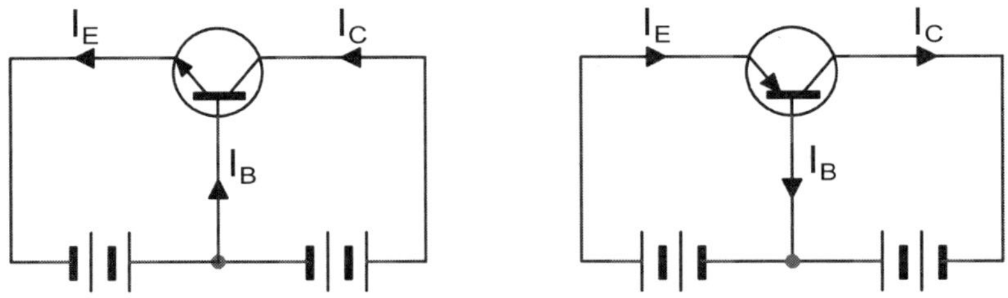

(a) npn형 (b) pnp형

그림 3-6 트랜지스터의 전류

그림에서 베이스 전류와 컬렉터 전류의 합이 에미터 전류가 된다는 것을 알 수 있다. 이것을 수식으로 표현하면

$$I_E = I_B + I_C \tag{3-1}$$

전류의 크기를 고려하여 npn 트랜지스터의 경우를 다시 그려보면 다음의 그림과 같다.

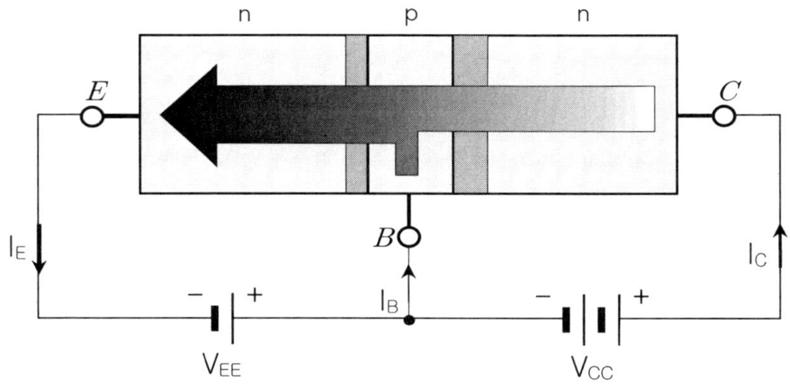

그림 3-7 npn 트랜지스터의 전류

앞에서 이미 설명한 바와 같이 에미터에서 방출된 대부분의 전자들은 베이스에서 정공과 결합하지 못하고 컬렉터로 넘어간다. 따라서 그림에서 화살표의 크기로 짐작하겠지만 베이스 전류는 아주 작고 컬렉터 전류의 대부분이 에미터 전류가 된다는 것을 알 수 있다. 즉, $I_E > I_C \gg I_B$이다.

3-3 트랜지스터의 특성

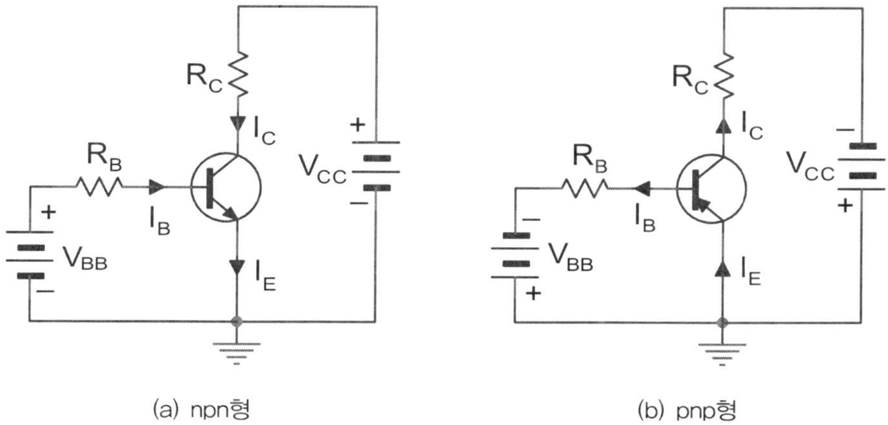

그림 3-8 트랜지스터 바이어스 회로

1. 파라미터

1) 직류베타(β_{DC}, 또는 h_{FE})

트랜지스터의 직류 전류이득으로 컬렉터 전류 I_C와 베이스 전류 I_B와의 비이다.

$$\beta_{DC} = \frac{I_C}{I_B} \tag{3-2}$$

β_{DC}의 전형적인 값은 20에서 200 혹은 그 이상의 범위를 갖는다. β_{DC}를 일반적으로 규격표에 h_{FE}로 표시하기도 한다.

2) 직류알파(α_{DC})

컬렉터 전류 I_C와 에미터 전류 I_E와의 비이다.

$$\alpha_{DC} = \frac{I_C}{I_E} \tag{3-3}$$

α_{DC}의 전형적인 값은 I_C가 I_E보다 약간 적기 때문에 0.95에서 0.99의 범위로 항상 1보다 적다. 따라서 α_{DC}는 1에 가깝고 β_{DC}는 훨씬 높은 값을 나타낸다.

예제 3-1

$I_B = 50[\mu A]$, $I_C = 2.5[mA]$의 전류가 흐르는 트랜지스터에 대한 에미터 전류 I_E와 파라미터 β_{DC}, α_{DC}를 구하시오.

에미터 전류는

$$I_E = I_B + I_C = 2.5 + 0.05 = 2.55[mA]$$

파라미터는

$$\beta_{DC} = \frac{I_C}{I_B} = \frac{2.5 \times 10^{-3}}{0.05 \times 10^{-3}} = 50$$

$$\alpha_{DC} = \frac{I_C}{I_E} = \frac{2.5 \times 10^{-3}}{2.55 \times 10^{-3}} = 0.98$$

2. 직류해석

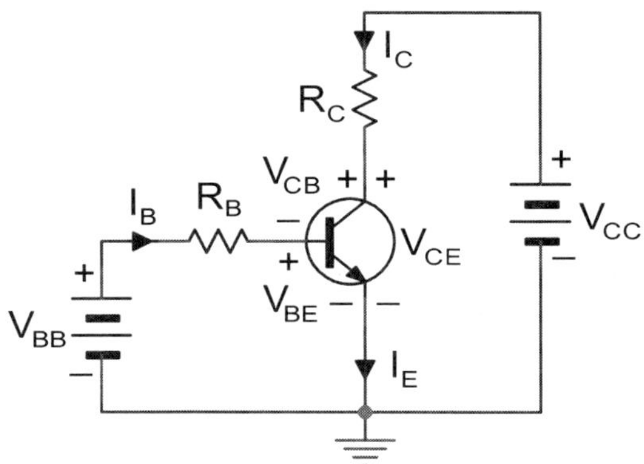

그림 3-9 트랜지스터 전류와 전압

V_{BB}는 베이스-에미터 접합을 순방향 바이어스시키고 V_{CC}는 베이스-컬렉터 접합을 역방향 바이어스시키면 베이스-에미터 접합은 순방향 바이어스된 다이오드와 같으므로

$$V_{BE} \cong 0.7 \tag{3-4}$$

에미터가 접지되어 있으므로 키르히호프 전압법칙에 의해 저항 R_B양단의 전압은

$$V_{RB} = V_{BB} - V_{BE}$$

또한 옴의 법칙에 의해 $V_{RB} = I_B R_B$이므로 위 식에 대입하면

$$I_B R_B = V_{BB} - V_{BE}$$

위 식을 I_B에 대해 정리하면

$$I_B = \frac{V_{BB} - V_{BE}}{R_B} \tag{3-5}$$

R_C양단의 전압강하는 $V_{RC} = I_C R_C$이므로, 컬렉터와 에미터 사이의 전압은

$$V_{CE} = V_{CC} - I_C R_C \tag{3-6}$$

여기서 $I_C = \beta_{DC} I_B$이다. 컬렉터-베이스 접합 양단의 전압은

$$V_{CB} = V_{CE} - V_{BE} \tag{3-7}$$

예제 3-2

그림 3-10의 트랜지스터 회로에서 I_B, I_C, I_E, V_{BE}, V_{CE}, V_{CB}를 구하시오. 트랜지스터의 직류 전류이득 $\beta_{DC} = 100$ 이다.

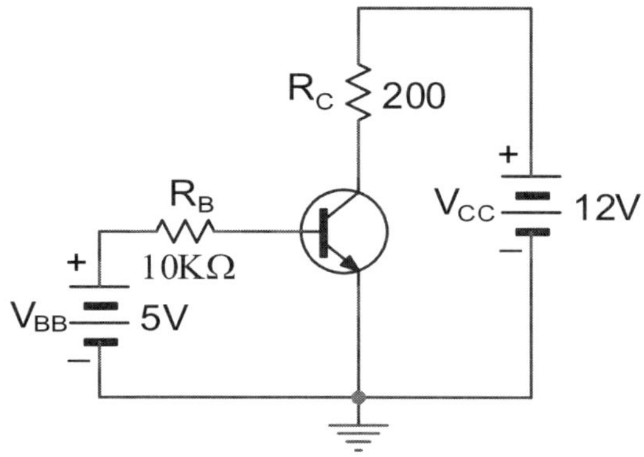

그림 3-10 트랜지스터 회로

식 (3-4)에서 $V_{BE} = 0.7[\mathrm{V}]$

전류는

$$I_B = \frac{V_{BB} - V_{BE}}{R_B} = \frac{5-0.7}{10000} = 430[\mu\mathrm{A}]$$

$$I_C = \beta_{DC} I_B = 100 \cdot 430 \times 10^{-6} = 43[\mathrm{mA}] \qquad I_E = I_B + I_C = 43.43[\mathrm{mA}]$$

전압은

$$V_{CE} = V_{CC} - I_C R_C = 12 - 43 \times 10^{-3} \cdot 200 = 12 - 8.6 = 3.4[\mathrm{V}]$$

$$V_{CB} = V_{CE} - V_{BE} = 3.4 - 0.7 = 2.7[\mathrm{V}]$$

3. 트랜지스터의 특성곡선

그림 3-8의 회로를 사용하여 일정한 베이스전류 I_B에 대한 컬렉터-에미터 전압 V_{CB}의 변화에 따른 컬렉터전류 I_C의 변화를 나타내는 컬렉터 특성곡선은 그림 3-11과 같다.

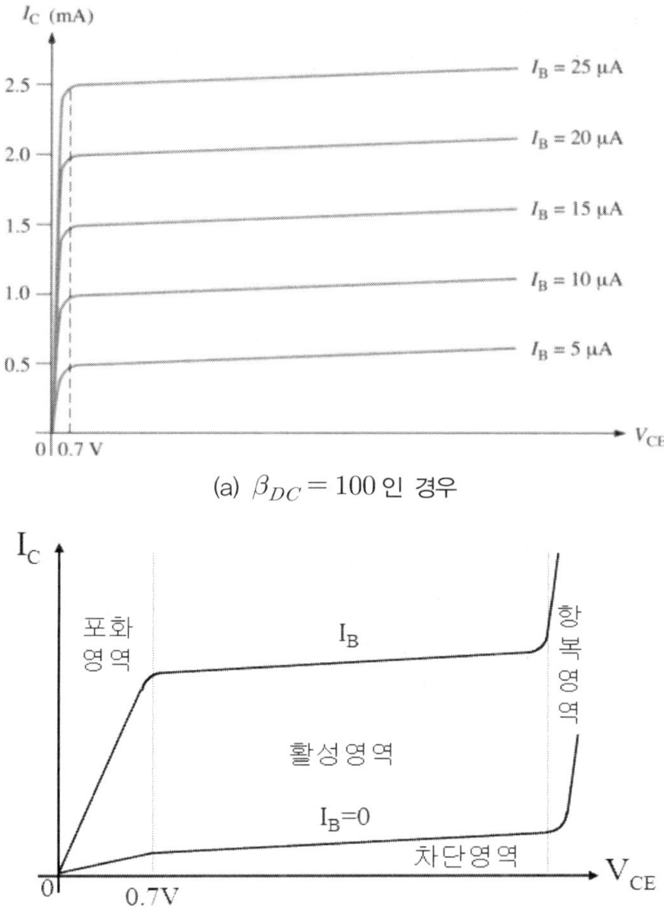

(a) $\beta_{DC} = 100$ 인 경우

(b) 동작영역

그림 3-11 컬렉터 특성곡선

1) 차단(cutoff) 영역

베이스-에미터 간 접합과 베이스-컬렉터 간 접합이 모두 역방향 바이어스되면($I_B = 0$) 두 접합의 공핍영역의 폭이 넓어져 컬렉터 전류가 거의 흐르지 않으므로($I_C = 0$) 트랜지스터는 차단상태가 된다. 트랜지스터는 차단된 스위치로 동작한다.

2) 포화(saturation) 영역

베이스-에미터 간 접합과 베이스-컬렉터 간 접합이 모두 순방향 바이어스되고 V_{CE}가 0.7V 이하이면($0 < V_{CE} < 0.7$) 베이스 전류가 증가해도 컬렉터 전류가 증가되지 않아 트랜지스터는 포화 영역에 들어간다. 트랜지스터는 도통된 스위치로 동작하게 된다.

3) 활성(선형, linear) 영역

베이스-에미터 간 접합이 순방향 바이어스되고, V_{CE}가 0.7V를 넘으면($V_{CE} > 0.7$) 베이스-컬렉터 간 접합이 역방향 바이어스되어 트랜지스터는 활성 영역에 있게 된다. 트랜지스터는 증폭작용을 한다.

4) 항복(breakdown) 영역

V_{CE}가 충분히 높으면 역방향 바이어스된 베이스-컬렉터 간은 항복이 일어나 컬렉터 전류가 급격히 증가하게 된다. 트랜지스터를 항복 영역에서 동작시켜서는 안 된다.

4. 교류해석

그림 3-12 (a)는 교류전원 V_{in}을 베이스 저항 R_B와 직류 바이어스전압 V_{BB}사이에 직렬로 연결한 회로이다. 직류 바이어스전압 V_{CC}는 컬렉터 저항 R_C를 통해 컬렉터에 가해진다. 따라서 입력 교류전압은 베이스 전류를 만들고 이것은 증폭되어 훨씬 큰 교류 컬렉터 전류를 만든다. 다시 교류 컬렉터 전류는 컬렉터 저항 양단에 교류전압을 만들어 활성 동작영역에서 증폭된 교류전압을 생성해 내는 것이다.

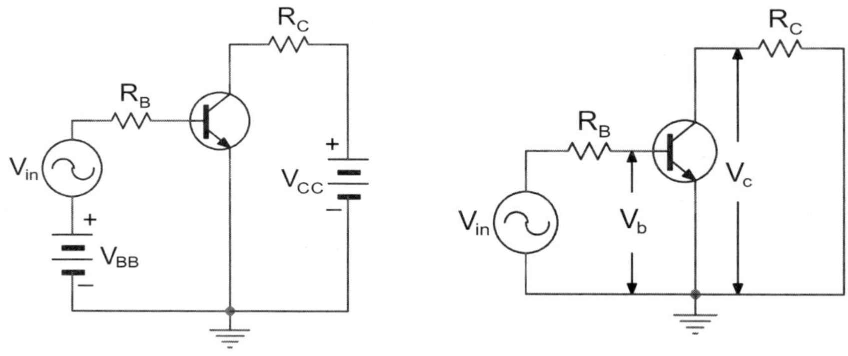

(a) 교류 입력전압을 갖는 회로 (b) AC 등가회로

그림 3-12 기본 트랜지스터 증폭회로

교류해석을 위해 직류 바이어스전압 V_{BB}와 V_{CC}를 단락시켜 그림 3-12 (b)와 같은 교류 등가회로로 나타낼 수 있다. 순방향 바이어스된 베이스-에미터 간 접합은 교류신호에는 매우 낮은 저항을 나타낸다. 에미터 전류는 내부 교류 에미터저항 r_e'로부터 다음과 같이 계산된다.

$$I_e = \frac{V_b}{r_e'} \tag{3-8}$$

교류 컬렉터전압 V_c는 컬렉터저항 R_C 양단의 전압강하와 같으므로

$$V_c = I_c R_C \tag{3-9}$$

근사적으로 $I_c \cong I_e$ 이므로 교류 컬렉터전압은 다음과 같다.

$$V_c \cong I_e R_C \tag{3-10}$$

V_b는 교류 입력전압이고, V_c는 교류 출력전압으로 생각할 수 있으므로 교류 전압이득 A_v는 식 (3-8)과 (3-10)으로부터 다음과 같이 구해진다.

$$A_v = \frac{V_c}{V_b} = \frac{I_e R_C}{I_e r_e'} = \frac{R_C}{r_e'} \tag{3-11}$$

따라서 트랜지스터가 컬렉터저항 R_C나 내부 교류 에미터저항 r_e'의 값에 의존하는 전압이득을 갖는다. 일반적으로 R_C가 r_e'보다 훨씬 큰 것을 고려하면 출력전압은 입력전압보다 항상 커진다.

3-4 트랜지스터의 시험

1. 트랜지스터의 형태

트랜지스터의 일반적인 형태들을 그림 3-13에 나타내었다. 트랜지스터의 단자 E(emitter), B(base), C(collector) 구별은 패키지의 종류에 따라 여러 가지의 형태로 표시된다.

2. 트랜지스터의 시험

트랜지스터의 베이스-컬렉터 간 접합을 하나의 다이오드로, 베이스-에미터 간 접합을 다른 또 하나의 다이오드로 볼 수 있다. 따라서 디지털 멀티미터의 다이오드 시험기능을 사용하면 간단한 방법으로 트랜지스터의 종류 및 단자를 구별할 수 있다.

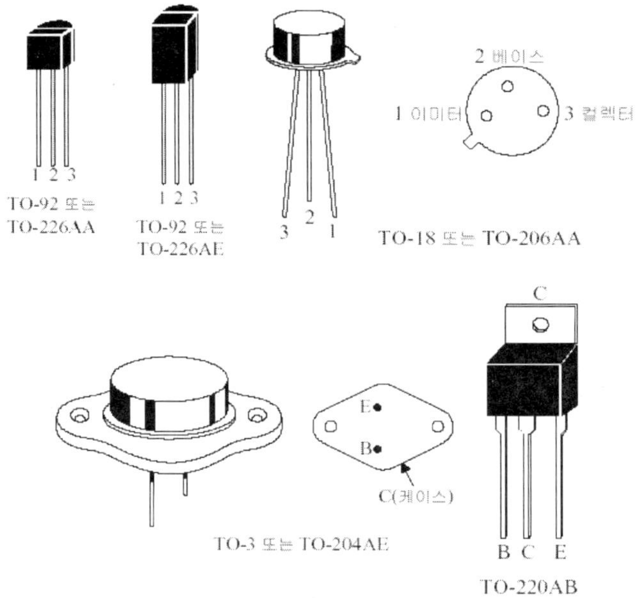

그림 3-13 트랜지스터의 형태

1) 트랜지스터의 단자 구별

DMM의 기능스위치를 다이오드 시험으로 선택하고 트랜지스터의 세 단자 중 두 단자에 DMM의 두 리드를 연결한 다음 0.5V에서 0.9V 사이의 순방향 전압이 표시되도록 트랜지스터의 단자를 계속 바꿔가면서 접속해 본다. DMM이 순방향을 표시하는 상태에서 npn형이면 DMM의 적색 리드에 연결된 트랜지스터의 단자가 베이스이며, pnp형이면 흑색 리드에 연결된 단자가 베이스이다.

2) npn형과 pnp형 종류 구별

DMM의 기능스위치를 마찬가지로 다이오드 시험으로 선택하고 그림 3-14와 같이 DMM의 적색 리드를 트랜지스터의 베이스 단자에 연결하고 흑색 리드를 트랜지스터의 나머지 단자에 연결하였을 때 DMM이 순방향 전압 0.7V를 표시하면 npn형 트랜지스터이다. 반대로 DMM의 흑색 리드를 트랜지스터의 베이스 단자에 연결하고 적색 리드를 트랜지스터의 나머지 단자에 연결하였을 때 DMM이 순방향을 표시하면 이 트랜지스터는 pnp형이다.

트랜지스터의 규격은 2n으로 시작되며, 대표적인 npn 트랜지스터로는 2n2222가 있고, pnp 트랜지스터로는 2n2907이 있다.

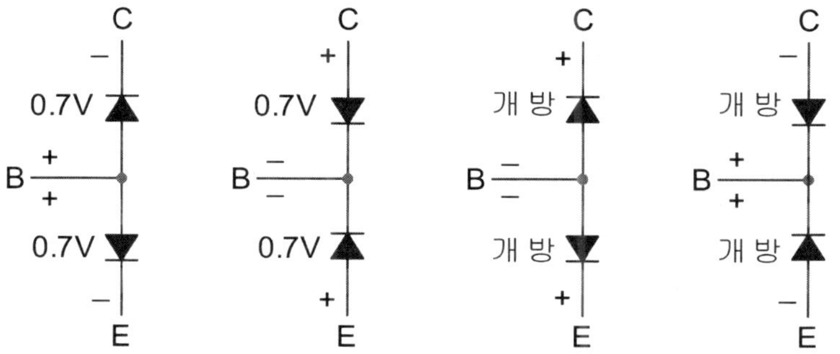

(a) 순방향 바이어스 시 (b) 역방향 바이어스 시

그림 3-14 트랜지스터의 시험

3) 트랜지스터의 정상유무 확인방법

npn형 트랜지스터일 경우 DMM의 기능스위치를 저항으로 선택하고 베이스 단자에 DMM의 흑색 리드를 연결하고 에미터 단자에 적색 리드를 연결하였을 때 낮은 저항값을 표시하고, 리드 극성을 반대로 할 때 높은 저항값을 표시하면 트랜지스터는 정상이다. 베이스 단자에 흑색 리드를 연결하고 컬렉터 단자에 적색 리드를 연결하였을 때 낮은 저항값을 표시하고, 리드 극성을 반대로 할 때 높은 저항값을 표시하면 트랜지스터는 정상이다.

에미터 단자에 적색 리드를 연결하고 컬렉터 단자에 흑색 리드를 연결하였을 때 높은 저항값을 표시하고, 리드 극성을 반대로 할 때 더 높은 저항값을 표시하면 트랜지스터는 정상이다.

3. 트랜지스터의 규격표

표 3-1 트랜지스터

NPN	PNP	V_{CEO} [V]	I_C [A]	h_{FE}	
				Min	Max
	2N2907A	40	0.6	100	300
2N3903		40	0.2	50	150
2N3904	2N3906	40	0.2	100	300
2N4401	2N4403	40	0.6	100	300
2N20	2N70	40	0.1	40	400
2N06	2N56	80	0.5	50	
2N8099	2N8599	80	0.5	100	300
2N2003	2N954	80	0.3	90	400

2n1616A	1N1116A	60	1	135	400
2N1008	2N708	60	0.7	40	240
	2N2907A	60	0.6	100	300
2N8098	2N8598	60	0.5	100	300
2N05	2N55	60	0.5	50	
2N6602		40	1	50	
2N4401	2N4403	40	0.6	100	300
2N2222A	2N2907	40	0.6	100	300
2N4400	2N4402	40	0.6	50	150
2N3903	2N3905	40	0.2	50	150
2N3904		40	0.2	100	300
2N20	2N3906	40	0.1	40	400
2N1330	2N70	40	0.1	70	400
2N471A		30	1	70	400
2N2328A		2	500	100	320
2N2331	2N928A	2	50	40	240
2N2500	2N931	1	500	140	600

3-5 스위치회로

1. 차단조건

그림 3-15 (a)와 같이 트랜지스터는 베이스-에미터 간 접합이 역방향 바이어스되어 베이스 전류가 흐르지 않으면($I_B = 0$) 컬렉터-에미터 간이 차단상태가 되어 컬렉터 전류가 흐르지 않게 되므로($I_C = 0$)

$$V_{CE,\,cut} = V_{CC} \tag{3-12}$$

2. 포화조건

그림 3-15 (b)와 같이 베이스-에미터 간 접합과 베이스-컬렉터 간 접합이 순방향 바이어스되어 최대 컬렉터 전류를 만들기에 충분한 베이스 전류가 흐르면 트랜지스터는 포화된다.

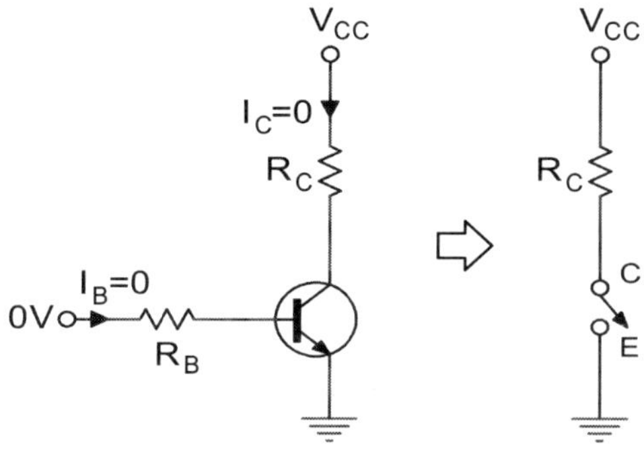

(a) 차단 (개방 스위치)

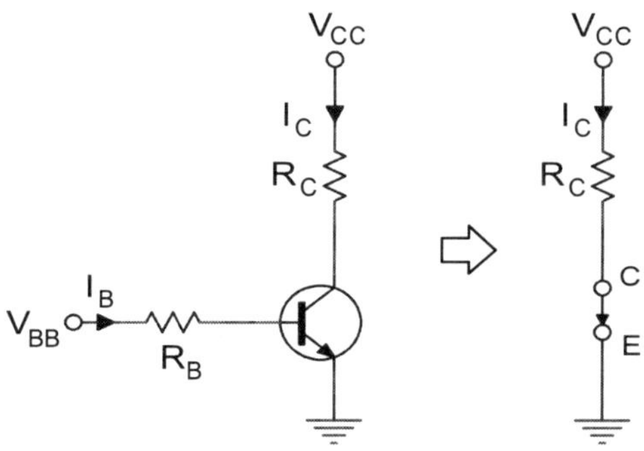

(b) 포화 (단락 스위치)

그림 3-15 트랜지스터의 스위칭 동작

컬렉터 포화전류는 다음과 같다.

$$I_{C,sat} = \frac{V_{CC} - V_{CE,sat}}{R_C} \tag{3-13}$$

$V_{CE,sat}$는 V_{CC}에 비해 매우 적기 때문에 무시될 수 있다.

트랜지스터가 포화되기 위해 필요한 베이스 전류의 최소값은

$$I_{B,\min} = \frac{I_{C,sat}}{\beta_{DC}} \tag{3-14}$$

으로 트랜지스터를 포화상태로 잘 유지하기 위해서는 베이스 전류 I_B가 $I_{B,\min}$보다 충분히 커야 한다.

최소 베이스 전류 $I_{B,\min}$을 흘리기 위해 필요한 베이스 저항의 최대값은 다음 식과 같이 구할 수 있다.

$$R_{B,\max}=\frac{V_{BB}-V_{BE}}{I_{B,\min}}=\frac{V_{BB}-0.7}{I_{B,\min}} \tag{3-15}$$

예제 3-3

그림 3-16과 같은 LED ON/OFF 스위치로 사용된 트랜지스터 회로에서 LED가 충분한 밝기로 발광하기 위해서는 20mA의 컬렉터 전류가 흘러야 한다. 트랜지스터가 포화되어 LED가 발광하기 위한 컬렉터 저항과 최소 베이스 포화전류값의 2배의 베이스전류가 흐르도록 하는 베이스 저항을 결정하라. 이때 LED의 순방향전압 $V_F=1.8[\mathrm{V}]$ 트랜지스터의 $\beta_{DC}=200$ 이고, $V_{CE,sat}$ 는 무시한다.

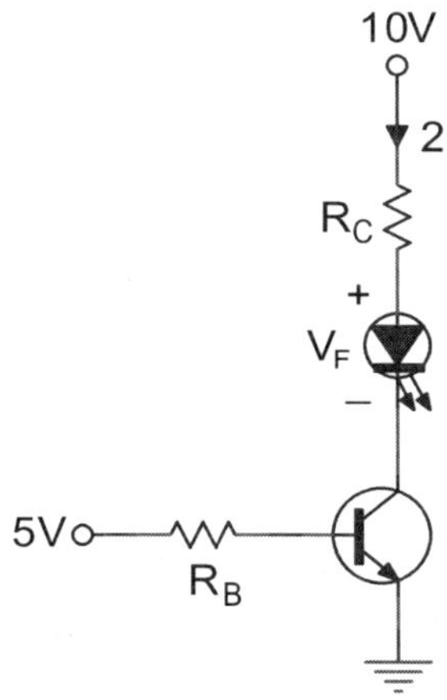

그림 3-16 LED ON/OFF 회로

20mA의 컬렉터 전류를 흘리기 위한 콜렉터 저항은

$$R_C=\frac{V_{CC}-V_F}{I_C}=\frac{10-1.8}{20\times10^{-3}}=410[\Omega]$$

베이스 전류의 최소값은

$$I_{B,\min}=\frac{I_C}{\beta_{DC}}=\frac{20\times10^{-3}}{200}=100[\mu\mathrm{A}]$$

$I_{B,\min}$ 값의 2배를 사용하면 200μA이므로 베이스 저항은

$$R_B=\frac{V_{BB}-V_{BE}}{I_B}=\frac{5-0.7}{200\times10^{-6}}=21.5[\mathrm{K}\Omega]$$

[실험 3-1] 트랜지스터 스위치 회로

1. 실험 목적

1) LED 점멸을 위한 트랜지스터 스위치 회로의 동작을 이해한다.
2) 트랜지스터 스위치 회로로 원하는 DC 부하를 ON/OFF시키기 위해 필요한 컬렉터 전압, 컬렉터 전류, 베이스저항을 결정하는 방법을 이해한다.
3) 베이스 전압의 주파수가 커지면 LED에 흐르는 전류나 LED의 밝기가 평균값으로 표시되는 이유를 이해한다.

2. 실험기기 및 부품

1) 파형발생기 : 구형파, 전압 DC 5V, 주파수 0.5Hz～1KHz 1채널
2) 디지털 멀티미터 : 1대
3) 직류전원장치 : 12V 1채널
4) 만능 조립기판 : 1대
5) 트랜지스터 : 2n2222A 1개
6) LED : 녹색 1개
7) 저항 : R_C, R_B 각 1개
8) 조도계 : 1개

3. 실험 방법

1) LED의 순방향전압 $V_F = 2[\mathrm{V}]$, 트랜지스터의 직류 전류이득 $\beta_{DC} = 100$으로 할 때 그림 3-17의 LED 점멸을 위한 트랜지스터 스위치회로의 컬렉터 저항과 베이스 저항을 예제 3-3과 같은 방법으로 계산하고, 표 3-2에 그 계산식과 함께 결과를 기록하시오.
2) 계산된 저항 R_B와 R_C를 사용하여 그림 3-17의 LED 점멸을 위한 트랜지스터 스위치회로를 만능 조립기판에 구성하시오.
3) 파형 발생기의 파형을 구형파로 선택하고 주파수를 0.5Hz로 설정한 다음 파형 발생기의 TTL 출력을 저항 R_B와 접지 사이에 연결하시오.
4) 직류전압계를 사용하여 LED가 ON될 때의 LED의 순방향전압 V_F를 측정하고 표 3-2에 그 측정결과를 기록하시오.

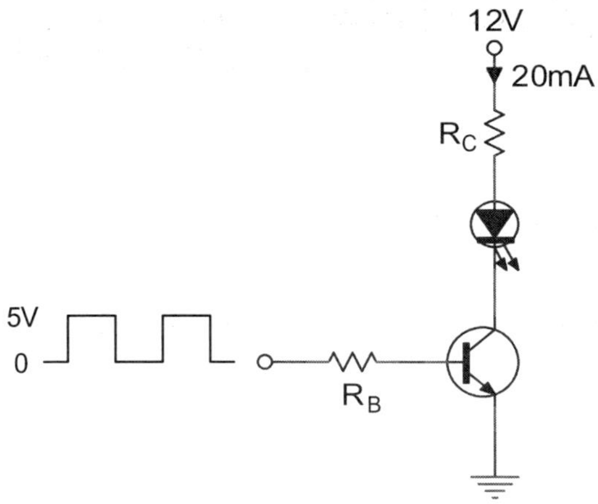

그림 3-17 트랜지스터 스위치 실험회로

5) 직류전류계를 사용하여 LED가 ON될 때의 컬렉터 전류 I_C를 측정하고 표 3-2에 그 측정결과를 기록하시오.
6) 조도계를 사용하여 LED가 ON될 때의 LED 밝기를 측정한 다음 표 3-2에 그 측정결과를 기록하시오.
7) LED가 OFF될 때 같은 방법으로 LED의 순방향전압, 컬렉터 전류, LED 밝기를 측정하고 표 3-2에 그 측정결과를 기록하시오.
8) 파형발생기의 주파수를 10Hz로 변경한 다음 직류전압계를 사용하여 LED의 순방향전압을 측정하고 표 3-2에 그 측정결과를 기록하시오.
9) 직류전류계를 사용하여 주파수가 10Hz일 경우의 컬렉터 전류를 측정하고 표 3-2에 그 측정결과를 기록하시오.
10) 조도계를 사용하여 주파수가 10Hz일 경우의 LED 밝기를 측정한 다음 표 3-2에 그 측정결과를 기록하시오.
11) 파형발생기의 주파수를 1KHz로 변경한 다음 이전과 같은 방법으로 LED의 순방향전압, 컬렉터 전류, LED 밝기를 측정하고 표 3-2에 그 측정결과를 기록하시오.

실험결과 보고서

학번 : 　　　　　　　　성명 :

1. 제목 : 트랜지스터 스위치 회로
2. 회로도

3. 실험결과

표 3-2

저항	계산값			
R_C				
R_B				
주파수	LED 전압 V_F		컬렉터 전류 I_C	LED 밝기
0.5[Hz]	ON	[V]	[A]	[Lx]
	OFF	[V]	[A]	[Lx]
10[Hz]		[V]	[A]	[Lx]
1[KHz]		[V]	[A]	[Lx]

3-6 바이어스회로

1. 베이스 바이어스

앞 절에서는 베이스-에미터 간 접합을 바이어스하기 위하여 별도의 독립된 직류전원 V_{BB}와 V_{CC}를 사용하였지만 그림 3-18과 같이 단일전원 V_{CC}만을 사용하면 편리하다.

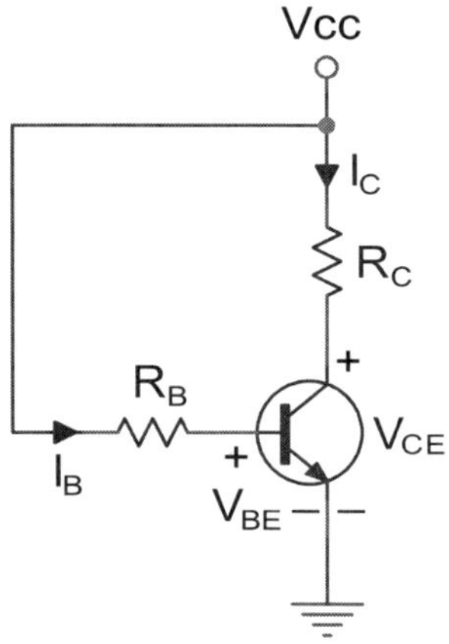

그림 3-18 베이스 바이어스회로

베이스저항 R_B 양단의 전압강하는 $V_{CC} - V_{BB}$이므로 베이스 전류는 다음과 같이 구해진다.

$$I_B = \frac{V_{CC} - V_{BE}}{R_B} \tag{3-16}$$

컬렉터 회로에 키르히호프의 전압법칙을 적용하면

$$V_{CC} - I_C R_C - V_{CE} = 0$$

가 되므로 V_{CE}를 구하면

$$V_{CE} = V_{CC} - I_C R_C \tag{3-17}$$

$I_C = \beta_{DC} I_B$ 이므로 컬렉터 전류는 다음과 같다.

$$I_C = \beta_{DC}\left(\frac{V_{CC} - V_{BE}}{R_B}\right) \tag{3-18}$$

2. 에미터 바이어스

에미터 바이어스회로는 그림 3-19와 같이 베이스-에미터 간 접합을 순방향 바이어스시키는 정(+)의 전압 V_{EE}와 베이스-컬렉터 간 접합을 역방향 바이어스시키는 부(-)의 전압 V_{CC}의 두 개의 전원을 따로 사용한다.

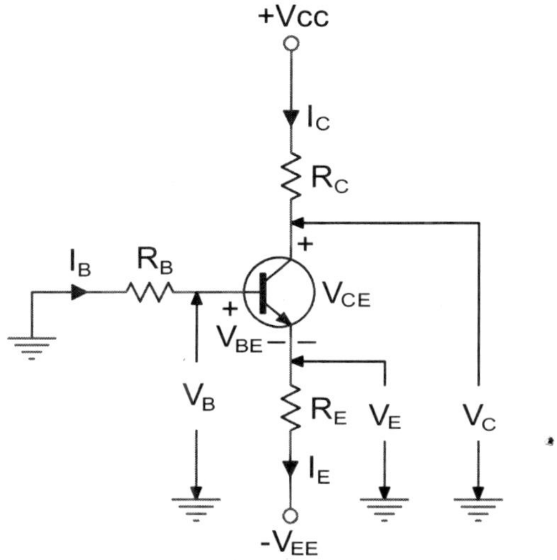

그림 3-19 에미터 바이어스회로

베이스와 에미터 사이에 키르히호프의 전압법칙을 적용하면

$$V_{EE} - I_B R_B - V_{BE} - I_E R_E = 0$$

근사적으로 $I_C \cong I_E$ 이고 $I_C = \beta_{DC} I_B$ 이므로

$$I_B \cong \frac{I_E}{\beta_{DC}} \tag{3-19}$$

가 되고 I_B를 방정식에 대입하여 베이스 전류를 구하면 다음과 같다.

$$I_E = \frac{V_{EE} - V_{BE}}{R_E + R_B / \beta_{DC}} \tag{3-20}$$

$I_C \cong I_E$ 이므로 컬렉터 전류는

$$I_C \cong \frac{V_{EE} - V_{BE}}{R_E + R_B / \beta_{DC}} \tag{3-21}$$

에미터 전압은

$$V_E = -V_{EE} + I_E R_E \tag{3-22}$$

베이스 전압은

$$V_B = V_E + V_{BE} \tag{3-23}$$

컬렉터 전압은

$$V_C = V_{CC} - I_C R_C \tag{3-24}$$

예제 3-4

그림 3-20과 같이 $\beta_{DC} = 100$인 트랜지스터로 구성된 회로에서 I_E, I_C, V_{CE}를 구하시오.

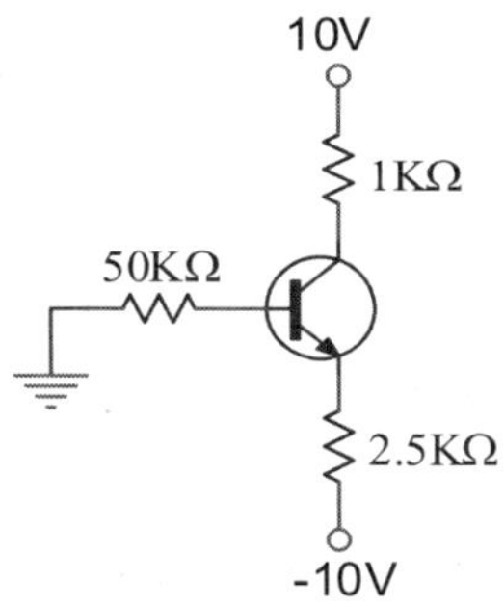

그림 3-20 트랜지스터 회로

에미터 전류는

$$I_E = \frac{V_{EE} - V_{BE}}{R_E + R_B/\beta_{DC}} = \frac{10 - 0.7}{2500 + 50000/100} = \frac{9.3}{3000} = 3.1[\text{mA}]$$

컬렉터 전류는 근사적으로 에미터 전류와 같다고 볼 수 있으므로

$$I_C \cong I_E = 3.1[\text{mA}]$$

에미터 전압은

$$V_E = -V_{EE} + I_E R_E = -10 + 3.1 \times 10^{-3} \cdot 2.5 \times 10^{3}$$

$$= -10 + 7.75 = -2.25[\text{V}]$$

컬렉터 전압은

$$V_C = V_{CC} - I_C R_C = 10 - 3.1 \times 10^{-3} \cdot 10^3 = 6.9[\mathrm{V}]$$

$$V_{CE} = V_C - V_E = 6.9 - (-2.25) = 9.15[\mathrm{V}]$$

3. 전압분배 바이어스

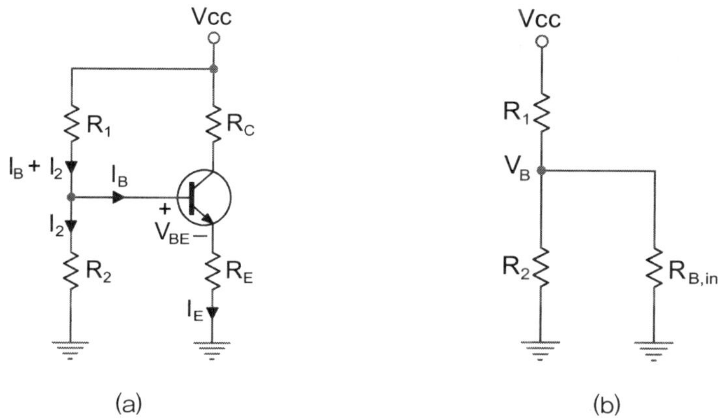

그림 3-21 전압분배 바이어스회로

베이스에 가해지는 직류 바이어스 전압은 그림 3-21 (a)와 같이 저항 R_1과 R_2로 구성된 전압분배기에 의해 만들어진다. 저항 R_1에 흐르는 전류는 저항 R_2로 흐르는 전류와 베이스로 흐르는 두 전류가 된다. 만약 베이스전류 I_B가 I_2에 비해 무시할 만큼 충분히 적지 않다면 그림 3-21 (b)와 같이 R_2와 병렬로 연결된 트랜지스터의 베이스 입력저항 $R_{B,in}$을 고려해야 한다.

베이스입력에서 본 직류 입력저항 $R_{B,in}$을 구하기 위해서 베이스와 접지 사이에 $V_{B,in}$을 인가하고 베이스로 흐르는 전류를 I_B라고 하면 $R_{B,in}$은 옴의 법칙에 의해 다음과 같이 구해진다.

$$R_{B,in} = \frac{V_{B,in}}{I_B}$$

베이스-에미터 간에 키르히호프의 전압법칙을 적용하면

$$V_{B,in} = V_{BE} + I_E R_E$$

V_{BE}는 $I_E R_E$보다 훨씬 작으므로 무시하고 $I_E \cong I_C = \beta_{DC} I_B$이므로

$$V_{B,in} \cong \beta_{DC} I_B I_C$$

결국 베이스에서의 직류 입력저항은 다음과 같다.

$$R_{B,in} = \frac{V_{B,in}}{I_B} \cong \frac{\beta_{DC} I_B R_E}{I_B} = \beta_{DC} R_E \tag{3-25}$$

그림 3-21 (b)로부터 베이스에서 본 전체저항은 $R_2 | \beta_{DC} R_E$ 이므로 베이스 입력저항과 R_1 저항으로 구성된 전압분배기로부터 베이스 전압은

$$V_B = \left(\frac{R_2 \mid \beta_{DC} R_E}{R_1 + (R_2 \mid \beta_{DC} R_E)} \right) V_{CC} \tag{3-26}$$

$\beta_{DC} R_E \gg R_2$ 이라면 $\beta_{DC} R_E$ 를 무시할 수 있으므로

$$V_B \cong \frac{R_2}{R_1 + R_2} V_{CC} \tag{3-27}$$

$V_E = V_B - V_{BE}$ 이고 $V_{BE} = 0.7$ 이므로 에미터 전류를 구하면

$$I_E = \frac{V_E}{R_E} = \frac{V_B - 0.7}{R_E} \tag{3-28}$$

근사적으로 $I_C \cong I_E$ 이므로 컬렉터 전류는

$$I_C \cong \frac{V_B - 0.7}{R_E} \tag{3-29}$$

식 (3-24)로부터 V_{CE} 는 다음과 같이 구해진다.

$$V_{CE} \cong V_C - V_E = V_{CC} - I_C R_C - V_B + 0.7 \tag{3-30}$$

예제 3-5

그림 3-22와 같이 $\beta_{DC} = 100$ 인 트랜지스터로 구성된 회로에서 I_C, V_{CE} 를 구하시오. 베이스의 입력저항은 $R_{B,in} = \beta_{DC} R_E = 100 \cdot 500 = 50[\text{k}\Omega]$ 으로 R_2 에 비해 훨씬 크므로 무시할 수 있다.

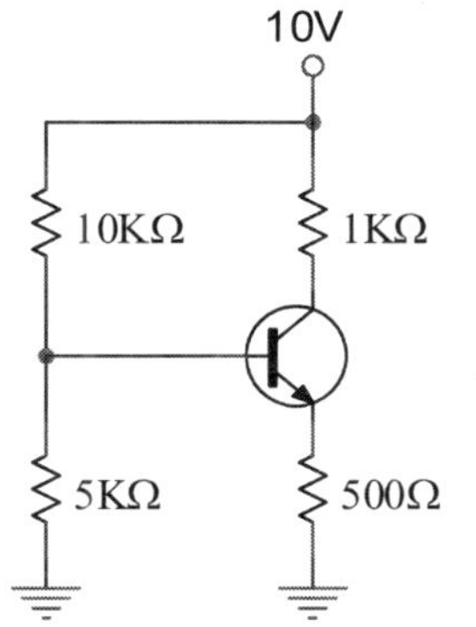

그림 3-22 트랜지스터 회로

베이스 전압은

$$V_B \cong \frac{R_2}{R_1+R_2}V_{CC} = \frac{5 \cdot 10}{10+5} = \frac{50}{15} = 3.33[\mathrm{V}]$$

에미터 전압은

$$V_E = V_B - V_{BE} = 3.33 - 0.7 = 2.63[\mathrm{V}]$$

컬렉터 전류는

$$I_C \cong \frac{V_E}{R_E} = \frac{2.63}{500} = 5.26[\mathrm{mA}]$$

$$V_{CE} \cong V_C - V_E = V_{CC} - I_C R_C - V_E$$

$$= 10 - 5.26 \times 10^{-3} \cdot 10^3 - 2.63 = 10 - 5.26 - 2.63 = 2.11[\mathrm{V}]$$

4. 컬렉터 귀환 바이어스

그림 3-23과 같이 베이스 저항 R_B를 V_{CC}에 연결하지 않고 컬렉터에 연결하여 베이스-에미터 간 접합에 대한 바이어스 전압을 만든다.

옴의 법칙에 의해 베이스 전류를 구하면

$$I_B = \frac{V_C - V_{BE}}{R_B} \tag{3-31}$$

$I_C \gg I_B$ 이므로 $V_C \cong V_{CC} - I_C R_C$이고, 또한 $I_B = I_C / \beta_{DC}$ 이므로 식(3-31)에 대입하여 정리하면

$$\frac{I_C R_B}{\beta_{DC}} + I_C R_C = V_{CC} - V_{BE}$$

컬렉터 전류를 구하면

$$I_C = \frac{V_{CC} - V_{BE}}{R_C + R_B / \beta_{DC}} \tag{3-32}$$

$$V_{CE} = V_{CC} - I_C R_C \tag{3-33}$$

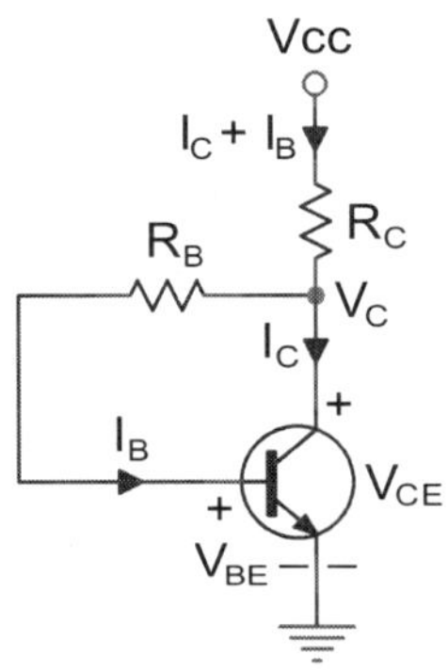

그림 3-23 컬렉터 귀환 바이어스 회로

3-7 소신호 증폭기

1. 공통 에미터 증폭기

그림 3-24는 전자회로에서 가장 널리 사용되고 있는 회로 중 하나인 공통 에미터 증폭기를 나타낸 것으로, 입력은 베이스이고 출력은 컬렉터이다. 입력과 출력에 결합 콘덴서 C_1, C_3를 연결하고 에미터에 바이패스 콘덴서 C_2를 사용한 R_1과 R_2로 구성된 전압분배기에 의해 별도의 베이스 바이어스 전원을 사용하지 않고 컬렉터 바이어스 전원 V_{cc}를 공유하여 단일전원을 사용한다.

전압분배 바이어스된 공통 에미터 증폭회로의 동작은 직류와 교류동작의 결합이므로 두 가지를 모두 고려해야 한다.

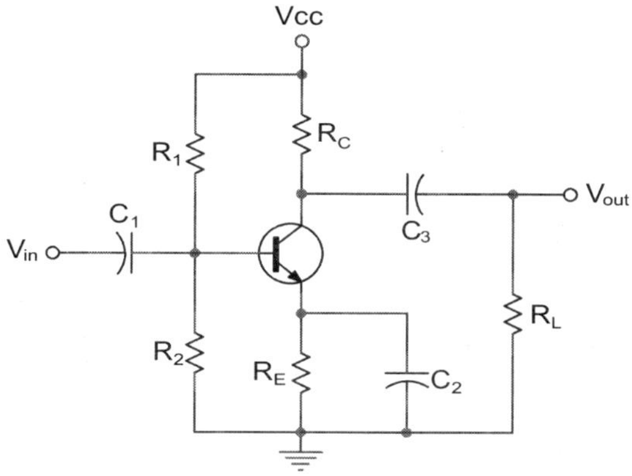

그림 3-24 공통 에미터 증폭기

1) 직류해석

직류해석을 위해 그림 3-24의 공통 에미터 증폭기의 결합 콘덴서와 바이패스 콘덴서를 개방 상태로 하여 회로를 간단히 한 직류 등가회로는 그림 3-25와 같다. 이러한 직류회로에 대한 해석은 앞 절의 전압분배 바이어스에서 이미 다루었으므로 여기서는 생략한다.

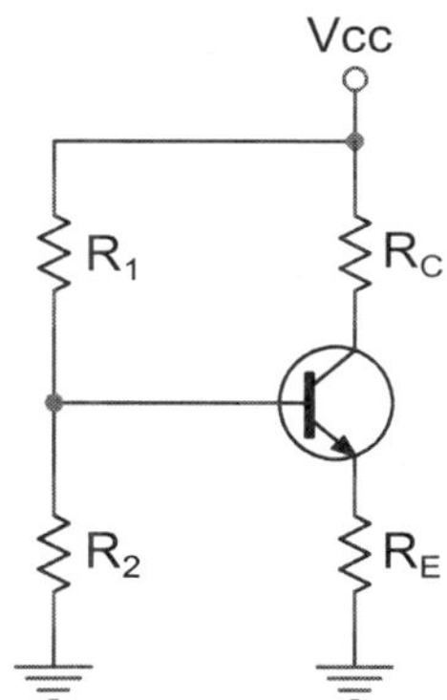

그림 3-25 공통 에미터 증폭기의 DC 등가회로

2) 교류해석

교류해석을 위하여 직류전압을 제거하고 콘덴서는 단락회로로 간주한다. 이 경우 교류전원이 연결된 교류 등가회로는 그림 3-26 (a)와 같다.

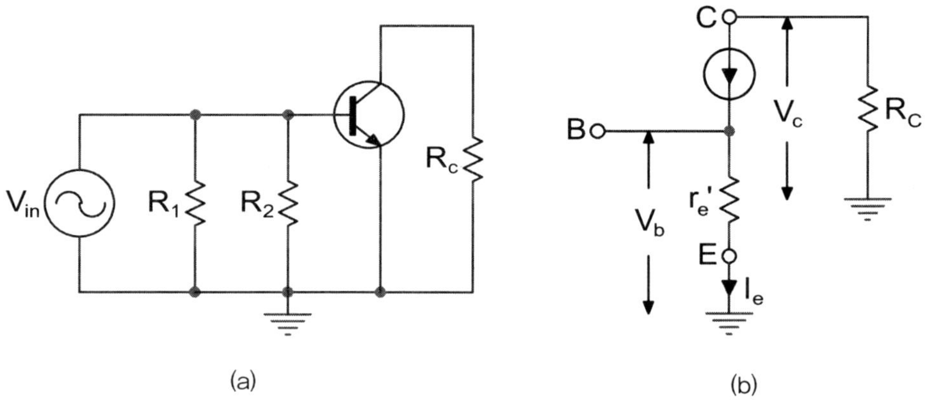

그림 3-26 공통 에미터 증폭기의 AC 등가회로

베이스에서 본 입력저항은 옴의 법칙에 의해 다음과 같이 구해진다.

$$R_{B,in} = \frac{V_{in}}{I_{in}} = \frac{V_b}{I_b} \tag{3-34}$$

$V_b = I_e\, r_e{}'$ 이고 근사적으로 $I_b \approx \dfrac{I_e}{\beta_{ac}}$ 이므로

$$R_{B,in} = \frac{I_e\, r_e{}'}{I_e / \beta_{ac}} = \beta_{ac} r_e{}' \tag{3-35}$$

신호원에서 본 전체 입력저항은 R_1 , R_2 , $R_{B,in}$ 의 병렬값이다.

$$R_{in} = R_1 \mid R_2 \mid R_{B,in} \tag{3-36}$$

컬렉터에서 본 출력저항은 컬렉터저항 R_C와 부하저항 R_L이 병렬이므로

$$R_{out} = R_C \mid R_L \tag{3-37}$$

교류 에미터 저항 $r_e{}'$는 근사적으로 다음과 같이 구해진다.

$$r_e{}' \approx \frac{25[\mathrm{mV}]}{I_E} \tag{3-38}$$

교류 전압이득은 그림 3-25 (b)의 등가회로로부터 교류 입력전압 V_b와 교류 출력전압 V_c의 비이다.

$$A_v = \frac{V_{out}}{V_{in}} = \frac{V_c}{V_b} \tag{3-39}$$

그림에서 $V_c = \alpha_{ac} I_e R_{out} \approx I_e R_{out}$ 이므로

$$A_v = \frac{I_e R_{out}}{I_e r_e{}'} = \frac{R_{out}}{r_e{}'} = -\frac{R_C \mid R_L}{r_e{}'} \tag{3-40}$$

바이패스 콘덴서 C_2가 없는 경우의 교류 전압이득은 다음과 같이 R_E의 영향으로 줄어들게 된다.

$$A_v = -\frac{R_C \mid R_L}{r_e{}' + R_E} \tag{3-41}$$

따라서 전압이득의 (-)부호는 위상반전, 즉 공통 에미터 증폭기의 컬렉터전압이 베이스 입력전압과 180°의 위상차가 생기는 것을 의미한다. 또한 교류 전압이득은 $r_e{}'$ 에 의존하고 $r_e{}'$ 는 I_E와 온도에 따라 변하기 때문에 이득이 불안정하게 된다.

전압이득을 안정화시키기 위한 방법으로 전압이득에서 내부 교류 에미터저항 $r_e{}'$ 의 영향을 제거하기 위해 그림 3-27과 같이 외부 에미터저항 R_E를 두 개의 에미터저항 R_{E1}과 R_{E2}로 나누어 R_{E2}만 바이패스 시킨다.

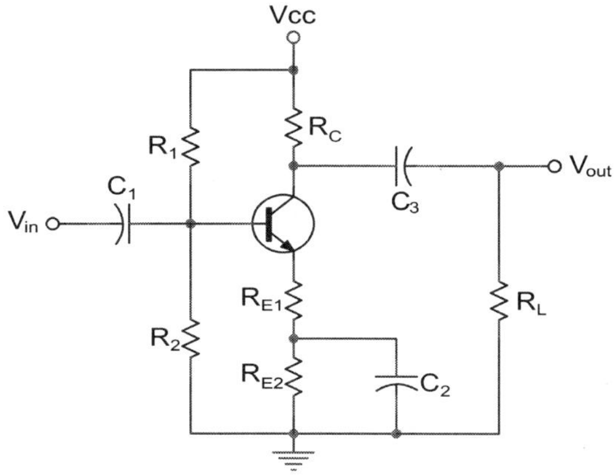

그림 3-27 전압이득의 안정화를 위한 증폭기

그림과 같이 에미터 저항이 부분적으로 바이패스되었을 때는 바이패스되지 않은 저항이 r_e' 와 직렬로 베이스에서 본 입력저항으로 작용하므로

$$R_{B,\,in} = \beta_{ac}(r_e' + R_{E1}) \tag{3-42}$$

R_{E1} 만이 교류 전압이득에 영향을 미치므로

$$A_v = \frac{R_C \mid R_L}{r_e' + R_{E1}} \tag{3-43}$$

R_{E1} 이 r_e' 보다 훨씬 크다고 하면 r_e' 의 영향은 최소화되고 교류 전압이득은 근사적으로 다음과 같이 된다.

$$A_v \approx \frac{R_C \mid R_L}{R_{E1}} \tag{3-44}$$

예제 3-6

그림 3-28의 증폭기에서 직류 및 교류 컬렉터 전압을 구하시오. 단, $\beta_{DC} = 150$ 이고 $\beta_{ac} = 200$ 이다.

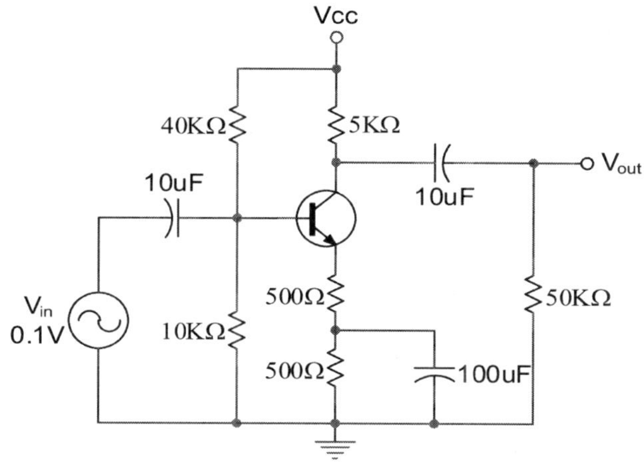

그림 3-28

전체 컬렉터 전압을 구하기 위해서는 직류해석과 교류해석의 두 단계가 필요하다.

1) 직류해석

베이스에서 본 직류 입력저항은

$$R_{B,IN} = \beta_{DC}(R_{E1} + R_{E2}) = 150(500 + 500) = 150[\mathrm{k}\Omega]$$

으로 R_2 보다 훨씬 크므로 베이스전압 계산에서 무시할 수 있다.

베이스 전압은

$$V_B = \left(\frac{R_2}{R_1 + R_2}\right) V_{CC} = \frac{10^4 \cdot 10}{4 \times 10^4 + 10^4} = 2[\mathrm{V}]$$

에미터 전압은

$$V_E = V_B - V_{BE} = 2 - 0.7 = 1.3[\mathrm{V}]$$

에미터 전류는

$$I_E = \frac{V_E}{R_{E1} + R_{E2}} = \frac{1.3}{500 + 500} = 1.3[\mathrm{mA}]$$

근사적으로 $I_C \cong I_E = 1.3[\mathrm{mA}]$ 이므로 컬렉터 전압은

$$V_C \cong V_{CC} - I_C R_C = 10 - 1.3 \times 10^{-3} \cdot 5 \times 10^3 = 3.5[\mathrm{V}]$$

2) 교류해석

교류 에미터 저항 $r_e{}'$ 는

$$r_e{}' \approx \frac{25[\mathrm{mV}]}{I_E} = \frac{25 \times 10^{-3}}{1.3 \times 10^{-3}} = 19.23[\Omega]$$

베이스에서 본 입력저항은

$$R_{B,\,in} = \beta_{ac}(r_e{}' + R_{E1}) = 200(19.23 + 500) = 104[\mathrm{k}\Omega]$$

신호원에서 본 전체 입력저항은

$$R_{in} = R_1 \mid R_2 \mid R_{B,\,in} = 40[\mathrm{k}\Omega] \mid 10[\mathrm{k}\Omega] \mid 104[\mathrm{k}\Omega] = 7.4[\mathrm{k}\Omega]$$

R_{E1} 이 $r_e{}'$ 보다 훨씬 크므로 전압이득은

$$A_v \cong -\frac{R_C \mid R_L}{R_{E1}} = -\frac{5[\mathrm{K}\Omega] \mid 50[\mathrm{K}\Omega]}{500[\Omega]} = -9.1$$

입력신호의 실효전압은 0.1V이므로 컬렉터의 실효전압은

$$V_c = A_v V_{in} = 9.1 \cdot 0.1 = 0.91[\mathrm{V_s}]$$

컬렉터의 첨두전압은

$$0.91 \cdot \sqrt{2} = 1.3[\mathrm{V_{pp}}]$$

전체 컬렉터 전압은 베이스 입력전압과 위상이 반전되어 3.5V의 직류에서 ±1.3V 변화하는 신호로 증폭된다. 결합 콘덴서 C_3는 출력에서 직류레벨을 분리시키므로 출력전압 V_{out} 은 컬렉터 전압의 교류부분만이 나타난다.

[실험 3-2] 공통 에미터 증폭기

1. 실험 목적

1) 공통 에미터 소신호 증폭회로의 동작을 이해한다.
2) 공통 에미터 소신호 증폭기의 부하저항과 에미터 바이패스 콘텐서의 변화에 따른 출력전압, 즉 전압이득의 변화를 관찰한다.
3) 출력전압이 입력전압에 대해 반전되어 나타남을 확인한다.

2. 실험 기기 및 부품

1) 파형발생기 : 정현파, 전압 $0.2V_{pp}$, 주파수 1KHz 1채널
2) 오실로스코프 : 2채널
3) 디지털 멀티미터 : 1대
4) 직류전원장치 : 15V 1채널
5) 만능 조립기판 : 1대
6) 트랜지스터 : 2n2222A 1개
7) 저항 : 150Ω/0.25W, 2.7kΩ/0.25W, 4.7kΩ/0.25W, 10kΩ/0.25W 각 1개,
   3.9kΩ/0.25W 2개
8) 전해콘덴서 : 2.2㎌ 2개, 10㎌ 1개

3. 실험 방법

1) 그림 3-29의 공통 에미터 증폭기의 주어진 조건에 대해 예제 3-6과 같은 방법으로 베이스 전압 V_B, 에미터 전압 V_E, 컬렉터 전압 V_C의 직류전압을 계산하고, 표 3-3의 계산값에 그 계산식과 함께 결과를 기록하시오.
2) 그림 3-29의 공통 에미터 증폭기를 만능 조립기판에 구성하시오. 이때 파형발생기의 파형은 정현파로 선택하시오.
3) 오실로스코프의 CH1을 회로의 입력에 연결하고 수직설정에서 입력 커플링을 접지(GND)로 선택하여 0V 접지레벨이 화면의 수평축 상에 오도록 수직위치를 조절한 다음, 입력 커플링을 다시 교류(AC)로 변경하시오.
4) 오실로스코프의 CH1을 사용하여 측정한 입력신호의 첨두전압 및 주파수가 $0.2V_{pp}$, 1kHz가 되도록 파형발생기의 진폭 및 주파수를 조절하시오.
5) DMM을 사용하여 베이스 전압 V_B, 에미터 전압 V_E, 컬렉터 전압 V_C의 직류전압을 측정하고, 표 3-3의 측정값에 그 결과를 기록하시오.

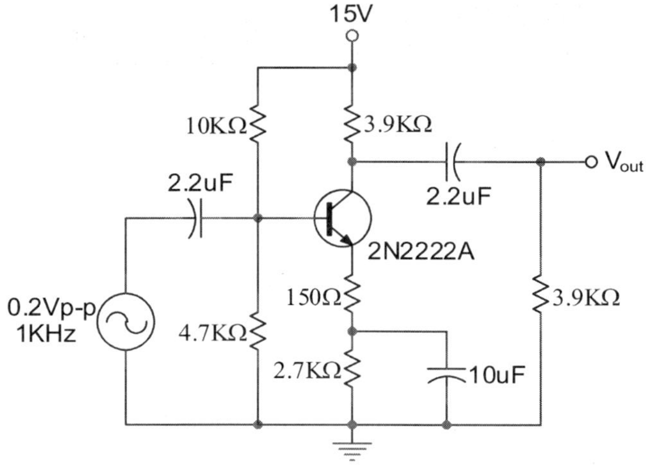

그림 3-29 공통 에미터 증폭기 실험회로

6) 오실로스코프의 CH2를 회로의 출력에 연결하고 수직설정에서 입력 커플링을 접지(GND)로 선택하여 0V 접지레벨이 화면의 수평축 상에 오도록 수직위치를 조절한 다음, 입력 커플링을 다시 교류(AC)로 변경하시오.

7) 오실로스코프의 화면에 2~3 주기의 신호파형이 나타나도록 오실로스코프의 시간 스케일과 화면에 최대 진폭의 신호파형이 나타나도록 오실로스코프의 전압 스케일을 조정하시오.

8) 회로의 주어진 조건에 대해 예제 3-6과 같은 방법으로 출력전압의 첨두값을 계산하여 그 결과를 표 3-3의 계산값에 계산식과 함께 기록하시오.

9) 오실로스코프의 CH2에 나타난 출력전압의 첨두값을 측정한 다음 그 결과를 표 3-3의 측정값에 기록하시오.

10) 오실로스코프의 CH1에 나타난 공통 에미터 증폭기의 입력파형과 CH2에 나타난 출력파형을 다음의 그래프 상에 함께 그리시오.

11) 그림의 회로에서 3.9kΩ의 부하저항을 제거하고 앞의 8)에서 9)까지의 실험과정을 반복하여 출력전압이 증가됨을 확인하시오.

12) 그림의 회로와 같이 3.9kΩ의 부하저항을 다시 연결하고, 10㎌의 에미터 바이패스 콘덴서를 제거한 다음 앞의 8)에서 9)까지의 실험과정을 반복하여 출력전압이 크게 감소되는 것을 확인하시오.

실험결과 보고서

학번 : 성명 :

1. 제목 : 공통 에미터 증폭기
2. 회로도

3. 실험결과

1) 입/출력 파형

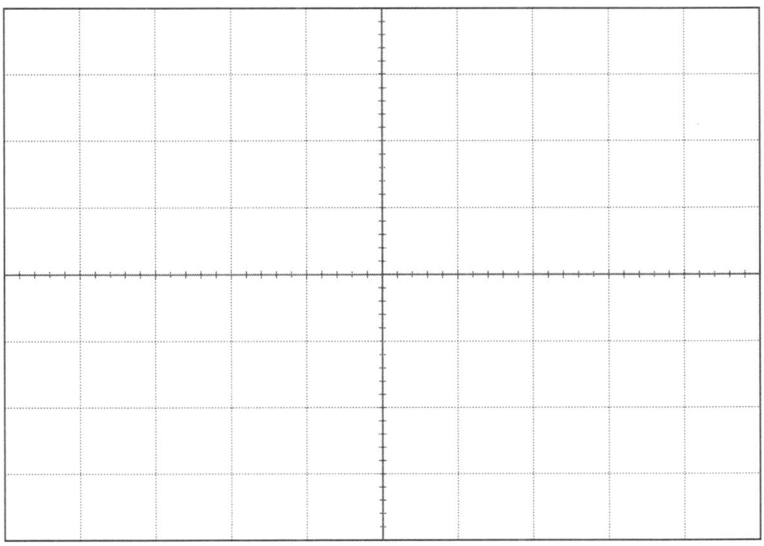

CH1 : v/Div M : sec/Div

2) 입/출력 데이터

표 3-3

직류전압	계산값	측정값
베이스 전압 V_B	[V]	[V]
에미터 전압 V_E	[V]	[V]
컬렉터 전압 V_C	[V]	[V]

상태	출력 첨두전압	
	계산값	측정값
정상회로	[V]	[V]
무부하의 경우	[V]	[V]
10㎌이 없는 경우	[V]	[V]

2. 공통 컬렉터 증폭기

공통 컬렉터 증폭기는 에미터전압이 입력전압을 그대로 추종하므로 보통 에미터 팔로워(emitter follower)라 부른다. 전압이득이 거의 1이고 장점으로는 높은 입력저항과 전류이득을 얻을 수 있다는 것이다.

그림 3-30 (a)는 공통 에미터 증폭기와 마찬가지로 전압분배 바이어스회로를 사용한 공통 컬렉터 증폭기로 입력은 콘덴서를 통해 베이스에 공급되고 출력은 에미터이며 컬렉터는 접지되어 있다. 에미터저항은 출력을 저항 Re 양단에서 얻기 때문에 바이패스하지 않는다.

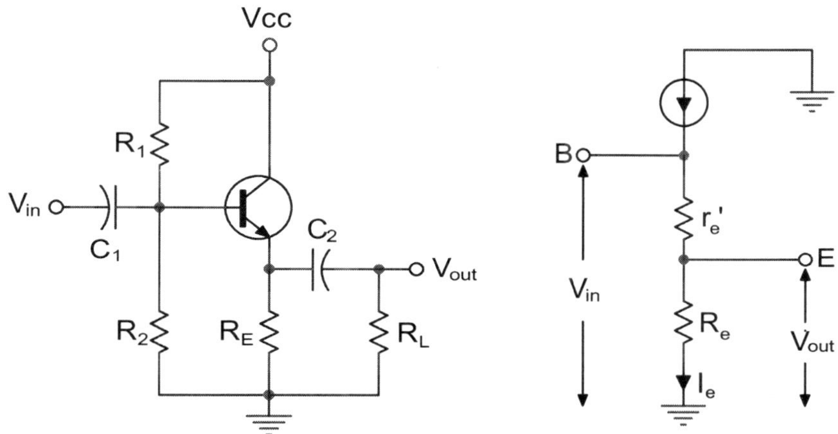

(a) 회로 (b) 교류 등가모델

그림 3-30 공통 컬렉터 증폭기

그림 3-30 (b)의 교류 등가모델로부터 입력 및 출력전압은 다음과 같다.

$$\begin{cases} V_{in} = I_e (r_e{}' + R_e) \\ V_{out} = I_e R_e \end{cases} \tag{3-45}$$

여기서 $R_e = R_E | R_L$ 이다.

베이스와 에미터 사이의 전압이득은

$$A_v = \frac{V_{out}}{V_{\in}} = \frac{I_e R_e}{I_e (r_e{}' + R_e)} = \frac{R_e}{(r_e{}' + R_e)} \tag{3-46}$$

따라서 무부하인 경우는 $R_e = R_E$ 이므로 전압이득은 항상 1보다 작지만, 만약 $R_e \gg r_e'$ 이면 근사적으로 $A_v \cong 1$ 이 되어 에미터의 출력전압은 베이스의 입력전압과 동상으로 입력을 추종하게 되므로 에미터 팔로워라고 한다. 베이스에서 본 입력저항은

$$R_{B,\,in} = \frac{V_{in}}{I_{in}} = \frac{V_b}{I_b} = \frac{I_e(r_e' + R_e)}{I_b}$$

여기서 근사적으로 $I_e \cong I_c = \beta_{ac} I_b$ 이므로

$$R_{B,\,in} = \frac{\beta_{ac} I_b(r_e' + R_e)}{I_b} = \beta_{ac}(r_e' + R_e) \qquad (3\text{-}47)$$

그림 3-30 (a)에서 바이어스저항은 베이스에서 본 입력저항 $R_{B,in}$ 과 병렬이므로 전체 입력저항은 다음과 같다.

$$R_{in} = R_1 \mid R_2 \mid R_{B,\,in} \qquad (3\text{-}48)$$

에미터 팔로워는 높은 입력저항과 낮은 출력저항을 갖고 있기 때문에 낮은 저항의 부하를 구동시키는데, 부하의 영향을 최소화할 수 있는 버퍼로서 아주 유용하게 사용된다.

예제 3-7

그림 3-31의 증폭기에서 전체 입력저항 및 전압이득을 구하시오. 단, $\beta_{ac} = 200$ 이다.

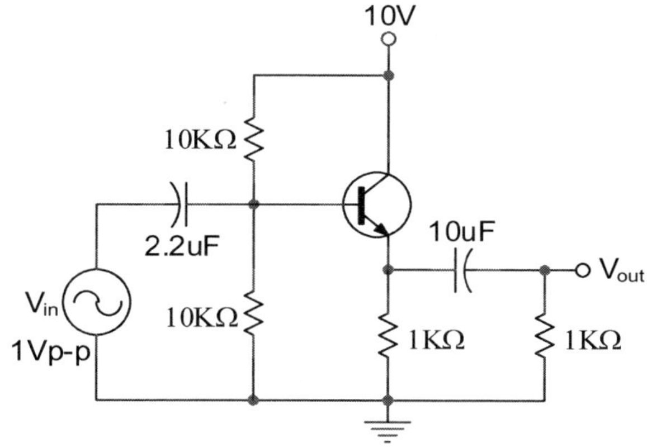

그림 3-31

외부 교류 에미터저항은

$$R_e = R_E \parallel R_L = 1[\text{k}\Omega] \parallel 1[\text{k}\Omega] = 500[\Omega]$$

베이스에서 본 입력저항은

$$R_{B,\,in} \cong \beta_{ac} R_e = 200 \cdot 500 = 100[\text{k}\Omega]$$

전체 입력저항은

$$R_{in} = R_1 \parallel R_2 \parallel R_{B,\,in} = 10[\text{k}\Omega] \parallel 10[\text{k}\Omega] \parallel 100[\text{k}\Omega] = 4.76[\text{k}\Omega]$$

베이스전압은

$$V_B = \frac{R_2 \cdot V_{CC}}{R_1 + R_2} = \frac{10 \cdot 10}{20} = 5[\text{V}]$$

에미터전류는

$$I_E = \frac{V_B - V_{BE}}{R_E} = \frac{5 - 0.7}{1000} = 4.3[\text{mA}]$$

교류 에미터저항은

$$r_e{}' = \frac{25[\text{mV}]}{I_E} = \frac{25}{4.3} = 5.8[\Omega]$$

전압이득은 결국 다음과 같다.

$$A_v = \frac{R_e}{r_e{}' + R_e} = \frac{500}{5.8 + 500} = 0.99$$

[실험 3-3] 공통 컬렉터 증폭기

1. 실험 목적

1) 공통 컬렉터 소신호 증폭회로의 동작을 이해한다.
2) 공통 컬렉터 소신호 증폭기의 전압이득은 거의 1로 출력전압이 입력전압을 그대로 추종함을 관찰한다.

2. 실험 기기 및 부품

1) 파형발생기 : 정현파, 전압 $0.2V_{pp}$, 주파수 1KHz 1채널
2) 오실로스코프 : 2채널
3) 디지털 멀티미터 : 1대
4) 직류전원장치 : 15V 1채널
5) 만능 조립기판 : 1대
6) 트랜지스터 : 2n2222A 1개
7) 저항 : 1kΩ/0.25W 2개, 22kΩ/0.25W, 27kΩ/0.25W 각 1개
8) 전해콘덴서 : 2.2㎌, 100㎌ 각 1개

3. 실험 방법

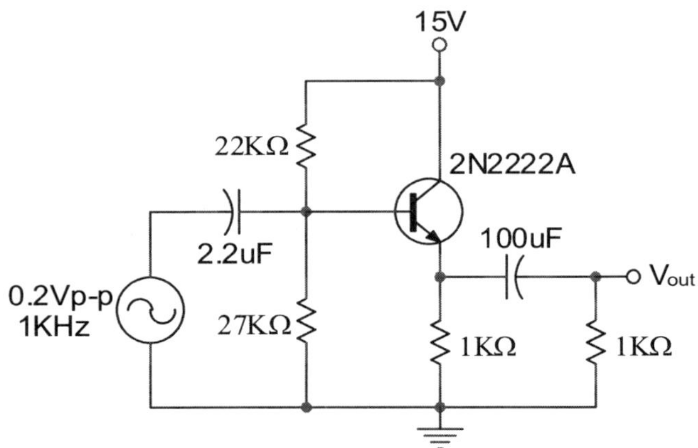

그림 3-32 공통 컬렉터 증폭기 실험회로

1) 그림 3-32의 공통 컬렉터 증폭기의 주어진 조건에 대해 예제 3-7과 같은 방법으로 베이스 전압 V_B, 에미터 전압 V_E의 직류전압을 계산하고, 표 3-4의 계산값에 그 계산식과 함께 결과를 기록하시오.
2) 그림 3-32의 공통 컬렉터 증폭기를 만능 조립기판에 구성하시오. 이때 파형발생기의 파형은 정현파로 선택하시오.
3) 오실로스코프의 CH1을 회로의 입력에 연결하고 수직설정에서 입력 커플링을 접지(GND)로 선택하여 0V 접지레벨이 화면의 수평축 상에 오도록 수직위치를 조절한 다음, 입력 커플링을 다시 교류(AC)로 변경하시오.
4) 오실로스코프의 CH1을 사용하여 측정한 입력신호의 첨두전압 및 주파수가 $0.2V_{pp}$, 1KHz가 되도록 파형발생기의 진폭 및 주파수를 조절하시오.
5) DMM을 사용하여 베이스전압 V_B, 에미터전압 V_E의 직류전압을 측정하고, 표 3-4의 측정값에 그 결과를 기록하시오.
6) 오실로스코프의 CH2를 회로의 출력에 연결하고 수직설정에서 입력 커플링을 접지(GND)로 선택하여 0V 접지레벨이 화면의 수평축 상에 오도록 수직위치를 조절한 다음, 입력 커플링을 다시 교류(AC)로 변경하시오.
7) 오실로스코프의 화면에 2~3 주기의 신호파형이 나타나도록 오실로스코프의 시간 스케일과 화면에 최대 진폭의 신호파형이 나타나도록 오실로스코프의 전압 스케일을 조정하시오.
8) 회로의 주어진 조건에 대해 예제 3-7과 같은 방법으로 전압이득을 구하고 출력전압의 첨두값을 계산하여 그 결과를 표 3-4의 계산값에 계산식과 함께 기록하시오.
9) 오실로스코프의 CH2에 나타난 출력전압의 첨두값을 측정한 다음 그 결과를 표3-4의 측정값에 기록하시오.
10) 오실로스코프의 CH1에 나타난 공통 컬렉터 증폭기의 입력파형과 CH2에 나타난 출력파형을 다음의 그래프 상에 함께 그리시오.
11) 표 3-4의 나머지 부하저항 값에 대해 앞의 8)에서 9)까지의 실험과정을 반복하여 부하저항에 따라 출력전압 레벨이 약간 감소하지만 거의 변동없이 입력전압을 추종함을 확인하시오.

실험결과 보고서

학번 : 성명 :

1. 제목 : 공통 컬렉터 증폭기
2. 회로도

3. 실험결과

1) 입/출력 파형

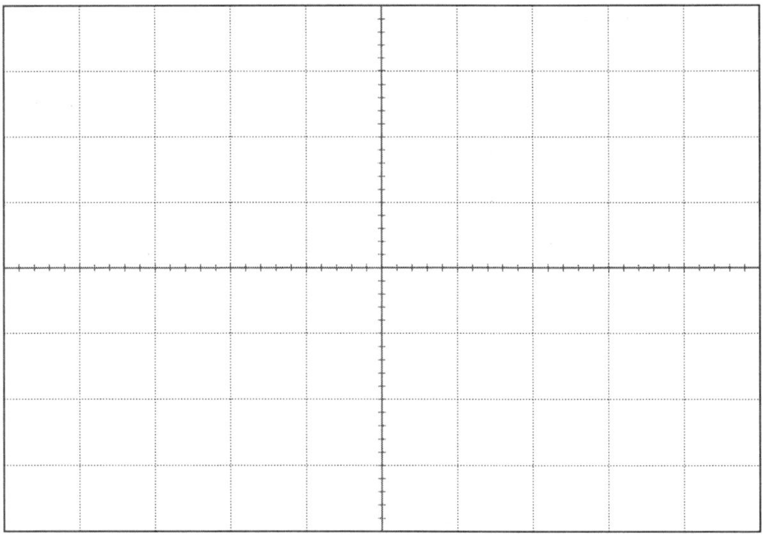

CH1 : v/Div M : sec/Div

2) 입/출력 데이터

표 3-4

직류전압	계산값	측정값
베이스 전압 V_B	[V]	[V]
에미터 전압 V_E	[V]	[V]
상태	출력 첨두전압	
	계산값	측정값
1[kΩ]	[V]	[V]
500[Ω]	[V]	[V]
100[Ω]	[V]	[V]

3. 공통 베이스 증폭기

공통 베이스 증폭기는 높은 전압이득과 거의 1인 전류이득을 갖는데 공통 컬렉터 증폭기의 전압이득이 거의 1인 것과 대조를 이룬다.

그림 3-33 (a)는 공통 컬렉터 증폭기로 입력은 콘덴서를 통해 에미터에 공급되고 출력은 컬렉터로부터 콘덴서에 결합되어 부하에 공급되며 베이스는 콘덴서를 통해 접지되어 있다.

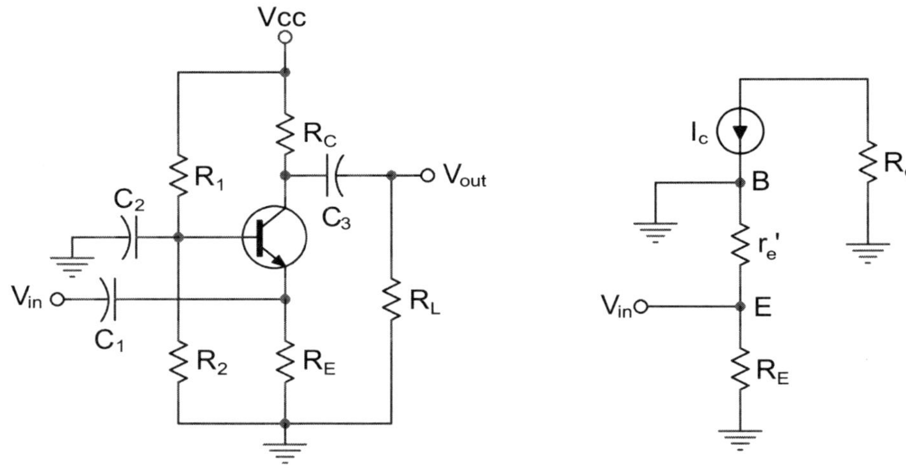

(a) 회로 (b) 교류 등가모델

그림 3-33 공통 베이스 증폭기

그림 3-33 (b)의 교류 등가모델로부터 입력 및 출력전압은 다음과 같다.

$$\begin{cases} V_{in} = V_e = I_e(r_e{}' \mid R_E) \\ \\ V_{out} = V_c = I_c R_c \end{cases} \tag{3-49}$$

여기서 $R_C = R_C \mid R_L$ 이다.

근사적으로 $I_c \cong I_e$ 이므로 에미터와 컬렉터 사이의 전압이득은

$$A_v = \frac{V_{out}}{V_{in}} = \frac{V_c}{V_e} = \frac{I_c R_c}{I_e(r_e{}' \mid R_E)} \cong \frac{I_e R_c}{I_e(r_e + R_e)} = \frac{R_c}{(r_e + R_e)}$$

$R_E \gg r_e{}'$ 이면

$$A_v = \frac{R_c}{r_e{}'} \tag{3-50}$$

따라서 전압이득은 공통 에미터 증폭기와 같지만 위상반전은 없다.

에미터에서 본 입력저항은

$$R_{E,\,in} = \frac{V_{in}}{I_{in}} = \frac{V_e}{I_e} = \frac{I_e(r_e{}' \mid R_E)}{I_e} = r_e{}' \mid R_E$$

역시 $R_E \gg r_e{}'$ 이면

$$R_{E,\,in} \cong r_e{}' \tag{3-51}$$

컬렉터에서 본 교류 컬렉터저항 $r_c{}'$ 는 R_c 와 병렬이고 공통 에미터 증폭기의 경우와 같이 $r_c{}' \gg R_c$ 이므로 컬렉터에서 본 출력저항은 근사적으로 다음과 같다.

$$R_{out} \cong R_C \tag{3-52}$$

공통 베이스 증폭기는 낮은 입력저항을 갖기 때문에 신호원이 매우 낮은 저항출력을 갖는 고주파응용에 가장 적합하다.

전류이득은 출력전류 I_c 를 입력전류 I_e 로 나눈 값으로 근사적으로 $I_c \cong I_e$ 이므로 전류이득은 거의 1이 된다.

$$A_i \cong 1 \tag{3-53}$$

예제 3-8

그림 3-34의 증폭기에서 전체 입력저항 및 전압이득을 구하시오. 단, $\beta_{DC} = 200$이다.

베이스전압은

$$V_B = \frac{R_2 \cdot V_{CC}}{R_1 + R_2} = \frac{10 \cdot 10}{50} = 2[\mathrm{V}]$$

에미터전류는

$$I_E = \frac{V_B - V_{BE}}{R_E} = \frac{2 - 0.7}{1000} = 1.3[\mathrm{mA}]$$

교류 에미터저항은

$$r_e' = \frac{25[\mathrm{mV}]}{I_E} = \frac{25}{1.3} = 19.23[\Omega]$$

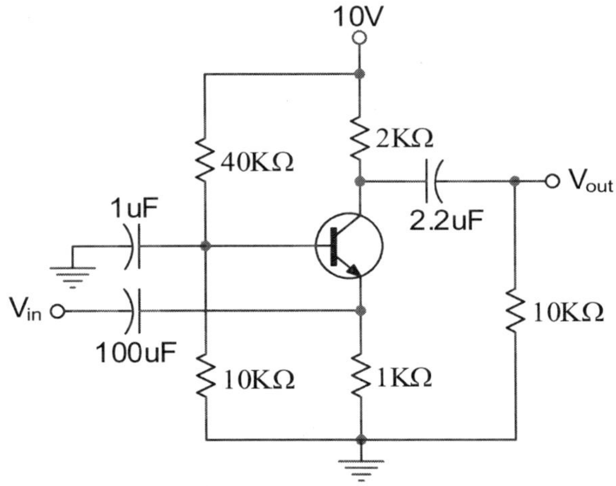

그림 3-34 트랜지스터 증폭기

에미터에서 본 입력저항은

$$R_{E,\,in} \cong r_e' = 19.23[\Omega]$$

$R_c = R_C \mid R_L = 2[\mathrm{K}\Omega] \mid 10[\mathrm{K}\Omega] = 1.7[\mathrm{K}\Omega]$이므로 전압이득은 다음과 같다.

$$A_v \cong \frac{R_c}{r_e'} = \frac{2000}{19.23} = 104$$

[실험 3-4] 공통 베이스 증폭기

1. 실험 목적

1) 공통 베이스 소신호 증폭회로의 동작을 이해한다.
2) 공통 베이스 소신호 증폭기의 부하저항의 변화에 따른 출력전압, 즉 전압이득의 변화를 관찰한다.

2. 실험 기기 및 부품

1) 파형발생기 : 정현파, 전압 0.1V_{pp}, 주파수 1KHz 1채널
2) 오실로스코프 : 2채널
3) 디지털 멀티미터 : 1대
4) 직류전원장치 : 15V 1채널
5) 만능 조립기판 : 1대
6) 트랜지스터 : 2n2222A 1개
7) 저항 : 1kΩ/0.25W 3개, 10kΩ/0.25W, 50kΩ/0.25W 각 1개
8) 전해콘덴서 : 1μF, 2.2μF, 100μF 각 1개

3. 실험 방법

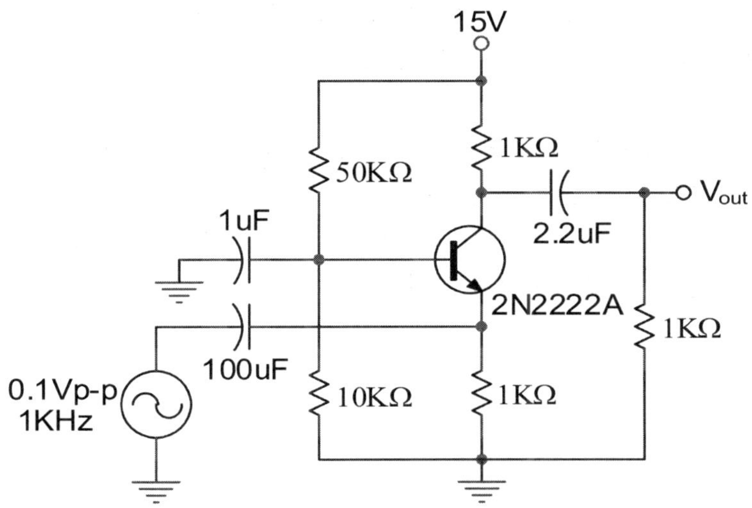

그림 3-35 공통 베이스 증폭기 실험회로

1) 그림 3-35의 공통 베이스 증폭기의 주어진 조건에 대해 예제 3-8과 같은 방법으로 에미터전압 V_E와 컬렉터전압 V_C의 직류전압을 계산하고, 표 3-5의 계산값에 그 계산식과 함께 결과를 기록하시오.
2) 그림 3-35의 공통 베이스 증폭기를 만능 조립기판에 구성하시오. 이때 파형발생기의 파형은 정현파로 선택하시오.
3) 오실로스코프의 CH1을 회로의 입력에 연결하고 수직설정에서 입력 커플링을 접지(GND)로 선택하여 0V 접지레벨이 화면의 수평축 상에 오도록 수직위치를 조절한 다음, 입력 커플링을 다시 교류(AC)로 변경하시오.
4) 오실로스코프의 CH1을 사용하여 측정한 입력신호의 첨두전압 및 주파수가 $0.1V_{pp}$, 1kHz가 되도록 파형발생기의 진폭 및 주파수를 정확하게 조절하시오.
5) DMM을 사용하여 에미터 전압 V_E와 컬렉터 전압 V_C의 직류전압을 측정하고, 표 3-5의 측정값에 그 결과를 기록하시오.
6) 오실로스코프의 CH2를 회로의 출력에 연결하고 수직설정에서 입력 커플링을 접지(GND)로 선택하여 0V 접지레벨이 화면의 수평축 상에 오도록 수직위치를 조절한 다음, 입력 커플링을 다시 교류(AC)로 변경하시오.
7) 오실로스코프의 화면에 2~3 주기의 신호파형이 나타나도록 오실로스코프의 시간 스케일과 화면에 최대 진폭의 신호파형이 나타나도록 오실로스코프의 전압 스케일을 조정하시오.
8) 회로의 주어진 조건에 대해 예제 3-8과 같은 방법으로 전압이득을 구하고 출력전압의 첨두값을 계산하여 그 결과를 표 3-5의 계산값에 계산식과 함께 기록하시오.
9) 오실로스코프의 CH2에 나타난 출력전압의 첨두값을 측정한 다음 그 결과를 표 3-5의 측정값에 기록하시오.
10) 오실로스코프의 CH1에 나타난 공통 베이스 증폭기의 입력파형과 CH2에 나타난 출력파형을 다음의 그래프 상에 함께 그리시오.
11) 표 3-5의 나머지 부하저항 값에 대해 앞의 8)에서 9)까지의 실험과정을 반복하여 부하저항에 따라 출력전압이 변화됨을 확인하시오.

실험결과 보고서

학번 : 성명 :

1. 제목 : 공통 베이스 증폭기
2. 회로도

3. 실험결과

1) 입/출력 파형

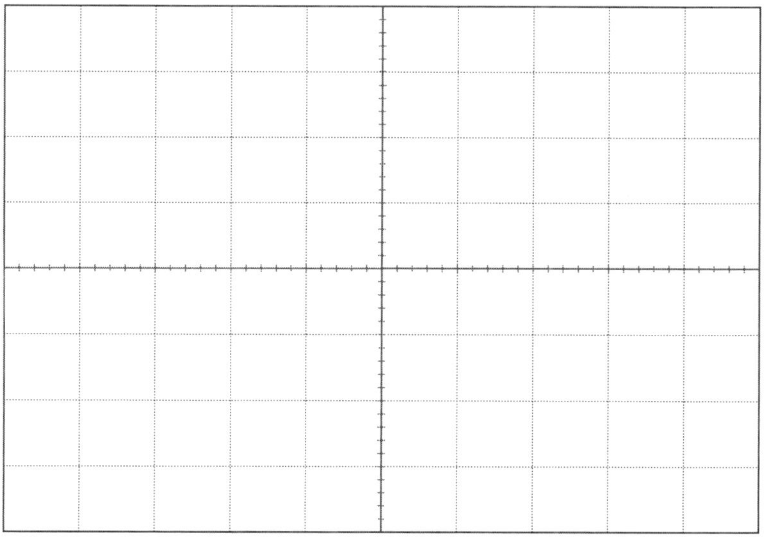

CH1 : v/Div M : sec/Div

2) 입/출력 데이터

표 3-5

직류전압	계산값	측정값
에미터 전압 V_E	[V]	[V]
컬렉터 전압 V_C	[V]	[V]

부하저항	출력 첨두전압	
	계산값	측정값
1[kΩ]	[V]	[V]
500[Ω]	[V]	[V]
무부하	[V]	[V]

제 4 장
기타 소자들

본 장에서는 다이오드와 트랜지스터 이외의 몇 가지 반도체 소자들을 다룬다. 먼저 사이리스터라고 부르는 4층 구조의 반도체 소자인 실리콘 제어 정류기와 트라이악의 특징과 구조 및 동작회로에 대해 설명하고 응용회로인 위상제어회로에 대해 서술한다. 다음으로 광센서로 널리 사용되고 있는 광소자인 포토트랜지스터를 다루고, 다양한 종류의 포토커플러에 대해서도 서술한다. 또한 각각의 응용회로에 대한 동작설명과 함께 실험을 수록하였다.

4-1 실리콘제어 정류기(SCR)
4-2 트라이악(TRIAC)
4-3 포토트랜지스터
4-4 포토커플러

4-1 실리콘제어 정류기(SCR)

1. 구조

실리콘제어 정류기(SCR : silicon-controlled rectifier)는 그림 4-1 (a)와 같이 pnpn 구조를 갖는 4층의 반도체로 이루어진 사이리스터(thyristor)이다. 애노드(Anode), 캐소드(Cathode), 게이트(Gate)의 3단자를 갖는다. 그림 4-1 (b)는 SCR의 기호를 나타낸다.

SCR은 모터제어, 시간지연회로, 히터제어, 위상제어 및 릴레이제어를 포함하는 많은 분야에 사용된다.

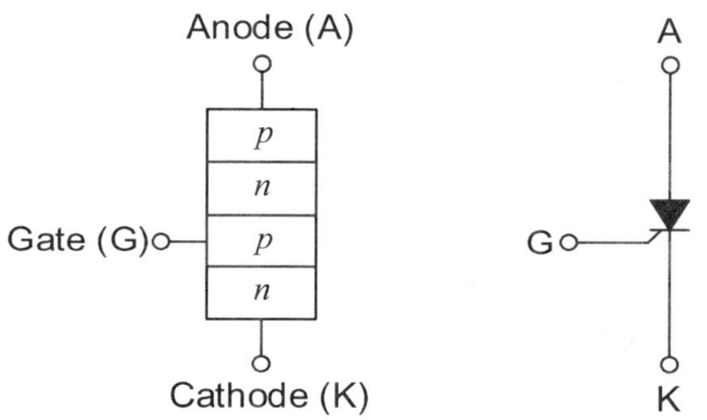

(a) 구조 (b) 기호

그림 4-1 실리콘제어 정류기(SCR)

2. 등가회로

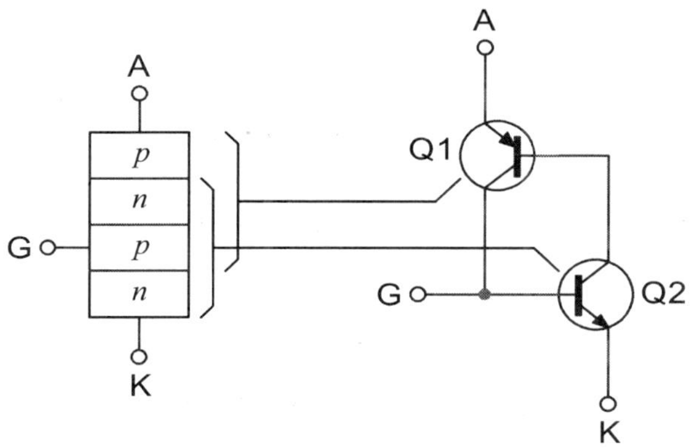

그림 4-2 SCR의 등가회로

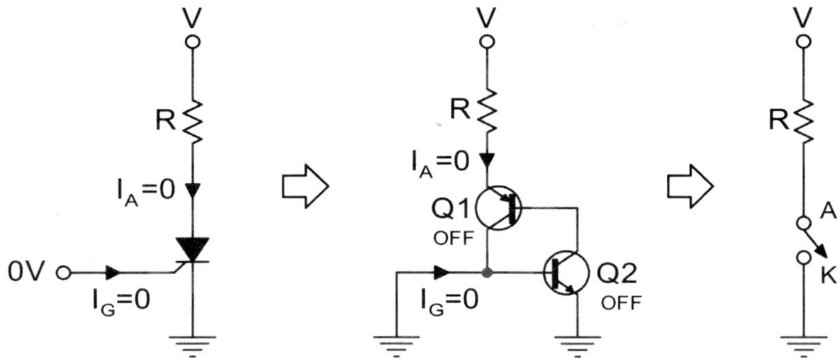

(a) SCR OFF

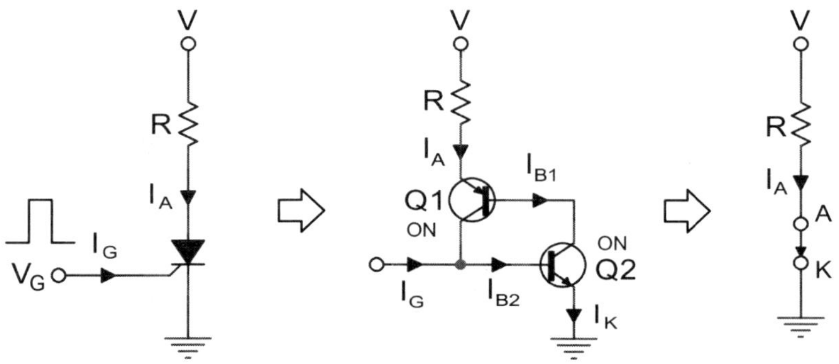

(b) SCR ON

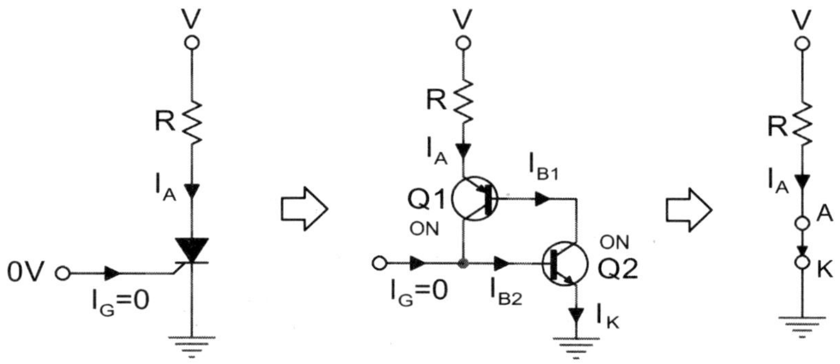

(c) SCR ON상태 유지

그림 4-3 스위치로서의 SCR

pnpn의 구조를 갖는 SCR은 그림 4-2와 같이 두 개의 중간층을 서로 공유하고 상부의 pnp 트랜지스터 Q_1과 하부의 npn 트랜지스터 Q_2로 구성되는 등가회로로 나타낼 수 있다.

3. 동작

SCR은 차단(OFF) 상태와 도통(ON) 상태의 두 개의 동작상태를 갖는 스위치소자이다. SCR은 차단상태에서 이상적으로는 양극과 음극 사이가 개방회로처럼 동작하지만 실제로는 매우 높은 저항이고, 도통상태에서 이상적으로는 양극과 음극 사이가 단락회로처럼 동작하지만 실제로는 매우 작은 저항이다.

1) SCR 도통

그림 4-3 (a)와 같이 게이트 전류 I_G가 0이 되면 SCR은 차단상태로 되어 양극과 음극 사이가 아주 높은 저항을 갖는 개방스위치처럼 동작한다.

게이트에 정(+)의 트리거 펄스를 인가하면 그림 4-3 (b)와 같이 트랜지스터 Q_1과 Q_2의 베이스-에미터 간 접합은 순방향 바이어스되고, 베이스-컬렉터 간 접합은 역방향 바이어스되어 트랜지스터는 모두 선형영역에 있게 된다. 따라서 게이트 펄스에 의한 I_{B2}는 Q_2를 ON시켜 Q_2의 컬렉터로 흘러 들어가는 I_{B1}을 흐르게 하고 Q_1의 베이스전류인 I_{B1}은 다시 Q_1을 ON시키므로 트랜지스터는 둘 다 도통상태로 되어 양극과 음극 사이가 아주 낮은 저항을 갖는 단락스위치처럼 동작한다.

게이트에서의 트리거 펄스가 제거되어도 그림 4-3 (c)와 같이 Q_1의 컬렉터 전류 I_{B2}가 Q_2의 베이스로 흘러 들어가므로 Q_2는 포화된 도통상태로 계속 머무르게 되고 Q_2는 I_{B1}을 공급하여 Q_1은 포화된 도통상태로 계속 머무르게 된다. 따라서 SCR은 한 번 트리거되면 계속 도통상태로 래치된다.

2) SCR 차단(OFF)

게이트의 트리거펄스가 제거되어 게이트 전압이 0V가 되어도 SCR은 계속 도통상태를 유지하게 되므로 SCR을 차단시키기 위해서는 애노드 전류를 SCR의 유지전류 I_H 이하로 감소시켜야 한다.

SCR을 차단시키기 위해서는 그림 4-4 (a)의 경우와 같이 직렬로 연결된 스위치를 열어 SCR의 양극전류를 0으로 감소시켜 SCR을 OFF시키거나, (b)와 같이 병렬스위치를 닫아 전류의 일부를 흐르게 함으로써 양극전류를 유지전류 I_H 이하로 감소시켜 SCR을 OFF시키고, (c)와 같이 SCR과 병렬로 스위치와 직류전원을 연결하고 스위치를 닫아 강제로 순방향 도통전류와 반대방향으로 SCR을 통하여 전류를 흐르게 하여 전체 순방향전류를 유지전류 이하로 감소시켜 SCR을 OFF시키는 방법이 있다. 일반적으로 SCR의 차단시간은 수 μs에서 $30\mu s$이다.

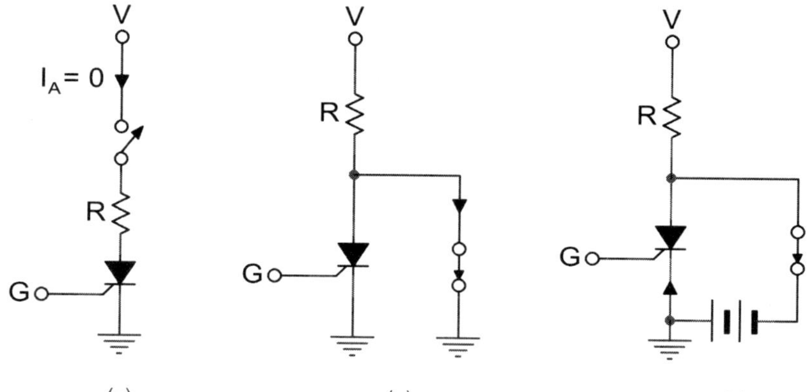

(a) (b) (c)

그림 4-4 SCR의 차단

3) 반파 전력제어

SCR은 램프, 전기히터, 모터 등에 대한 전력제어에 응용되는 단방향 교류스위칭 소자이다.

그림 4-5 (a)의 교류 입력전압 V_{in} 의 정(+)의 반주기 동안에 SCR의 게이트에 트리거펄스 V_G를 인가하면 SCR이 도통되어 도통된 순간부터의 입력전압이 그대로 출력되고, 교류 입력전압의 부(-)의 반주기 동안에는 SCR에 반대극성의 전압이 가해지므로 SCR의 양극전류가 유지전류 이하로 감소하여 SCR이 자동으로 차단된다. 그림 4-5 (b)는 반파 전력제어회로의 게이트펄스 및 입출력 파형을 나타내는데, 교류 입력전압의 정의 반주기 동안 트리거펄스의 인가시점을 변경하여 SCR이 도통되는 시간을 조절함으로써 출력파형의 면적이 변화되므로 출력전압의 전력을 제어할 수 있다. SCR이 정의 반주기의 시작점(0°)에서 트리거되면 SCR은 거의 180°동안 도통되어 최대전력이 부하에 공급되고, SCR이 정의 반주기의 최대값(90°)에서 트리거되면 SCR은 거의 90° 동안만 도통되어 적은 전력이 부하에 공급된다.

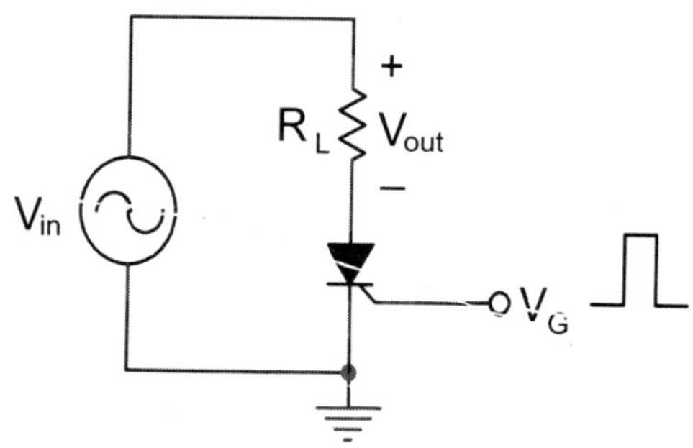

(a) 회로

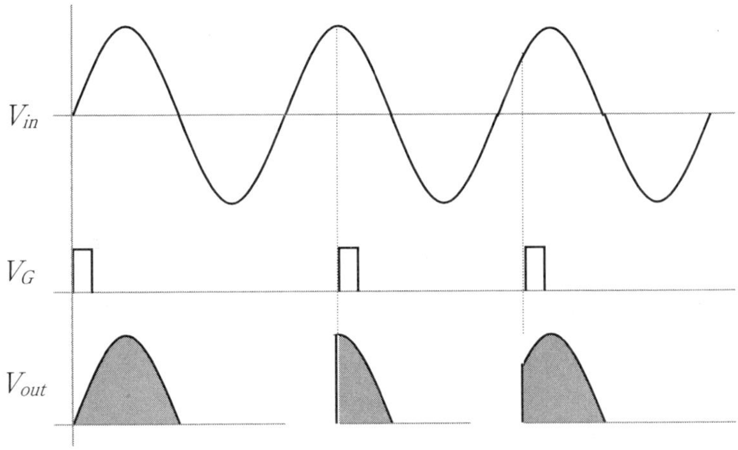

(b) 입출력 파형

그림 4-5 반파 전력제어회로

4. 반파 위상제어회로

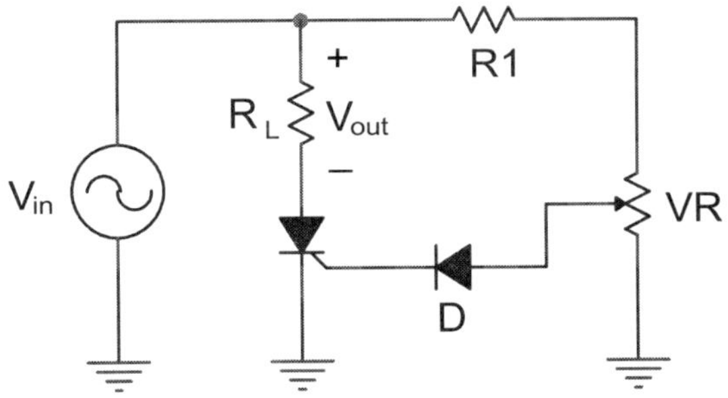

그림 4-6 반파 위상제어회로

그림 4-6은 가변저항을 사용한 반파 위상제어회로이다. R_1은 전류제한용이고 가변저항 VR은 위상각을 제어하기 위해 사용되고, 다이오드는 SCR의 게이트에 부(-)의 트리거전압이 인가되는 것을 막는다.

가변저항 값을 조절함으로써 SCR은 교류 입력전압의 정(+)의 반주기상의 0°와 90° 사이의 어떠한 점에서도 트리거될 수 있다. 교류입력이 부(-)의 값으로 될 때 SCR은 자동으로 차단되어 다시 다음의 정의 반주기상의 트리거 시점까지는 도통되지 않는다.

5. SCR의 규격표

표 4-1 SCR

형 명	$I_{T,S}$ [A]	V_{DRM} [V]	I_{TSM} [A]
2N5060	0.8	30	10
2N5061	0.8	60	10
2N5062	0.8	100	10
2N5064	0.8	200	10
2N6394	12	50	100
2N6395	12	100	100
2N6397	12	400	100
2N6397T	12	400	100
2N6399	12	800	100
2N6400	16	50	160
2N6401	16	100	160
2N6402	16	200	160
2N6403	16	400	160
2N6404	16	600	160
2N6405	16	800	160
2N6504	25	50	300
2N6505	25	100	300
2N6507	25	400	300
2N6508	25	600	300
2N6509	25	800	300

[실험 4-1] 반파 위상제어회로

1. 실험 목적

1) SCR과 가변저항을 사용한 반파 위상제어회로의 동작을 이해한다.
2) 반파 위상제어회로에서 가변저항 값의 변화에 따른 SCR의 트리거 시점 및 출력전압 파형의 형태와 면적의 변화를 관찰한다.

2. 실험 기기 및 부품

1) 파형발생기 : 전압 $10V_{pp}$, 주파수 60Hz, 정현파 1채널, 또는 변압기 : 입력 220V/출력 8V 1개
2) 오실로스코프 : 2채널
3) 디지털 멀티미터 : 1대
4) 만능 조립기판 : 1대
5) SCR : 2N6397 1개
6) 다이오드 : 1N4937 1개
7) 저항 : 1kΩ/0.25W 2개
8) 가변저항 : 10kΩ 1개

3. 실험 방법

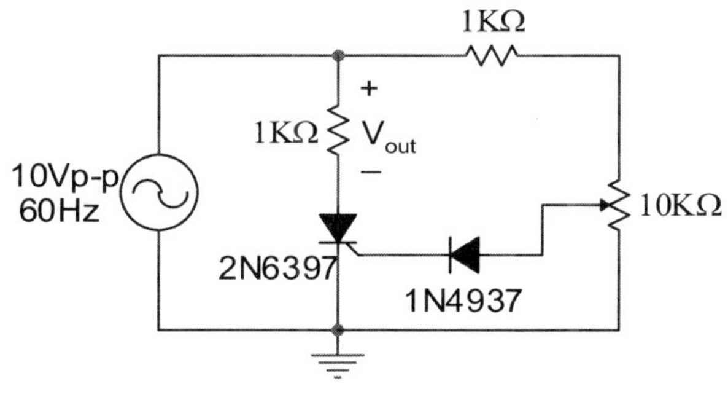

그림 4-7 반파 위상제어 실험회로

1) 그림 4-7의 반파 위상제어회로를 만능 조립기판에 구성하시오.
2) 오실로스코프의 CH1을 회로의 입력에 연결하고 수직설정에서 입력 커플링을 접지(GND)로 선택하여 0V 접지레벨이 화면의 수평축 상에 오도록 수직위치를 조절한 다음, 입력 커플링을 다시 교류(AC)로 변경하시오.

3) 오실로스코프의 화면에 2~3 주기의 신호파형이 나타나도록 오실로스코프의 시간 스케일과 화면에 최대 진폭의 신호파형이 나타나도록 오실로스코프의 전압 스케일을 조정하시오.
4) 오실로스코프를 사용하여 측정한 입력신호의 첨두전압 및 주파수가 $10V_{pp}$, 60Hz가 되도록 파형발생기의 진폭 및 주파수를 정확히 조절한 다음 첨두전압 V_{pi} 및 실효전압 V_{ri}를 측정하여 표 4-2에 기록하시오.
5) 오실로스코프의 CH1에 나타난 위상제어회로의 입력파형을 다음의 그래프 상에 그리시오.
6) 오실로스코프의 CH2를 회로의 출력인 부하저항의 양단에 연결하고 수직설정에서 입력 커플링을 직류(DC)로 선택하시오.
7) 가변저항을 조절하면서 오실로스코프의 CH2에 나타난 출력파형이 $0°$ 트리거인 경우의 가변저항 값과 출력파형의 첨두값 V_{po}, 실효값 V_{ro}를 측정하고 그 결과를 표 4-2에 기록하시오.
8) 가변저항을 조절하면서 오실로스코프의 CH2에 나타난 출력파형이 $45°$ 트리거인 경우의 가변저항 값과 출력파형의 첨두값, 실효값을 측정하고 그 결과를 표 4-2에 기록하시오.
9) 가변저항을 조절하면서 오실로스코프의 CH2에 나타난 출력파형이 $90°$ 트리거인 경우의 가변저항 값과 출력파형의 첨두값, 실효값을 측정하고 그 결과를 표 4-2에 기록하시오.
10) 오실로스코프의 CH2에 나타난 위상제어회로의 출력파형을 다음의 그래프 상에 그리시오.
11) 오실로스코프의 CH1을 SCR의 게이트 단자에 연결하고 수직설정에서 입력 커플링을 직류(DC)로 변경한 다음, CH1에 나타난 SCR의 트리거 파형을 다음의 그래프 상에 그리시오.

실험결과 보고서

학번 : 성명 :

1. 제목 : 반파 위상제어회로
2. 회로도

3. 실험결과

1) 입/출력 파형

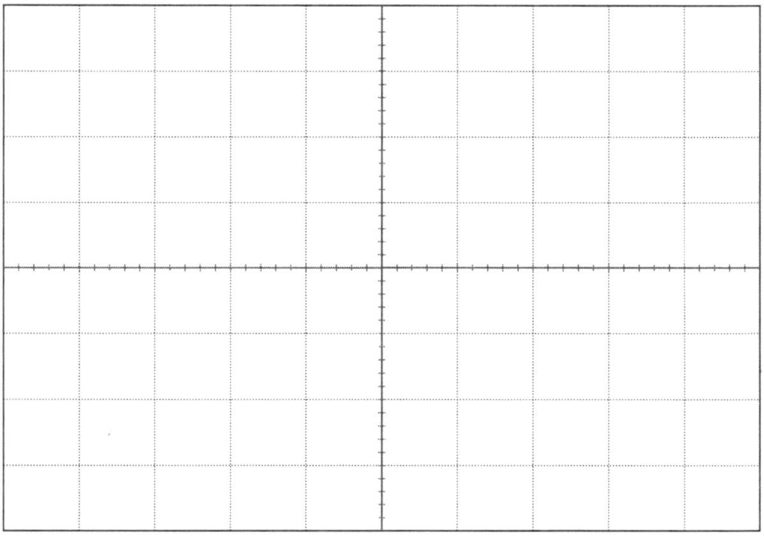

CH1 : v/Div M : sec/Div

2) 입/출력 데이터

표 4-2

입력전압의 첨두값 V_{pi}			[V]
입력전압의 실효값 V_{ri}			[V]
SCR의 트리거	가변저항 값	출력전압의 첨두값 V_{po}	출력전압의 실효값 V_{ro}
0° 트리거	[kΩ]	[V]	[V]
45° 트리거	[kΩ]	[V]	[V]
90° 트리거	[kΩ]	[V]	[V]

4-2 트라이악(TRIAC)

1. 동작

트라이악은 단순히 공통 게이트 단자를 가진 SCR이 서로 반대방향으로 병렬연결된 것으로 생각할 수 있다. SCR과는 다르게 A1과 A2 입력단자의 양단전압의 극성에 따라 어느 방향으로도 전류를 흐르게 할 수 있으므로 양방향 교류 스위칭에 사용된다.

그림 4-8 (a)는 트라이악의 기호를 나타내고 (b)는 트라이악이 양쪽 방향으로 도통될 수 있도록 트리거되는 동작회로를 나타낸다. 트라이악은 SCR과 마찬가지로 정(+)의 트리거 펄스가 인가될 때 도통되고 양극전류가 유지전류 IH 이하로 감소되면 도통상태를 멈추게 되므로 트라이악을 차단시키는 유일한 방법은 전류를 충분히 낮게 감소시키는 것이다. 따라서 교류 입력전압에 대해 트라이악은 각각 정(+)과 부(-)의 영점 교차점(zero crossing point)에서 전류가 유지전류 이하로 떨어지므로 차단상태로 된다.

교류입력의 정의 반주기 동안에 지연각(delay angle)이라 하는 시간동안 트라이악이 차단된 후 트리거되어 도통각(conduction angle)이라 하는 정의 반주기의 남은 시간동안 도통되어 부하를 통해 전류가 흐르게 된다. 부의 반주기 동안에도 부하를 통해 전류가 반대방향으로 흐르는 것을 제외하면 동작이 정의 반주기의 경우와 유사하다.

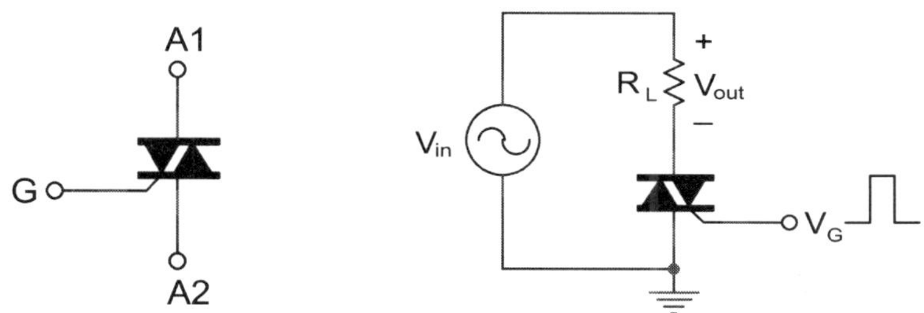

(a) 기호 (b) 동작회로

그림 4-8 트라이악의 기호 및 동작회로

2. 위상제어회로

SCR과 마찬가지로 트라이악 또한 위상제어 방법에 의해서 부하에 공급되는 평균전력을 제어하는 데 사용된다. 그림 4-9 (a)는 트라이악을 사용한 위상제어회로를 나타내는데, 다이오드는 트라이악의 게이트에 트리거 펄스를 인가하기 위해 사용된다. 정(+)의 반주기 동안 다이오드 D1은 도통되고 가변저항 VR에 의해 정의 반주기상에서 트라이악이 도통되는 시점이 정해진다. 부(-)의 반주기 동안에는 다이오드 D2가 도통되고, 역시 가변저항 VR에 의해 부의 반주기상에서 트라이악이 도통되는 시점이 정해진다.

그림 4-9 (b)는 위상제어회로의 게이트 펄스 및 입출력 파형을 나타낸다.

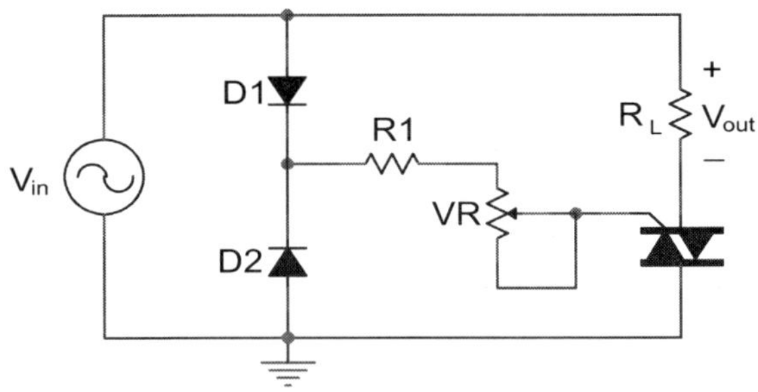

(a) 회로

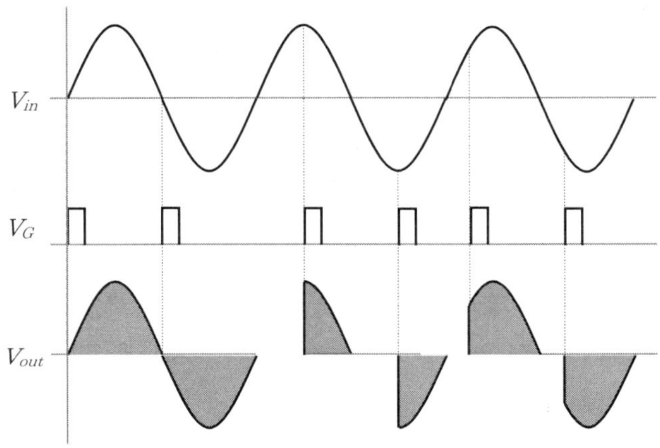

(b) 입출력 파형

그림 4-9 트라이악 위상제어회로

3. TRIAC의 규격표

표 4-3 TRIAC

형 명	$I_{T,S}$ [A]	V_{DRM} [V]	I_{TSM} [A]
2N6071A	4	200	30
2N6071B	4	200	30
2N6073A	4	400	30
2N6073B	4	400	30
2N6075A	4	600	30
2N6075B	4	600	30
2N6344	8	600	100
2N6344A	12	600	100
2N6348A	12	600	100
2N6349	8	800	100
2N6349A	12	800	100

[실험 4-2] 트라이악 위상제어회로

1. 실험 목적

1) 트라이악과 가변저항을 사용한 위상제어회로의 동작을 이해한다.
2) 트라이악 위상제어회로에서 가변저항 값의 변화에 따른 트라이악의 트리거 시점 및 출력전압 파형의 형태와 면적의 변화를 관찰한다.

2. 실험 기기 및 부품

1) 파형발생기 : 전압 $10V_{pp}$, 주파수 60Hz, 정현파 1채널, 또는
   변압기 : 입력 220V/출력 8V 1개
2) 오실로스코프 : 2채널
3) 디지털 멀티미터 : 1대
4) 만능 조립기판 : 1대
5) 트라이악 : 2N6344 1개
6) 다이오드 : 1N4937 2개
7) 저항 : 1kΩ/0.25W 2개
8) 가변저항 : 10kΩ 1개

3. 실험 방법

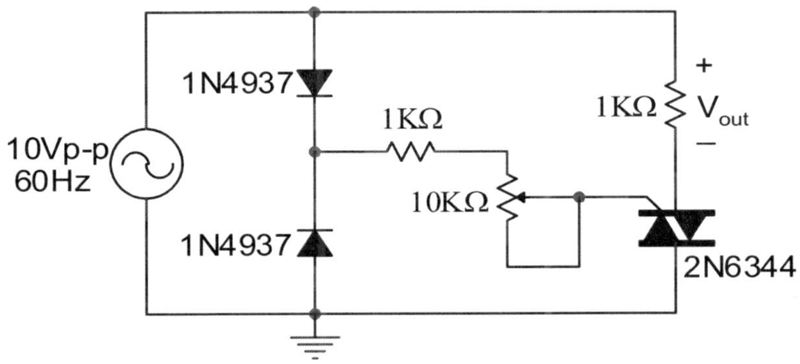

그림 4-10 트라이악 위상제어 실험회로

1) 그림 4-10의 트라이악 위상제어회로를 만능 조립기판에 구성하시오.
2) 오실로스코프의 CH1을 회로의 입력에 연결하고 수직설정에서 입력 커플링을 접지(GND)로 선택하여 0V 접지레벨이 화면의 수평축 상에 오도록 수직위치를 조절한 다음, 입력 커플링을

다시 교류(AC)로 변경하시오.

3) 오실로스코프의 화면에 2~3 주기의 신호파형이 나타나도록 오실로스코프의 시간 스케일과 화면에 최대 진폭의 신호파형이 나타나도록 오실로스코프의 전압 스케일을 조정하시오.

4) 오실로스코프를 사용하여 측정한 입력신호의 첨두전압 및 주파수가 $10V_{pp}$, 60Hz가 되도록 파형발생기의 진폭 및 주파수를 정확히 조절한 다음 첨두전압 V_{pi} 및 실효전압 V_{ri} 을 측정하여 표 4-4에 기록하시오.

5) 오실로스코프의 CH1에 나타난 위상제어회로의 입력파형을 다음의 그래프 상에 그리시오.

6) 오실로스코프의 CH2를 회로의 출력인 부하저항의 양단에 연결하고 수직설정에서 입력 커플링을 교류(AC)로 선택하시오.

7) 가변저항을 조절하면서 오실로스코프에 나타난 출력파형이 0° 트리거인 경우의 가변저항값과 출력파형의 첨두값 V_{po} , 실효값 V_{ro} 을 측정하고 그 결과를 표 4-4에 기록하시오.

8) 가변저항을 조절하면서 오실로스코프에 나타난 출력파형이 45° 트리거인 경우의 가변저항값과 출력파형의 첨두값, 실효값을 측정하고 그 결과를 표 4-4에 기록하시오.

9) 가변저항을 조절하면서 오실로스코프에 나타난 출력파형이 90° 트리거인 경우의 가변저항값과 출력파형의 첨두값, 실효값을 측정하고 그 결과를 표 4-4에 기록하시오.

10) 오실로스코프의 CH2에 나타난 위상제어회로의 출력파형을 다음의 그래프 상에 그리시오.

11) 오실로스코프의 CH1을 트라이악의 게이트 단자에 연결하고 수직설정에서 입력 커플링을 직류(DC)로 선택한 다음, CH1에 나타난 트라이악의 트리거 파형을 다음의 그래프 상에 그리시오.

실험결과 보고서

학번 : 성명 :

1. 제목 : 트라이악 위상제어회로
2. 회로도

3. 실험결과

1) 입/출력 파형

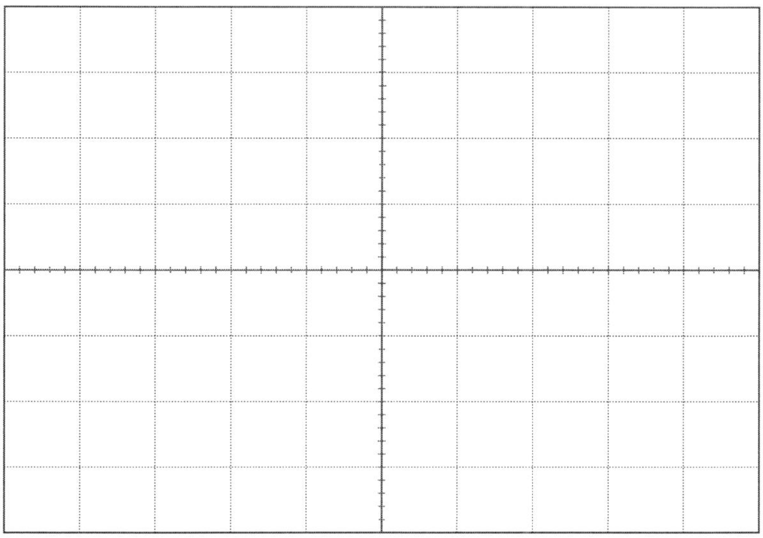

CH1 : v/Div M : sec/Div

2) 입/출력 데이터

표 4-4

입력전압의 첨두값 V_{pi}			[V]
입력전압의 실효값 V_{ri}			[V]
트라이악의 트리거	가변저항 값	출력전압의 첨두값 V_{po}	출력전압의 실효값 V_{ro}
0° 트리거	[kΩ]	[V]	[V]
45° 트리거	[kΩ]	[V]	[V]
90° 트리거	[kΩ]	[V]	[V]

4-3 포토트랜지스터(photo transistor)

포토트랜지스터는 컬렉터-베이스 간에 감광성 pn접합을 갖고, 트랜지스터 외관에 열려있는 렌즈를 통해 빛이 입사되도록 노출되어 있다. 입사광이 없을 때는 열적으로 생성된 컬렉터-에미터 간 누설전류 I_{CEO}가 흐르는데, 이것을 암전류(dark current)라 하며 일반적으로 nA의 값을 갖는다. 컬렉터-베이스 간 pn접합에 빛이 입사되면 빛의 세기에 직접 비례하는 베이스 전류 I_λ가 흐르게 되고 I_λ와 함께 증가하는 컬렉터 전류 I_C를 생성한다. 베이스 전류가 생성되는 방법을 제외하고 포토트랜지스터는 일반적인 바이폴라 트랜지스터(BJT)와 같이 동작한다.

포토트랜지스터의 컬렉터 전류 I_C는

$$I_C = \beta_{DC} I_\lambda \tag{4-1}$$

여기서, β_{DC}는 트랜지스터의 직류전류이득이고, I_λ는 광생성 베이스 전류이다.

그림 4-11 (a)의 기호에서 보는 바와 같이 대부분의 응용에서 포토트랜지스터는 2단자 형태로 사용되고 베이스는 전기적으로 접속되지 않는다. (b)는 바이어스 회로를 나타내는데 컬렉터 전류는 빛의 세기에 따라 증가한다.

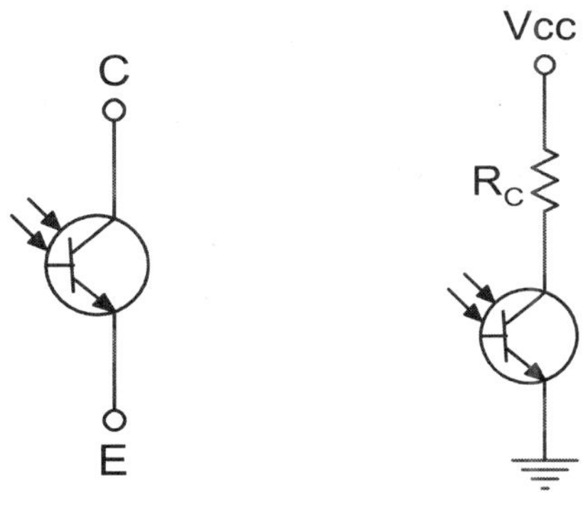

(a) 기호 (b) 바이어스 회로

그림 4-11 포토트랜지스터의 기호 및 동작회로

포토트랜지스터는 크게 단일형과 달링턴(Darlinton)형으로 나눌 수 있다. 달링톤형은 포토트랜지스터와 일반 트랜지스터를 달링톤 배열로 접속하여 구성한 것으로 높은 전류 이득 때문에 많은 컬렉터 전류를 흐르게 하고 단일형 포토트랜지스터보다 매우 높은 감광성을 나타낸다.

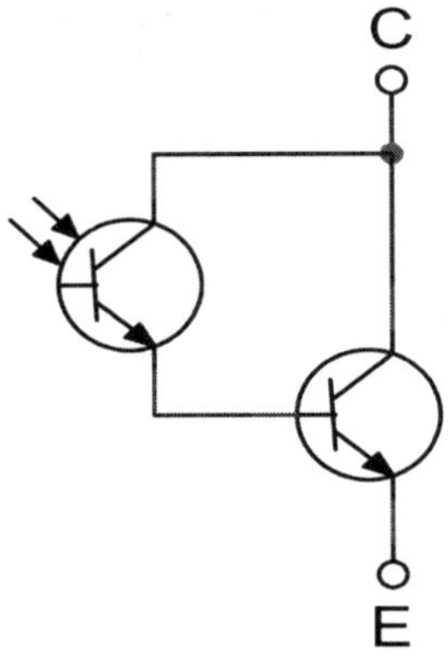

그림 4-12 포토 달링톤

포토트랜지스터는 포토다이오드와 비교하여 광 감도가 높고 사용하기 쉽다는 장점 덕분에 빛으로 작동되는 릴레이회로와 같이 광범위하고 다양한 응용분야에 사용되고 있다.

4-4 포토커플러(photo coupler)

포토커플러는 발광소자와 수광소자를 결합하여 하나의 소자로 구성한 것으로, 빛에 의하여 신호를 전달할 수 있으므로 입력과 출력 사이가 전기적으로 격리되어 있는 특성을 갖는 소자이다. 격리의 일반적인 목적은 잘못된 출력이나 소자의 손상을 유발시킬 수 있는 고전압 천이, 서지(surge) 전압 및 낮은 레벨의 잡음(noise) 등으로부터 보호하기 위한 것이다. 또한 포토커플러는 다른 전압 레벨이나 다른 접지를 갖는 다른 회로들을 인터페이스(interface)시키는 데 사용될 수 있다.

포토커플러의 주요한 특징은 다음과 같다.

① 입력과 출력간이 전기적으로 완전히 격리되어 있다.
② 신호의 전달이 한쪽 방향으로만 가능하며 출력신호에서 입력신호로의 영향이 없다.
③ 논리소자와의 접속이 용이하다.
④ 응답속도가 비교적 빠르다.
⑤ 무접점 방식이다.
⑥ 소형이고 가볍다.

그림 4-13에서 보는 바와 같이 일반적으로 포토커플러의 입력회로인 발광소자로는 적외선 발광 다이오드(LED)가 사용되고, 출력회로인 수광소자로는 포토트랜지스터, 포토 달링톤, 광활성 SCR, 포토 트라이악 등 여러 형태가 사용된다.

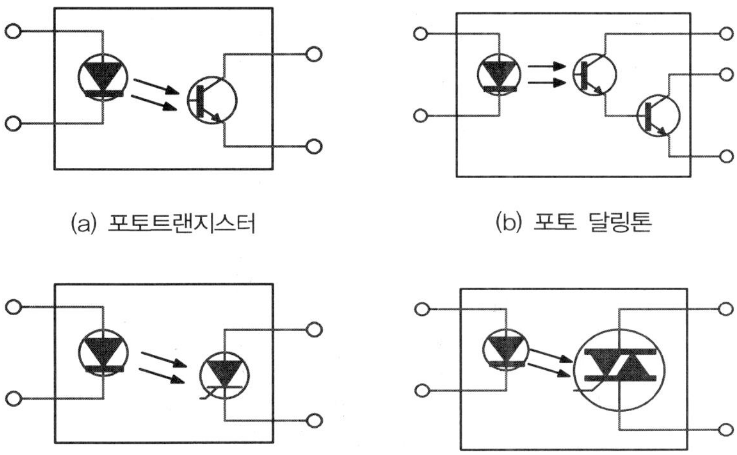

(a) 포토트랜지스터 (b) 포토 달링톤

(c) 광활성 SCR (d) 포토 트라이악

그림 4-13 포토커플러의 유형

그림 4-13 (a)는 포토트랜지스터를 사용한 포토커플러를 나타낸다. (b)는 달링톤 트랜지스터를 사용한 것으로 큰 출력전류가 필요할 때 사용되지만 포토트랜지스터에 비하여 스위칭속도가 느리다. (c)는 광활성 SCR을 사용한 것으로 전자-기계적 소자를 동작시키기 위하여 낮은 입력전압으로 격리된 고전압 릴레이를 래치하는 분야 등에 응용된다. (d)는 포토 트라이악을 사용한 포토커플러로 낮은 입력전압으로 격리된 110V 교류전원을 스위칭하는 분야에 응용된다.

포토커플러의 주요 파라미터는 다음과 같다.

① 격리전압(isolation voltage)

절연이 파괴되는 유전체 항복이 일어나지 않고 입력단자와 출력단자 사이에 존재하는 최대 전압으로서 보통 첨두치로 7000[V]도의 값을 갖는다.

② 전류전달비(CTR, Current Transfer Ratio)

발광 다이오드를 통하여 전달되는 입력전류에 대한 출력전류의 비율로 보통 %로 표시된다. 포토트랜지스터 출력의 포토커플러에 대해서는 보통 2%에서 100%의 값을 갖고, 포토 달링톤 출력의 포토커플러에 대해서는 보통 50%에서 500%의 값을 갖는다.

그림 4-14는 포토커플러의 동작회로를 나타낸다. 입력전압 V_{in} 이 0V이면 전류 I_F가 흐르지 않게 되어 포토커플러의 입력 LED는 발광되지 않으므로 포토커플러의 출력 포토트랜지스터는 동작되지 않으므로 컬렉터 전류 I_C는 흐르지 않는다. 이 경우 포토트랜지스터의 출력전압 V_{out} 은 +V가 출력된다. 입력전압이 포토커플러 입력 LED의 순방향 전압보다 크게 하여 전류를 10mA 정도 흘려주면 포토커플러의 출력 포토트랜지스터가 동작하여 에미터-컬렉터 간이 도통되어 컬렉터 전류가 흐르게 되므로 출력전압 V_{out} 은 0V가 출력된다. 포토커플러의 입력측과 출력측이 전기적으로 격리되어 있어도 이와 같은 방법으로 신호를 전달할 수 있다.

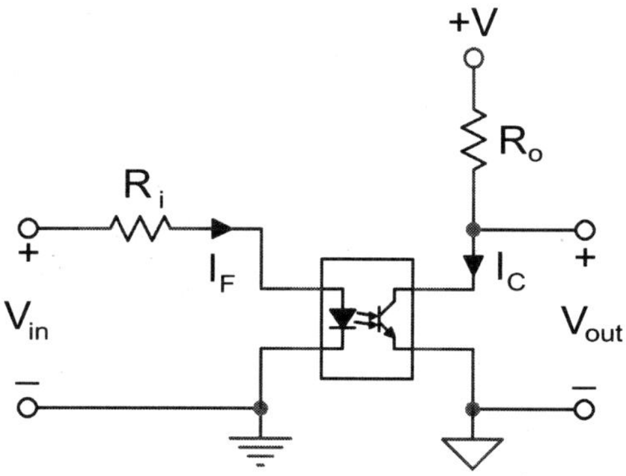

그림 4-14 포토커플러 회로

포토커플러의 종류 및 기능은 다음 표와 같다.

표 4-5 포토커플러

형 명	주요 기능
4N25	Phototransistor Optoisolators
4N28	Optically-Coupled Isolator
4N33	Dual Optically-Coupled Isolator
4N35	Phototransistor Optoisolators
4N37	Phototransistor Optoisolators
4N38	GaAs IRED & Phototransistor
6N137	High Speed Optically Isolated Logic Gate
6N138	High-Gain Sprit-Darlington Optoisolator

형 명	주요 기능
H11A1	Phototransistor Optoisolator
H11A3	Phototransistor Optoisolator
H11D1	High-Voltage Phototransistor Optoisolator
MCA11G1	High-Voltage Darlington Optoisolator
MCP3011A	Photo TRIAC Driver Optoisolator
MCP3022A	Photo TRIAC Driver Optoisolator
MCP3030	Photo TRIAC Driver Optoisolator
MCP3040	Photo TRIAC Driver Optoisolator
MCS2401	Photo SCR Optoisolator
MCT6	Dual Optically-Coupled Isolator
MCT66	Dual Phototransistor Optoisolator
MCT5211	Phototransistor Optoisolator
PC525	High Sensitivity, High C-E Voltage Type Photocoupler
PC613	Photocoupler
PC614	General Purpose Type Photocoupler
PC618	High Speed Type Photocoupler
PC716	High Sensitivity, High Output Type Photocoupler
PC817	Photocoupler
PC847	Quad Photocoupler
GP411	Photo Interrupter
GP450	Photo Interrupter
TLP507A	Photo Darlington TR Type Interrupter
TLP805	Photo TR Type Interrupter
TLP852	Infrared LED+Photo Darlington TR Type Interrupter
TLP504A	Infrared LED+Photo TR Type Interrupter
TLP520	Infrared Phototransistor
TLP521-1	GaAs IRED & Phototransistor
TLP521-4	GaAs IRED & Phototransistor
TLP531	GaAs IRED & Phototransistor
TP541G	Infrared Photo-Thyristor
TLP560G	Infrared Photo-TRIAC
TLP631	Infrared Phototransistor
TLP3520	GaAs IRED & Photo-TRIAC IA
TLP3521	GaAs IRED & Photo-TRIAC IA

[실험 4-3] 포토커플러 실험

1. 실험 목적

1) 포토커플러의 구조와 동작원리를 이해한다.
2) 회로의 입력측과 출력측이 전기적으로 완전히 격리되어 있어도 신호를 전달할 수 있는 포토커플러 회로의 동작을 이해한다.

2. 실험 기기 및 부품

1) 파형발생기 : 직류전압 5V, 주파수 1KHz, 구형파 1채널
2) 오실로스코프 : 2채널
3) 디지털 멀티미터 : 1대
4) 직류전원장치 : 5V 1채널
5) 만능 조립기판 : 1대
6) 포토커플러 : TLP521-1 1개
7) 저항 : 380Ω/0.25W, 4.7kΩ/0.25W 각각 1개

3. 실험 방법

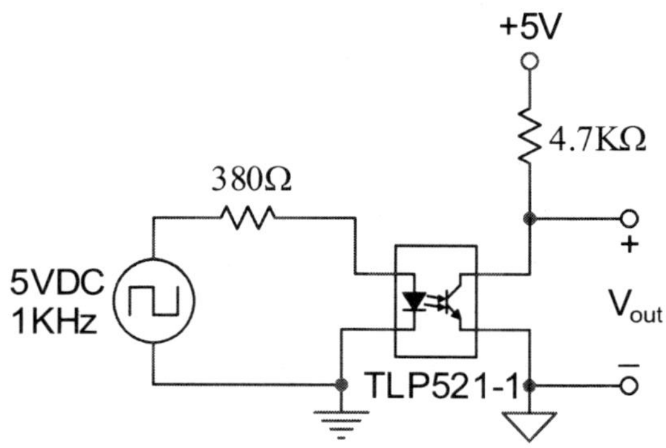

그림 4-15 포토커플러 실험회로

1) 그림 4-15의 포토커플러 회로를 만능 조립기판에 구성하시오.
2) 파형 발생기의 파형을 구형파로 선택하고 주파수를 1KHz로 설정한 다음 파형발생기의 TTL 출력을 회로에 연결하시오.
3) 오실로스코프의 CH1을 파형발생기와 같은 회로의 입력에 연결하고 수직설정에서 입력 커플링을 접지(GND)로 선택하여 0V 접지레벨이 화면의 수평축 상에 오도록 수직위치를

조절한 다음, 입력 커플링을 다시 직류(DC)로 변경하시오.

4) 오실로스코프의 CH2를 회로의 출력인 V_{out} 에 연결하고 수직설정에서 입력 커플링을 접지(GND)로 선택하여 0[V] 접지레벨이 화면의 수평축 상에 오도록 수직위치를 조절한 다음, 입력 커플링을 다시 직류(DC)로 변경하시오.
5) 오실로스코프의 화면에 2~3 주기의 신호파형이 나타나도록 오실로스코프의 시간 스케일과 화면에 최대 진폭의 신호파형이 나타나도록 오실로스코프의 전압 스케일을 조정하시오.
6) 오실로스코프의 CH1에 나타난 입력파형과 CH2에 나타난 출력파형을 다음의 그래프 상에 그리시오.
7) 그림으로부터 입력과 출력파형이 서로 반전되어 나타나게 되는 이유를 알아내고, 입력파형에 비해서 출력파형이 지연이 생기고 상승시간과 하강시간이 길어짐을 확인하시오.

실험결과 보고서

학번 : 성명 :

1. 제목 : 포토커플러 실험
2. 회로도

3. 실험결과(입출력 파형)

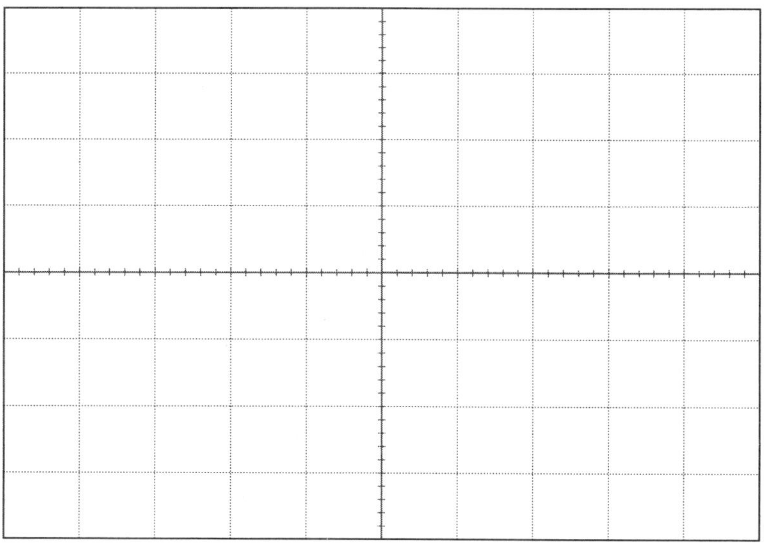

CH1 : v/Div M : sec/Div

제 5 장
연산증폭기

지금까지 개별 부품으로 사용되는 몇 가지의 중요한 반도체 소자들을 다루었다. 이제는 많은 트랜지스터, 다이오드, 저항, 콘덴서 등을 단일 칩 위에 집적시킨 선형집적회로인 연산증폭기를 다루려고 한다. 연산증폭기는 내부적 회로구성에 대한 관점보다는 단일소자로서의 외부적 응용에 초점을 맞춰야 한다. 본 장에서는 연산증폭기의 증폭회로, 비교회로, 가/감산회로, 미/적분회로, 필터회로, 발진회로 등 다양한 응용회로에 대한 동작설명과 함께 실험을 수록하였다.

5-1 연산증폭기의 개요

5-2 연산증폭기의 파라미터

5-3 연산증폭기의 특성

5-4 증폭회로

5-5 비교회로

5-6 가감산회로

5-7 미적분회로

5-8 필터회로

5-9 발진회로

5-1 연산증폭기의 개요

연산증폭기(Operational Amplifier)는 약자로 OP-Amp라고도 하며, 외부에 저항, 콘덴서, 다이오드 등의 부품으로 부귀환을 거는 것에 의해 가산, 감산, 미분, 적분 등과 같은 여러 가지 수학적 아날로그 연산을 수행할 수 있는 선형 IC이다.

1. 기호

연산증폭기는 그림 5-1에 나타난 바와 같이 삼각형으로 표시되고, 입력, 출력, 전원의 5개의 단자를 가진다. 마이너스(-) 기호가 붙은 입력단자는 반전입력이라고 하며 인가된 입력 신호전압과 출력전압의 극성이 역인 것을 의미하고, 플러스(+) 기호가 붙은 입력단자는 비반전입력이라고 하며 인가된 입력신호와 출력전압의 극성이 같은 것을 의미한다. 일반적으로 연산증폭기는 정(+V)과 부(-V)의 두 개의 전원단자에 직류전원을 공급해 주어야만 동작하는데, 보통 기호를 단순화하기 위해 직류전원 단자의 기호를 생략하기도 한다.

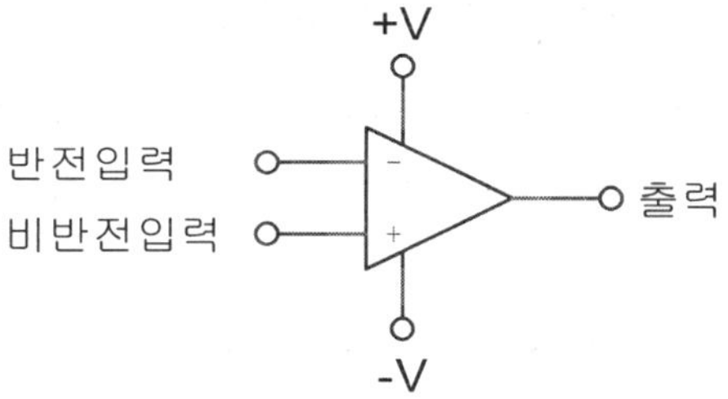

그림 5–1 연산증폭기의 기호

2. 이상적인 연산증폭기

연산증폭기의 개념을 이해하기 위해서는 이상적인 연산증폭기의 특성에 대해 고려해야 한다. 물론 실제 연산증폭기의 특성은 이상적인 연산증폭기의 특성에 비해 성능이 떨어지지만 이상적인 연산증폭기의 관점에서 이해하고 해석하는 것이 훨씬 편리하다. 이상적인 연산증폭기의 특징은 다음과 같다.

1) 전압이득, 즉 증폭도가 무한대이다($A_v = \infty$).
2) 입력 임피던스가 무한대이다($Z_{in} = \infty$).
3) 출력 임피던스가 제로이다($Z_{out} = 0$).
4) 주파수 대역(bandwidth)이 무한대이다.
5) 내부 잡음(noise)이 제로이다.

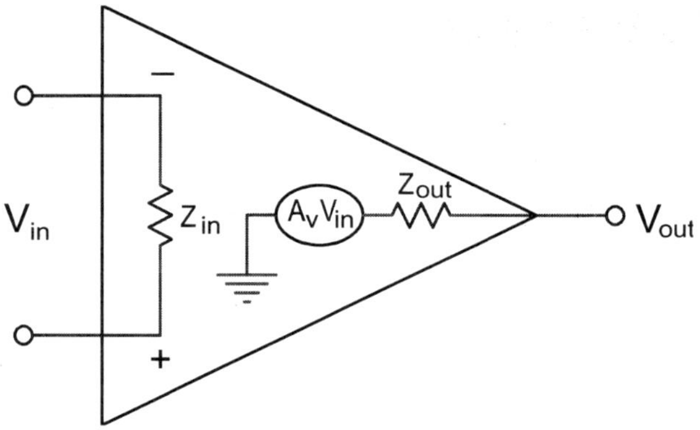

그림 5-2 연산증폭기의 특성

5-2 연산증폭기의 파라미터

1. 입력 오프셋전압(Input Offset Voltage)

이상적인 연산증폭기는 입력이 0V이면 출력도 0V가 된다. 그러나 실제 연산증폭기는 차동 입력전압을 가하지 않은 상태에서도 두 입력단의 베이스와 에미터 사이의 전압(V_{BE})값이 약간 차이가 나기 때문에 작은 출력전압이 나타난다.

입력전압이 제로일 때 출력에 나타나는 전압을 입력으로 환산한 전압을 입력 오프셋전압이라 한다. 이 입력 오프셋전압이 발생하는 원인은 연산증폭기 입력단의 차동증폭회로에 문제가 있다.

2. 입력 바이어스 전류(Input Bias Current)

연산증폭기의 입력단자에서 유출 또는 유입하는 전류를 말한다. 입력단자는 트랜지스터의 베이스이므로 증폭기의 첫째 단을 적절히 동작시키기 위해 증폭기의 입력에 필요한 직류 베이스전류이며, 두 입력전류의 평균값이다.

3. 입력 오프셋전류(Input Offset Current)

두 개의 입력, 즉 비반전 입력단자와 반전 입력단자의 바이어스 전류의 차이를 말하며 이상적으로 두 입력의 바이어스 전류가 같으면 그 전류오차는 0이 되지만 실제로는 연산증폭기의 바이어스 전류는 정확히 일치하지 않는다.

4. 입력 임피던스(Input Impedance, Z_I)

연산증폭기의 입력 임피던스에는 차동입력 임피던스와 동상입력 임피던스의 두 가지가 있다. 차동입력 임피던스(Z_{di})는 반전 입력과 비반전 입력 사이의 임피던스를 말하며 귀환이 걸린 실제회로에서의 임피던스와는 약간 다르다. 동상입력 임피던스(Z_{cmi})는 각 입력과 접지 사이의 임피던스로, 명확하게 말하면 약간 다르지만 실제로 거의 동등하다고 보아도 무방하다.

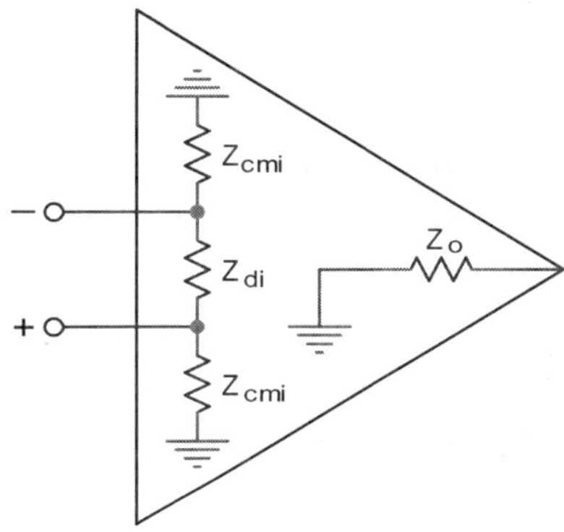

그림 5-3 입력 임피던스와 출력 임피던스

5. 출력 임피던스(Output Impedance, Z_o)

출력 임피던스는 연산증폭기를 신호원으로 보았을 때의 출력단자에서 본 임피던스를 말한다. 입력 임피던스와 마찬가지로 연산증폭기에 귀환이 걸려있는 경우와 그렇지 않은 경우의 값이 다르므로 주의가 필요하지만, 실제로 출력 임피던스의 정확한 값을 알아야 할 필요는 없다.

6. 동상입력 전압 범위(Common-mode Input Voltage Range)

모든 연산증폭기는 동작할 수 있는 전압의 범위가 제한되어 있는데, 두 입력단자에 신호전압을 인가하였을 때 출력이 클리핑되거나 왜곡을 초래하지 않는 입력전압의 범위를 말한다. 일반적으로 연산증폭기는 직류공급전압 ±15V를 가한 경우 ±10V의 동상입력 전압범위를 가진다.

7. 개방루프 전압이득(Open-loop Voltage Gain, A_{ol})

개방루프 전압이득은 출력에서 입력으로의 외부적인 귀환이 없는 경우의 연산증폭기의 전압이득으로 두 입력 단자 간 전압의 변화에 대한 출력전압 변화의 비를 나타내며, 성능이 우수한 연산증폭기는 보통 50,000~200,000 정도의 매우 높은 개방루프 전압이득을 갖는다.

8. 동상신호 제거비(Common-Mode Rejection Ratio, CMRR)

동상신호를 제거할 수 있는 정도를 나타내는 값으로 연산증폭기의 성능을 결정짓는 중요한 척도가 되며 동상신호 제거비가 높을수록 성능이 좋은 연산증폭기이다. 동상신호는 60Hz 전원의 리플전압이나 복사에너지에서 발생하는 잡음전압과 같은 불필요한 간섭신호로 높은 CMRR을 갖는 연산증폭기는 이 간섭신호를 실질적으로 제거하여 출력에 나타나지 않게 한다.

동상신호 제거비는 개방루프 전압이득을 동상이득(A_{cm})으로 나눈 값으로 다음과 같이 정의한다.

$$CMRR = \frac{A_{ol}}{A_{cm}} [\mathrm{dB}] \tag{5-1}$$

9. 슬루율(Slew Rate, SR)

슬루율은 계단파 전압이 입력되었을 때 시간에 따른 출력전압의 최대변화율을 말하며, 식으로 표시하면 다음과 같다.

$$SR = \frac{\Delta V_{out}}{\Delta t} \tag{5-2}$$

여기서 Δt는 출력이 하한치 $-V_{\max}$에서 상한치 $+V_{\max}$까지 이르는 데 걸리는 시간이고, $\Delta V_{out} = +V_{\max} - (-V_{\max})$이다.

5-3 연산증폭기의 특성

1. 차동증폭기(differential amplifier)

연산증폭기는 전압이득이 매우 높은 차동증폭기로 두 입력의 차이에 해당하는 전압을 증폭하여 출력한다. 비반전입력에 인가된 전압이 반전입력의 전압보다 높으면 연산증폭기의 출력은 정측으로 포화되고, 반전입력에 인가된 전압이 비반전입력의 전압보다 높으면 출력은 부측으로 포화된다.

출력전압 = 전압이득 × (비반전입력 전압 - 반전입력 전압)

2. 동상신호 제거(common-mode rejection)

잡음(noise)은 일반적으로 인접한 도선, 60Hz의 전력선 혹은 다른 잡음원에서 발생한 에너지가 입력단에 모여서 유기된 불필요한 신호들로서 보통 동일한 위상, 동일한 주파수, 동일한 진폭을 갖는 전압이 두 입력단자에 동시에 인가되는 동상신호로 볼 수 있다.

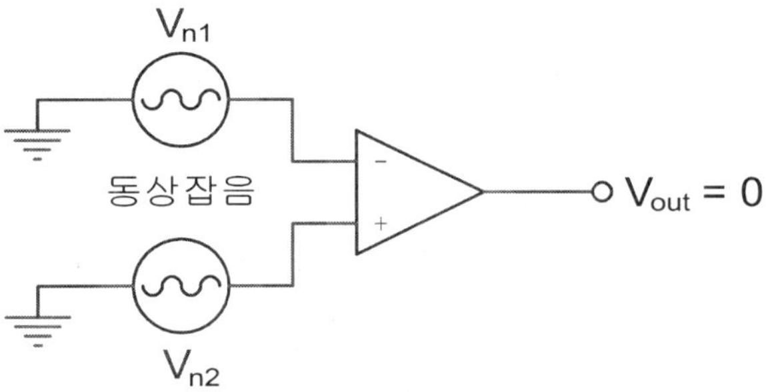

그림 5-4 동상신호 제거

그림 5-4와 같이 원하는 신호는 하나의 입력단자 또는 두 개의 입력단자에 인가되어 증폭되어 출력되지만 원하지 않는 신호(잡음)는 동일한 위상과 같은 크기로 두 입력단자에 유기되므로 차동증폭기에 의해 제거되어 출력단에 나타나지 않는다. 즉 입력신호에 나타난 잡음은 동상신호 제거에 의해 출력단에 나타나지 않게 되며 원하는 출력신호를 왜곡시키지 않는다.

동상신호를 제거하는 정도를 동상신호 제거비(CMRR)라 하는데, 이것은 증폭기의 성능을 평가하는 중요한 파라미터 중 하나이다.

3. 부귀환(negative feedback)

일반적으로 연산증폭기가 갖는 개방루프 이득은 매우 크므로(대체로 100,000 이상), 아주 작은 입력전압도 연산증폭기의 출력을 포화상태로 만들 수 있다. 심지어 연산증폭기의 입력 오프셋전압도 연산증폭기를 포화상태로 이르게 할 수 있다.

그림 5-5 (a)와 같이 정귀환의 경우에는 출력이 감소하려 하면 출력을 계속 감소시키려는 방향으로 작용하고, 반대로 출력이 계속 증가하려 하면 출력을 계속 증가시키려는 방향으로 작용하므로 결국 출력은 포화된다. 그림 5-5 (b)와 같이 부귀환의 경우에는 출력이 감소하려 하면 출력을 증가시키려는 방향으로 작용하고, 반대로 출력이 증가하려 하면 출력이 감소하는 방향으로 되돌리는 작용을 하여 결국 출력전압이 일정한 값으로 안정된다.

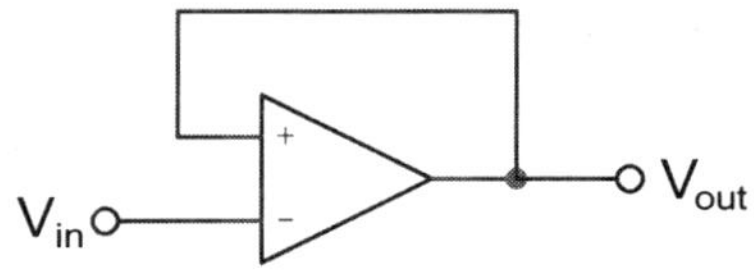

(a) 정귀환회로

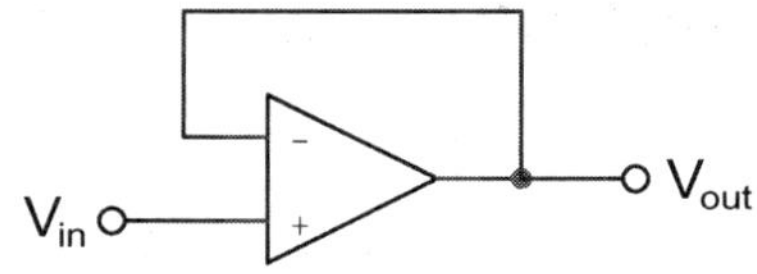

(b) 부귀환회로

그림 5–5 귀환회로

부귀환을 행함에 있어서 전체 이득은 연산증폭기 자신의 이득이 아니고 외부 귀환회로에 의해서 결정된다. 따라서 부귀환회로를 사용하면 연산증폭기의 전압이득을 줄이면서 조절 가능하므로 연산증폭기를 선형증폭기로 사용할 수 있다.

부귀환은 안정적으로 조절 가능한 전압이득을 제공함과 동시에 입출력 임피던스 제어와 대역폭의 제어가 가능하다. 부귀환을 갖는 회로의 입력 임피던스가 연산증폭기 내부의 입력 임피던스보다 훨씬 크며, 부귀환 회로의 출력 임피던스가 귀환이 없는 연산증폭기 그 자체의 내부 출력 임피던스보다 훨씬 작아진다.

표 5-1은 연산증폭기의 동작에 영향을 미치는 부귀환의 일반적인 효과를 요약한 것이다.

표 5–1 부귀환의 효과

효 과	부귀환이 아닌 경우	부귀환의 경우
전압이득	선형증폭기로 사용하기에 개방루프 전압이득이 너무 큼	귀환회로에 의해 원하는 값으로 폐루프 전압이득 조절 가능
입력 임피던스	비교적 높음	회로에 따라 원하는 값으로 조절 가능
출력 임피던스	비교적 낮음	원하는 값으로 감소 가능
대역폭	비교적 좁음	상당히 넓음

4. 가상접지(virtual ground)

부귀환을 걸면 연산증폭기의 입력 임피던스는 무한대이므로 두 개의 입력단자로 흐르는 전류는 0이 되어 반전 입력단자와 비반전 입력단자 사이의 전압강하는 0이므로 두 입력단자의 전압이 같게 되어 단락된 것으로 볼 수 있다. 이 단락현상은 물리적인 실제적 단락이 아니기에 가상접지(virtual ground)라고 하며, 연산증폭기의 회로해석을 하는 데 있어 아주 유용하게 사용할 수 있는 중요한 개념이다.

가상접지 : 반전 입력단자의 전압 ≡ 비반전 입력단자의 전압

1) 전압팔로워의 경우

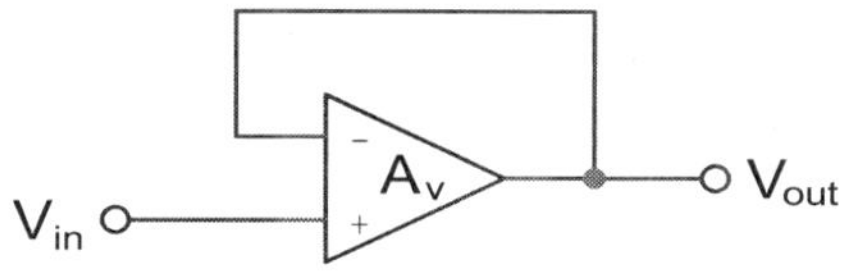

그림 5-6 전압팔로워 회로

연산증폭기의 반전 입력단자의 전압은 출력이 그대로 접속되어 있기 때문에 V_{out} 이 되고, 비반전 입력단자의 전압은 V_{in} 에 연결되어 있다. 연산증폭기의 개방루프 전압이득을 A_v 라 하면 연산증폭기는 비반전 입력단자와 반전 입력단자의 전압의 차이를 증폭하므로 출력전압은

$$V_{out} = A_v(V_{in} - V_{out}) \tag{5-3}$$

다시 정리하면

$$V_{out} = \frac{A_v}{1+A_v} V_{in} \tag{5-4}$$

A_v 는 통상 100,000 정도이므로

$$V_{out} = \frac{100000}{100001} V_{in}$$

가 되어 $V_{in} \fallingdotseq V_{out}$ 인 전압팔로워가 된다.

$V_{in} = V_{out}$ 이라는 것은 반전입력과 비반전입력의 전압이 같다는 가상접지를 증명한 것이다.

2) 귀환저항이 있는 경우

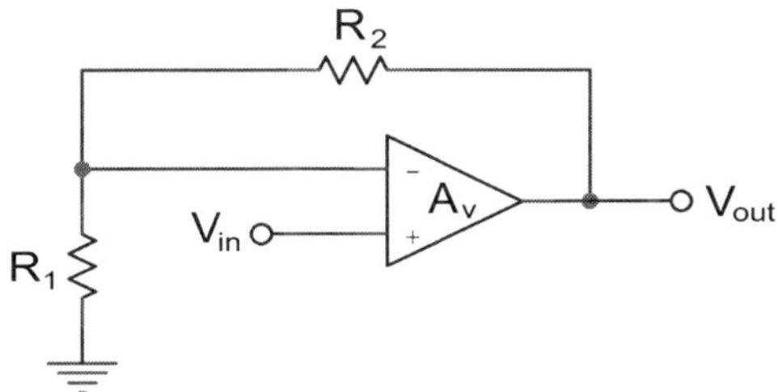

그림 5-7 비반전 회로

반전 입력단자의 전압은 전압분배의 원리에 의해 $\frac{R_1}{(R_1+R_2)}V_{out}$이 되고, 비반전 입력단자의 전압은 V_{in}에 연결되어 있다. 역시 연산증폭기의 개방루프 전압이득을 A_v라 하면 연산증폭기는 비반전 입력단자와 반전 입력단자의 전압의 차이를 증폭하므로 출력전압은

$$V_{out} = (V_{in} - \frac{R_1}{R_1+R_2}V_{out})A_v \tag{5-5}$$

다시 정리하면

$$V_{in} = \left(\frac{1}{A_v} + \frac{R_1}{R_1+R_2}\right)V_{out} \tag{5-6}$$

마찬가지로 A_v는 역시 100,000 정도이므로

$$\frac{1}{A_v} \ll \frac{R_1}{R_1+R_2} \tag{5-7}$$

가 되어 $\frac{1}{A_v}$은 아주 작은 값으로 무시할 수 있으므로

$$V_{in} \fallingdotseq \frac{R_1}{(R_1+R_2)}V_{out} \tag{5-8}$$

라는 비반전회로의 가상접지를 증명하게 되는 것이다.

5. 연산증폭기의 전원

연산증폭기의 전원은 그림 5-8과 같이 +/-의 양전원을 사용한 경우와 +의 단일전원을 사용한 경우로 나눌 수 있다.

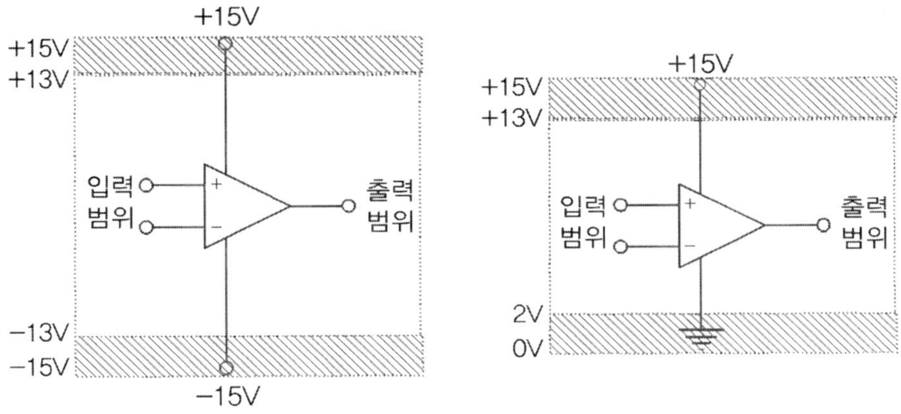

(a) +/− 양전원 (b) 단일전원

그림 5-8 연산증폭기의 동작 전압범위

연산증폭기의 전원을 그림 5-8 (a)와 같이 ±15V의 양전원으로 사용한 경우에는 내부 회로상의 제약으로 인해 ±15V의 최대한도까지 입/출력할 수 없으므로 ±13V 정도가 연산증폭기가 정상적으로 동작하는 입력전압 범위이고, 출력이 가능한 한도이다.

연산증폭기의 전원을 그림 5-8 (b)와 같이 +15V의 단일전원으로 사용한 경우 입/출력이 가능한 범위는 +2V에서 +13V밖에 되지 않으므로 사용에 주의하도록 한다. 따라서 본 교재에서는 기본적으로 ±15V의 양전원을 사용하기로 한다.

6. 연산증폭기의 규격표

표 5-2 연산증폭기

Part Number	Description	Alternatives	Ch.	Input Output Type	Bandwidth typ (MHz)	Slew Rate typ (V/us)	Current typ (mA)	Supply Voltage (V)	Max. Supply Voltage (V)	Offset Voltage max.(mV)	In Bias Curr. Max (nA)	Out Current typ(mA)
LF155/355	JFET Input Operational Amplifiers		1	Vcm to V+,Not R-R Out	2.50	5	2	10	44	5	50	25
LF156/356, LF357	JFET Input Operational Amplifiers		1	Vcm to V+,Not R-R Out	5, 20	12, 50	5	10	44	5	50	25
LF147/347	Wide Bandwidth Quad JFET Input Operational Amplifiers * see LMC660/6034/6084 for better performance	LF347, LF347B, TL074	4	Vcm to V-,R-R Out, Vcm to V+, not R-R Out	4	13	1.80	10	36	10.5	8	31

Part Number	Description	Alternatives	Ch.	Input Output Type	Bandwidth typ (MHz)	Slew Rate typ (V/us)	Current typ (mA)	Supply Voltage (V)	Max. Supply Voltage (V)	Offset Voltage max.(mV)	In Bias Curr. Max (nA)	Out Current typ(mA)
LF353	Wide Bandwidth Dual JFET Input Operational Amplifier * see LMC662/6032/6082 for better performance	LF353	2	Vcm to V+,Not R-R Out	4	13	1.80	12	36	10	8	20
LF411	Low Offset,Low Drift JFET Input Operational Amplifier * see LMC6081/LPC661 for better performance	TL081	1	Not Rail to Rail	4	15	1.80	10	44,36	.50,5	20,3	25
LF412	Low Offset,Low Drift Dual JFET Input Operational Amplifier	LF412, TL082, TL072	2	Not Rail to Rail	4	15	1.80	10	40	1	4	25
LF442	Dual Low Power JFET Input Operational Amplifier	LF442C, TL062	2	Not Rail to Rail	1	1	.15,.20	10	40	1.5	3.20	6.80
LF444	Quad Low Power JFET Input Operational Amplifier	LF444C, TL064, TL084	4	Not Rail to Rail	1	1	.15	10	40	10.5	3	8
LM10	Operational Amplifier and Voltage Reference		1	Vcm to V-,R-R Out	.09,.05	.20	.30,.28,.27	1.10	40,7	4,2	40,30	20
LM101A/201A/301A	Operational Amplifier	LM301	1	Vcm to V+,Not R-R Out	1	.50	1.80	10	44	2	100	25
LM107/207/307	Operational Amplifier		1	Vcm to V+,Not R-R Out	1	.50	1.20	10	40	2	100	25
LM108/208/308	Operational Amplifier	LM308	1	Not Rail to Rail	1	.25	.30	4	40	2	3	6
LM108A/208A/308A	Operational Amplifiers		1	Not Rail to Rail	1	.30	.30	4	40	.50	3	8
LM118/218/318	Operational Amplifier		1	Not Rail to Rail	15	70	4.50	10	40	4	500	20
LM124/224/324, 2902	Low Power Quad Operational Amplifier	HA17324, LM324, LM2902	4	Vcm to V-,Not R-R Out	1	.50	.18	3	32	2.5	100,300	20
LM13700	Dual Operational Transconductance Amplifier with Linearizing Diodes and Buffers		2	Not Rail to Rail	2	50	1.30	10	36	4	7000	20
LM1458, LM1558	Dual Operational Amplifier	HA17458, MC1458	2	Not Rail to Rail	1	10	1.50	6	36	6	800	45

Part Number	Description	Alternatives	Ch.	Input Output Type	Bandwidth typ (MHz)	Slew Rate typ (V/us)	Current typ (mA)	Supply Voltage (V)	Max. Supply Voltage (V)	Offset Voltage max. (mV)	In Bias Curr. Max (nA)	Out Current typ (mA)
LM148/248/348	Series Quad 741 Op Amp		4	Not Rail to Rail	.90	.50	.60	10	40	5	325	25
LM149	Wide Band Decompensated (AV (MIN) Equal 5)		4	Not Rail to Rail	.90	.50	.60	10	40	5	325	25
LM158/258/358, 2904	Low Power Dual Operational Amplifier	HA17358, LM358, LM2904	2	Vcm to V-, Not R-R Out	1	.50	.25	3	32	2.5	100,300	20
LM392	Low Power Operational Amplifier/Voltage Comparator		2	Vcm to V-, Not R-R Out	1	.10	.50	3	32	5	400	20
LM432	Dual Op Amp with On-Chip Fixed 2.5V Reference		2	Vcm to V-, Not R-R Out	1	.50	.0750	2.50	15	4	50	11
LM611	Operational Amplifier and Adjustable Reference		1	Vcm to V-, Not R-R Out	.80	.70	.21	4	36	5,3.50	40,30	17
LM613	Dual OP-AMP,Dual Comparator and Adjustable Reference		2	Vcm to V-, Not R-R Out	.80	.70	.1120	4	36	5,3.50	40,30	25
LM6132	Dual Low Power 11 MHz Rail-to-Rail I/O Operational Amp.		2	R-R In and Out	10	14	.36	2.70	24	2.6	300,350	4.30
LM6134	Quad Low Power 12 MHz Rail-to-Rail I/O Operational Amp.		4	R-R In and Out	10	14	.36	2.70	24	2.6	300,350	4.30
LM614	Quad Operational Amplifier and Adjustable Reference		4	Vcm to V-,Not R-R Out	.80	.70	.1120	4	36	5	40	50
LM6142	Dual High Speed/Low Power 17 MHz R-to-R I/O OP-AMP		2	R-R In and Out	17	25	.65	1.80	24	1,2.50	526	8
LM6144	Quad High Speed/Low Power 19 MHz R-to-R I/O OP-AMP		4	R-R In and Out	17	25	.65	1.80	24	1,2.50	526	8
LM6152	Dual and Quad 75 MHz GBW Rail-to-Rail I/O OP-AMP		2	Not Rail to Rail, R-R In and Out	75	30	1.40	2.70	24	2.5	1500	6.20
LM6154	Dual and Quad 80 MHz GBW Rail-to-Rail I/O OP-AMP		4	R-R In and Out	75	30	1.40	2.70	24	5	1500	6.20

Part Number	Description	Alternatives	Ch.	Input Output Type	Bandwidth typ (MHz)	Slew Rate typ (V/us)	Current typ (mA)	Supply Voltage (V)	Max. Supply Voltage (V)	Offset Voltage max. (mV)	In Bias Curr. Max (nA)	Out Current typ (mA)
LM6165/6265/6365	High Speed Operational Amplifier		1	Not Rail to Rail	725	300	5	5	36	3	4000	65
LM6218	Fast Settling Dual Operational Amplifier		2	Not Rail to Rail	17	75	2.75	10	42	3	1250	65
LM6265	High Speed Operational Amplifier		1	Not Rail to Rail	725	300	5	5	32	3	4000	65
LM6365	High Speed Operational Amplifier		1	Not Rail to Rail	725	300	5	5	32	6	6000	65
LM709	Operational Amplifier		1	Not Rail to Rail	1	.25	2.50,2.60	18	36	2,7.50	600,2000,1500	42
LM7131	Tiny High Speed Single Supply Operational Amplifier	MC33071	1	Vcm to V-, Not R-R Out	70	150	7	2.70	12	2.7	40000	65
LM725	Operational Amplifier		1	Not Rail to Rail	1	.20	1	6	44	1	180	5
LM7301	Low Pwr,4 MHz GBW,R-R Input-Output OP-AMP in TinyPak		1	R-R In and Out	4	1.25	.60	2.20	30	6	250	9.50
LM741	Operational Amplifier	HA17741, MC1741C	1	Not Rail to Rail	1	.50	1.70	10	36,44	6,5,3	800,1500,210	25
LM747	Dual Operational Amplifier		2	Not Rail to Rail	1.50	.50	1.70	10	44	5	1500	25
LM8261	RRIO,High Output Current & Unlimited Cap Load Op Amp in SOT23-5		1	R-R In and Out	24	15	.97	2.50	30	5	2700	53
LM833	Dual Audio Operational Amplifier	LM833	2	Not Rail to Rail	15	7	2.50	10	36	5	1050	40
LM837	Low Noise Quad Operational Amplifier		4	Not Rail to Rail	25	10	2.50	10	36	5	1050	40
TL082	Wide Bandwidth Dual JFET Input Operational Amplifier	TL082, HA17082	2	Vcm to V+,Not R-R Out	4	13	1.75	12	36	15	8	17

5-4 증폭회로

1. 비반전 증폭회로

연산증폭기를 부귀환을 사용하여 폐루프(closed loop)로 구성한 경우 전압이득을 조절할 수 있는 비반전 증폭기는 그림 5-9와 같다. 입력신호는 비반전 입력단자에 인가되며 출력은 입력저항 R_i와 귀환저항 R_f로 구성된 귀환회로를 통해 반전입력 단자로 귀환된다. 저항 R_i와 R_f는 전압분배회로를 형성한다.

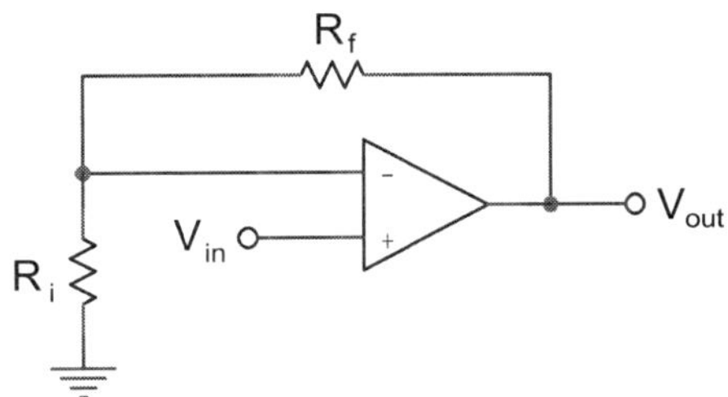

그림 5-9 비반전 증폭회로

가상접지의 개념을 적용하기 위해 반전 입력단자의 전압을 구하려면 연산증폭기의 입력 임피던스는 매우 높아 반전 입력단자로 유입되는 전류는 0이므로 다음 그림과 같이 생각할 수 있다.

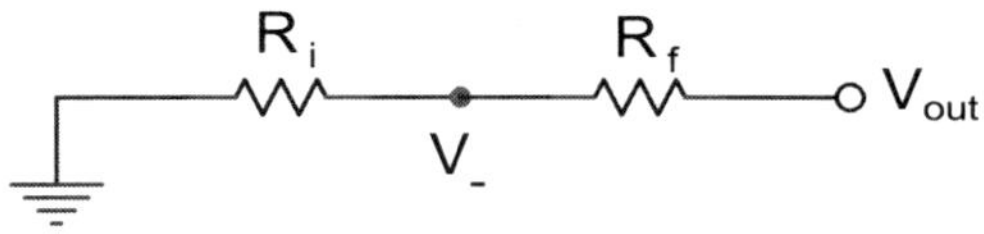

그림 5-10 반전 입력의 전압

그림 5-10에서 반전 입력단자의 전압 V_- 는 저항 R_i 와 R_f 에 의해 전압이 분할되므로 다음 식과 같다.

$$V_- = \frac{R_i}{R_i + R_f} V_{out} \tag{5-9}$$

가상접지의 원리에 의해 반전 입력단자의 전압은 비반전 입력단자의 전압 V_{in} 과 같으므로

$$V_- = \frac{R_i}{R_i + R_f} V_{out} = V_{in} \tag{5-10}$$

이를 정리하면 비반전 증폭회로의 폐루프 전압이득은 다음과 같다.

$$A_{cl} = \frac{V_{out}}{V_{in}} = \frac{R_i + R_f}{R_i} = 1 + \frac{R_f}{R_i} \tag{5-11}$$

식 (5-11)로부터 폐루프 전압이득은 연산증폭기의 개방루프 이득에 전혀 의존하지 않고 입력저항과 귀환저항의 값에 의해서만 결정됨을 알 수 있다.

부귀환을 갖는 비반전 증폭기의 입력 임피던스는 귀환이 없는 연산증폭기 자체의 내부 입력 임피던스보다 훨씬 크고, 출력 임피던스는 연산증폭기 자체의 내부 출력 임피던스보다 훨씬 작다.

예제 5-1

그림 5-11 연산증폭기 증폭회로의 폐루프 전압이득 A_{cl} 을 구하시오.

회로로부터 $R_i = 5[\text{k}\Omega]$, $R_f = 20[\text{k}\Omega]$ 이므로 폐루프 전압이득은

$$A_{cl} = \frac{V_{out}}{V_{in}} = 1 + \frac{R_f}{R_i} = 1 + \frac{20}{5} = 1 + 4 = 5$$

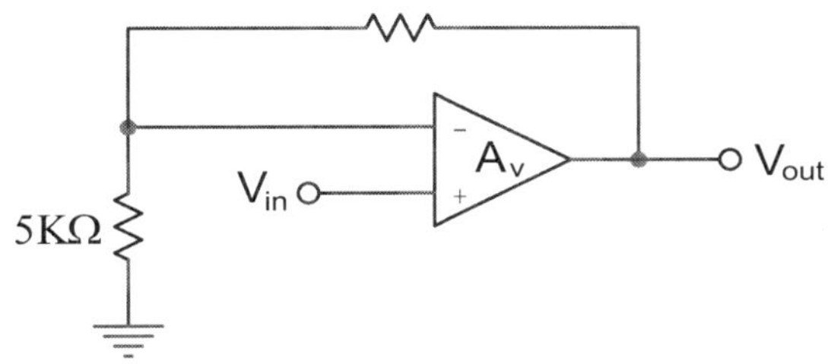

그림 5-11 연산증폭기 회로

2. 전압팔로워(voltage follower)

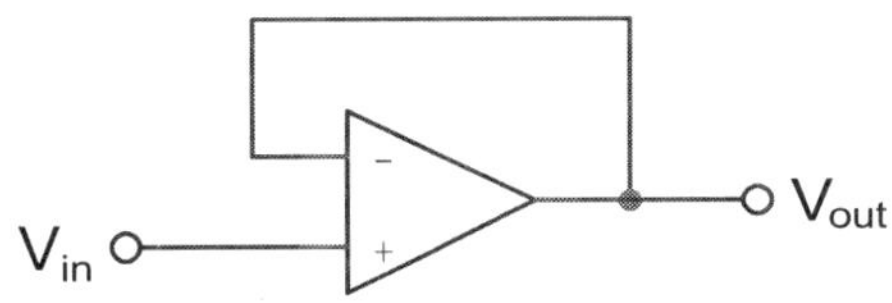

그림 5-12 전압팔로워

전압팔로워는 그림 5-12와 같이 모든 출력전압이 반전 입력단자로 부귀환되는 특수한 형태의 비반전 증폭기이다. 가상접지의 원리에 의해 출력전압이 입력전압과 같게 되므로 ($V_{in} = V_{out}$) 전압팔로워의 폐루프 전압이득은 1이 된다.

$$A_{cl} = 1 \tag{5-12}$$

전압팔로워의 가장 중요한 특징은 매우 높은 입력 임피던스와 매우 낮은 출력 임피던스를 갖는다는 점이다. 즉 전압 팔로워의 입력 임피던스는 전압분배 귀환회로를 이용한 비반전 증폭기의 입력 임피던스보다 훨씬 더 크며, 반면에 출력 임피던스는 비반전 증폭기보다 훨씬 더 작아진다.

이러한 특징들 때문에 높은 임피던스를 갖는 전원과 낮은 임피던스를 갖는 부하를 접속할 때 전압팔로워를 사용하면 전압팔로워가 거의 이상적인 완충증폭기(buffer amplifier)의 역할을 한다.

[실험 5-1] 비반전 증폭회로 실험

1. 실험 목적

1) 연산증폭기를 사용한 비반전 증폭회로의 동작을 이해한다.
2) 비반전 증폭회로의 입력저항과 귀환저항의 비율의 변화에 따른 출력전압의 변동인 증폭율의 변화를 관찰한다.

2. 실험 기기 및 부품

1) 파형발생기 : 전압 $2V_{pp}$, 주파수 1KHz, 삼각파 1채널
2) 오실로스코프 : 2채널
3) 디지털 멀티미터 : 1대
4) 직류전원장치 : ±15V 2채널
5) 만능 조립기판 : 1대
6) 연산증폭기 : LM741(8핀 DIP) 1개
7) 저항 : 1kΩ/0.25W 1개
8) 가변저항 : 5kΩ 1개

3. 실험 방법

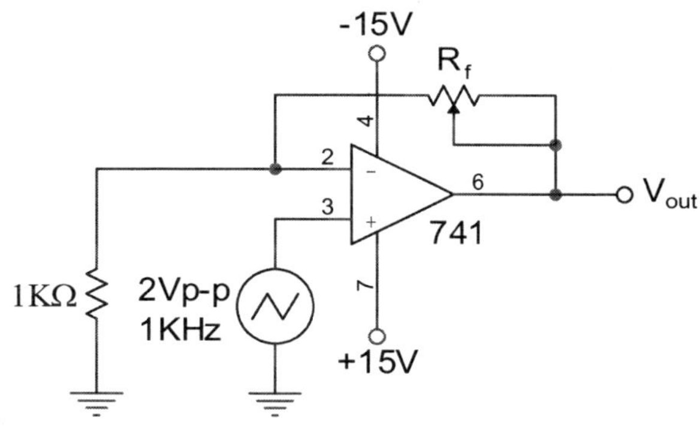

그림 5-13 비반전 증폭 실험회로

1) 그림 5-13의 비반전 증폭회로를 만능 조립기판에 구성하시오. 이때 파형발생기의 파형은 삼각파로 선택하시오.
2) 연산증폭기의 전원전압 ±15V는 다음 그림 5-14와 같이 두 개의 독립된 직류전원을 사용하여 만들어 공급한다.

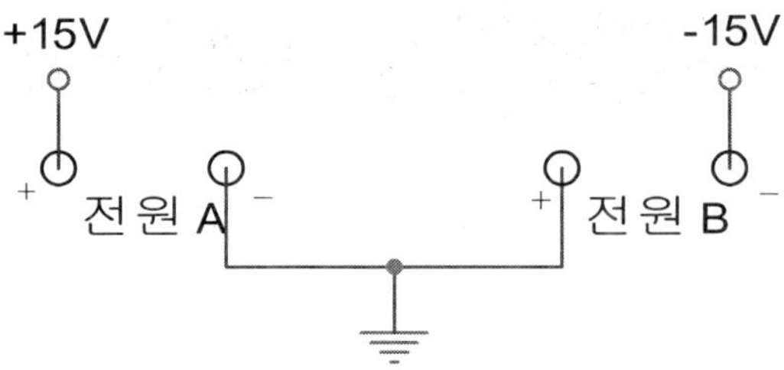

그림 5-14 +/- 양전원 생성

3) 오실로스코프의 CH1을 회로의 입력에 연결하고 수직설정에서 입력 커플링을 접지(GND)로 선택하여 0V 접지레벨이 화면의 수평축 상에 오도록 수직위치를 조절한 다음, 입력 커플링을 다시 교류(AC)로 변경하시오.
4) 오실로스코프의 CH1을 사용하여 측정한 입력신호의 첨두전압과 주파수가 $2V_{pp}$, 1KHz가 되도록 파형발생기의 진폭과 주파수를 정확히 조절하시오.
5) 오실로스코프의 CH2를 회로의 출력에 연결하고 수직설정에서 입력 커플링을 접지(GND)로 선택하여 0V 접지레벨이 화면의 수평축 상에 오도록 수직위치를 조절한 다음, 입력 커플링을 다시 교류(AC)로 변경하시오.
6) 귀환저항 값이 1kΩ이 되도록 가변저항을 조절한 다음, 입력저항과 귀환저항으로 전압이득을 계산하고 그 전압이득 계산값을 표 5-3에 기록하시오.
7) 오실로스코프의 화면에 2~3 주기의 신호파형이 나타나도록 오실로스코프의 시간 스케일과 화면에 최대 진폭의 신호파형이 나타나도록 오실로스코프의 전압 스케일을 조정하시오.
8) 오실로스코프의 CH1에 나타난 입력전압의 첨두값과 CH2에 나타난 출력전압의 첨두값을 측정한 다음 그 첨두값들로부터 전압이득을 계산하여 그 결과를 표 5-3의 전압이득 측정값에 기록하시오.
9) 귀환저항 값이 2kΩ, 3kΩ, 4kΩ이 되도록 가변저항을 조절한 다음, 앞의 5)에서 7)까지의 실험과정을 반복하시오.
10) 오실로스코프의 CH1에 나타난 비반전 증폭회로의 입력파형과 CH2에 나타난 출력파형을 다음의 그래프 상에 함께 그리시오.

실험결과 보고서

학번 : **성명 :**

1. 제목 : 비반전 증폭회로
2. 회로도

3. 실험결과

1) 입/출력 파형

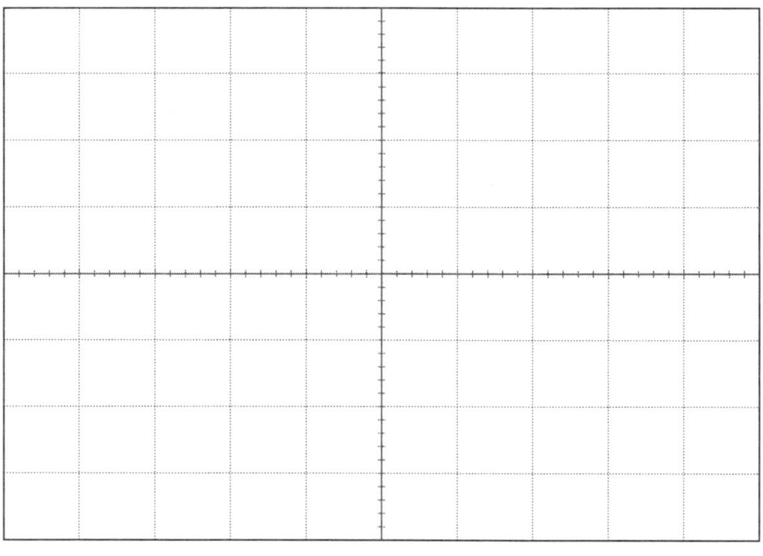

CH1 : v/Div M : sec/Div

2) 입/출력 데이터

표 5-3

귀환저항값 R_f	출력전압의 첨두값 V_{po}	전압이득 계산값 $A_{cl} = 1 + \frac{R_f}{R_i}$	전압이득 측정값 $A_{cl} = \frac{V_{po}}{V_{pi}}$
1[kΩ]	[V]		
2[kΩ]	[V]		
3[kΩ]	[V]		
4[kΩ]	[V]		

3. 반전증폭회로

연산증폭기를 사용한 전압이득이 조절 가능한 반전증폭기는 그림 5-15와 같이 구성된다. 입력신호는 입력저항 R_i를 통하여 반전 입력단자에 인가되며, 또한 출력도 귀환저항 R_f를 통하여 반전 입력단자로 귀환된다. 이때 비반전 입력단자는 접지에 연결시킨다.

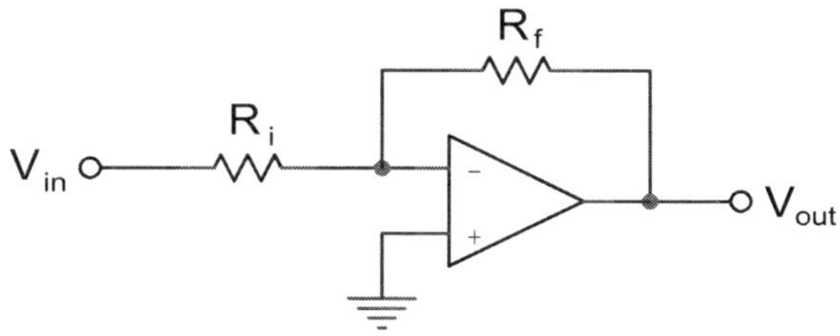

그림 5–15 반전 증폭회로

가상접지의 개념을 적용하기 위해 반전 입력단자의 전압을 구하려면 연산증폭기의 입력 임피던스는 매우 높아 반전 입력단자로 유입되는 전류는 0이므로 다음 그림과 같이 생각할 수 있다.

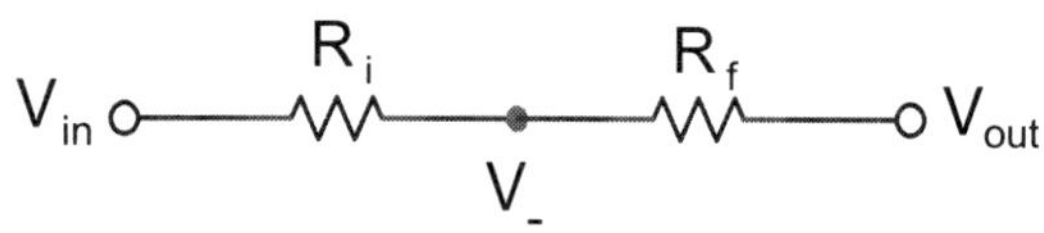

그림 5–16 반전입력의 전압

그림 5-16의 회로는 중첩의 원리에 의해 다음과 같이 두 부분으로 나눌 수 있다.

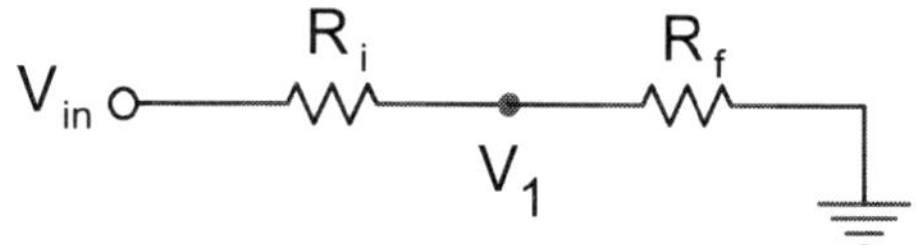

(a)

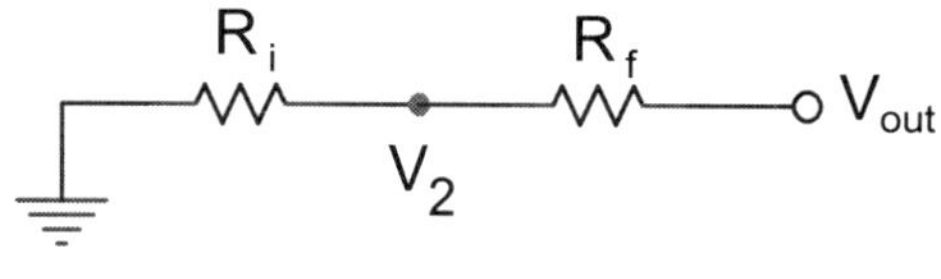

(b)

그림 5–17 중첩의 원리

그림 5-17의 회로에서 각각 V_1, V_2를 구하면

$$\begin{cases} V_1 = \dfrac{R_f}{R_i + R_f} V_{in} \\ V_2 = \dfrac{R_i}{R_i + R_f} V_{out} \end{cases} \tag{5-13}$$

결국 반전 입력단자의 전압 V-는 다음과 같이 계산된다.

$$V_- = V_1 + V_2 = \frac{R_f}{R_i + R_f} V_{in} + \frac{R_i}{R_i + R_f} V_{out} \tag{5-14}$$

가상접지의 원리에 의해 반전 입력단자의 전압은 비반전 입력단자의 전압과 같아서 0V가 되므로

$$V_- = \frac{R_f}{R_i + R_f} V_{in} + \frac{R_i}{R_i + R_f} V_{out} = 0 \tag{5-15}$$

이를 정리하면 반전증폭회로의 폐루프 전압이득은 다음과 같다.

$$A_{cl} = \frac{V_{out}}{V_{in}} = -\frac{R_f}{R_i} \tag{5-16}$$

식 (5-16)에서 알 수 있듯이 반전 증폭회로의 폐루프 전압이득은 입력저항 R_i에 대한 귀환저항 R_f의 비에 의해 결정되고 음의 부호는 출력전압이 입력전압에 대해 반전됨을 나타낸다. 폐루프 전압이득은 연산증폭기의 내부의 개방루프 전압이득과는 무관하므로 부귀환에 의해 폐루프 전압이득이 안정적으로 된다.

예제 5-2

그림 5-18의 증폭회로에서 입력전압이 $V_{in} = 0.5\text{V}$ 일 때 출력전압 V_{out} 을 구하시오.

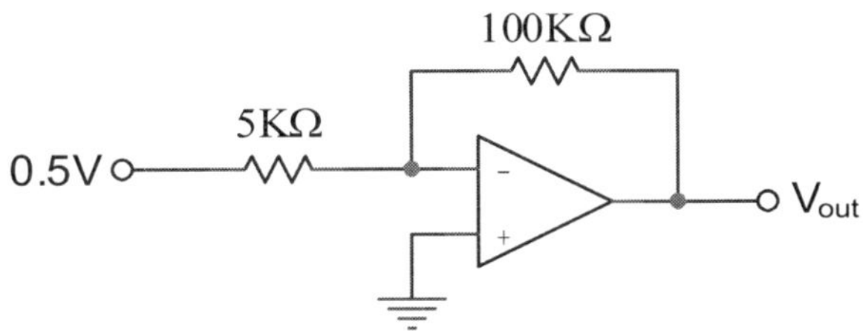

그림 5-18 연산증폭기 회로

회로에서 $R_i = 5[\text{k}\Omega], R_f = 100[\text{k}\Omega], V_{in} = 0.5[\text{V}]$ 이므로 폐루프 전압이득은

$$A_{cl} = \frac{V_{out}}{V_{in}} = -\frac{R_f}{R_i} = -\frac{100}{5} = -20$$

출력전압은

$$V_{out} = A_{cl}\, V_{in} = -20 \cdot 0.5 = -10[\text{V}]$$

[실험 5-2] 반전 증폭회로 실험

1. 실험 목적

1) 연산증폭기를 사용한 반전 증폭회로의 동작을 이해한다.
2) 반전 증폭회로의 입력저항과 귀환저항의 비율의 변화에 따른 출력전압의 변동인 증폭율의 변화를 관찰한다.
3) 출력전압이 입력전압에 대해 반전되어 나타남을 확인한다.

2. 실험 기기 및 부품

1) 파형발생기 : 전압 2Vpp, 주파수 1KHz, 삼각파 1채널
2) 오실로스코프 : 2채널
3) 디지털 멀티미터 : 1대
4) 직류전원장치 : ±15V 2채널
5) 만능 조립기판 : 1대
6) 연산증폭기 : LM741(8핀 DIP) 1개
7) 저항 : 1kΩ/0.25W 1개
8) 가변저항 : 5kΩ 1개

3. 실험 방법

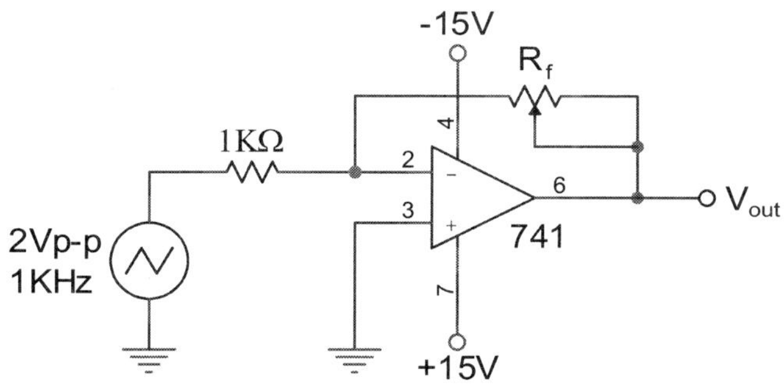

그림 5-19 반전 증폭 실험회로

1) 그림 5-19의 반전 증폭회로를 만능 조립기판에 구성하시오. 이때 파형발생기의 파형은 삼각파로 선택하시오.
2) 오실로스코프의 CH1을 회로의 입력에 연결하고 수직설정에서 입력 커플링을 접지(GND)로 선택하여 0V 접지레벨이 화면의 수평축 상에 오도록 수직위치를 조절한 다음, 입력 커플링을

다시 교류(AC)로 변경하시오.

3) 오실로스코프의 CH1을 사용하여 측정한 입력신호의 첨두전압 및 주파수가 $2V_{pp}$, 1kHz가 되도록 파형발생기의 진폭 및 주파수를 정확히 조절하시오.

4) 오실로스코프의 CH2를 회로의 출력에 연결하고 수직설정에서 입력 커플링을 접지(GND)로 선택하여 0V 접지레벨이 화면의 수평축 상에 오도록 수직위치를 조절한 다음, 입력 커플링을 다시 교류(AC)로 변경하시오.

5) 귀환저항 값이 2kΩ이 되도록 가변저항을 조절한 다음, 입력저항과 귀환저항으로 전압이득을 계산하고 그 전압이득 계산값을 표 5-4에 기록하시오.

6) 오실로스코프의 화면에 2~3 주기의 신호파형이 나타나도록 오실로스코프의 시간 스케일과 화면에 최대 진폭의 신호파형이 나타나도록 오실로스코프의 전압 스케일을 조정하시오.

7) 오실로스코프의 CH1에 나타난 입력전압의 첨두값과 CH2에 나타난 출력전압의 첨두값을 측정한 다음 그 첨두값들로부터 전압이득을 계산하여 그 결과를 표 5-4의 전압이득 측정값에 기록하시오.

8) 귀환저항 값이 3kΩ, 4kΩ, 5kΩ이 되도록 가변저항을 조절한 다음, 앞의 5)에서 7)까지의 실험과정을 반복하시오.

9) 오실로스코프의 CH1에 나타난 반전 증폭회로의 입력파형과 CH2에 나타난 출력파형을 다음의 그래프 상에 함께 그리시오.

실험결과 보고서

학번 : 성명 :

1. 제목 : 반전 증폭회로
2. 회로도

3. 실험결과

1) 입/출력 파형

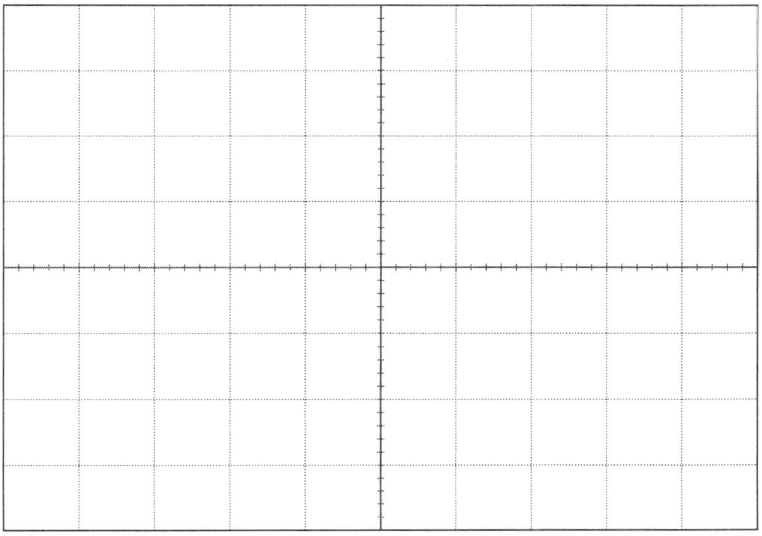

CH1 : v/Div M : sec/Div

2) 입/출력 데이터

표 5-4

귀환저항값 R_f	출력전압의 첨두값 V_{po}	전압이득 계산값 $A_{cl} = -\frac{R_f}{R_i}$	전압이득 측정값 $A_{cl} = -\frac{V_{po}}{V_{pi}}$
2[kΩ]	[V]		
3[kΩ]	[V]		
4[kΩ]	[V]		
5[kΩ]	[V]		

5-5 비교회로

하나의 전압을 다른 전압과 비교하여 입력전압이 일정 레벨을 넘는 것을 감지하는 것으로, 개방루프의 회로구성을 가지며 비반전 입력단자에 신호전압을 인가하고 반전 입력단자에 기준전압을 연결한다.

매우 큰 개방루프 전압이득 때문에 두 입력 사이의 전압차가 아주 적어도 증폭기를 포화시켜 출력전압을 최대가 되게 한다. 일반적인 연산증폭기의 전원은 ±15V를 공급하므로 출력은 ±15V보다 작은 출력제한이 있어 결국 연산증폭기는 포화상태가 된다.

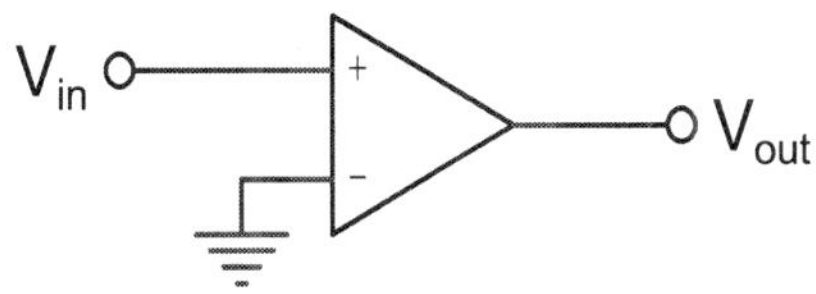

(a) 영전위 검출회로

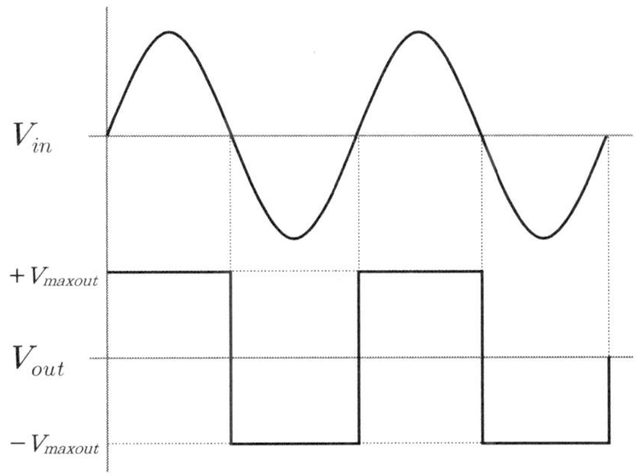

(b) 입/출력 파형

그림 5-20 영전위 검출기

그림 5-20 (a)는 영전위 검출기로 그림 5-20 (b)와 같이 입력전압이 정(+)의 값이면 출력은 최대 정레벨 전압 $+V_{maxout}$ 으로 포화되고, 입력전압이 부(-)의 값이면 출력은 최대 부레벨 전압 $-V_{maxout}$ 으로 포화된다.

그림 5-21은 영이 아닌 일정한 기준전압을 검출할 수 있는 기준전압 비교회로이다. 그림에서 (a)는 배터리를 사용한 고정된 기준전압을 갖는 비교회로로 기준전압은 배터리 전압이 된다. 그림에서 (b)는 전압분배기를 이용한 더 실용적인 기준전압 비교회로로 기준전압은 다음과 같다.

$$V_{ref} = \frac{R_2}{R_1 + R_2} V_+ \tag{5-17}$$

여기서 V_+는 연산증폭기의 정(+)의 전원전압이다.

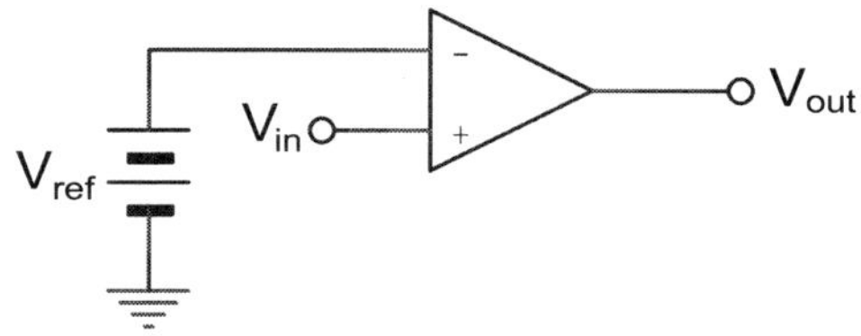

(a) 배터리 기준전압

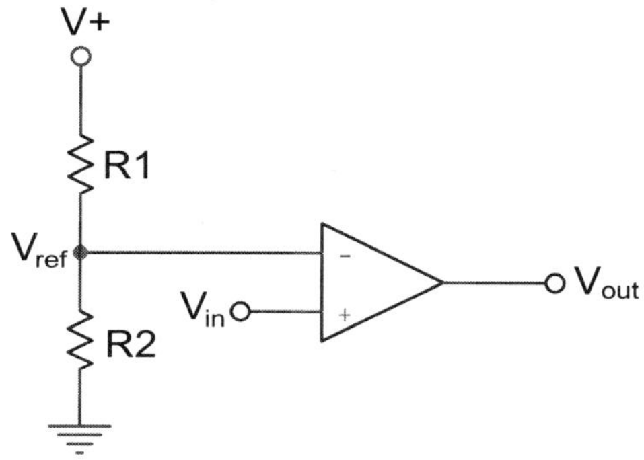

(b) 전압분배 기준전압

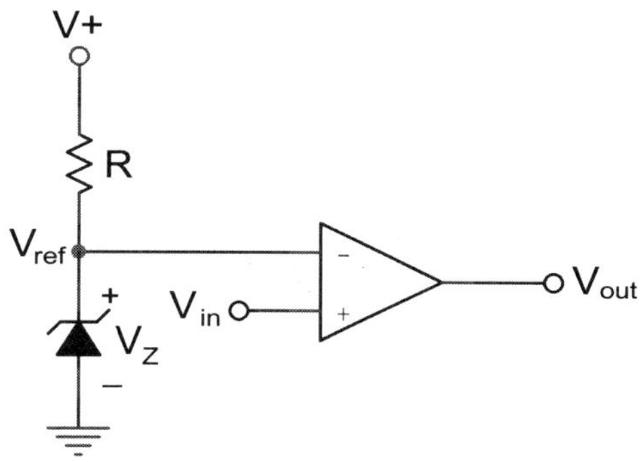

(c) 제너 다이오드 기준전압

그림 5-21 기준전압 비교기

그림에서 (c)는 제너 다이오드를 이용한 기준전압 비교회로로 이 경우의 기준전압은 제너 다이오드의 항복전압으로 고정된다.

$$V_{ref} = V_Z \tag{5-18}$$

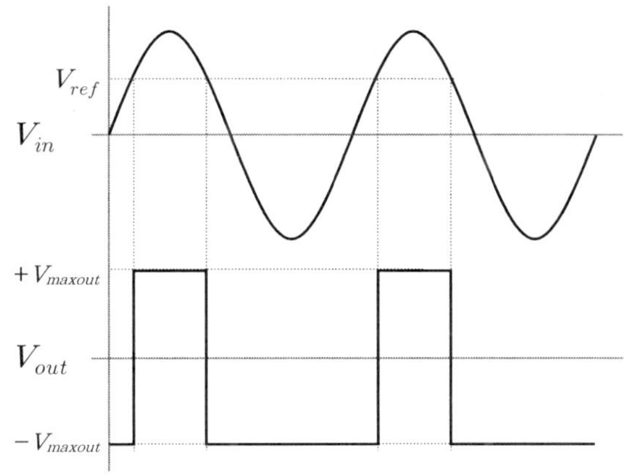

그림 5-22 기준전압 비교회로의 입출력 파형

그림 5-22에서 보는 바와 같이 입력이 기준전압보다 크면 출력은 최대 정(+)레벨 전압 $+V_{\mathrm{max}out}$으로 포화되고, 입력이 기준전압보다 적으면 출력은 최대 부(-)레벨 전압 $-V_{\mathrm{max}out}$으로 포화된다.

실제로 많은 경우에 있어서 원하지 않는 전압변동(잡음)이 입력전압에 나타나게 되고 이 잡음전압은 입력에 중첩되어 결국 비교기 출력에 오차를 유발시킨다. 따라서 비교기가 잡음전압에 둔감하게 하기 위해 그림 5-23과 같은 히스테리시스라는 정귀환을 갖는 비교회로가 사용된다. 히스테리시스란 입력전압이 높은 값에서 낮은 값으로 감소할 때보다 낮은 값에서 높은 값으로 증가할 때가 기준전압이 더 높은 레벨이 된다는 것이다. 히스테리시스의 좋은 예로는 가정용 난방장치를 ON/OFF하는 온도조절 장치가 있다.

그림 5-23과 같이 비반전 입력단자는 출력전압의 일부가 입력으로 귀환되는 전압분배기에 연결되고 입력신호는 반전 입력단자에 인가된다. 두 기준전압은 상승기준전압 V_{RR}과 하강기준전압 V_{FR}로 다음과 같다.

$$V_{RR} = \frac{R_2}{R_1 + R_2} V_{\mathrm{max}out} \tag{5-19}$$

$$V_{FR} = \frac{R_2}{R_1 + R_2} (-V_{\mathrm{max}out}) \tag{5-20}$$

입력전압이 V_{FR}보다 작게 되면 출력전압은 최대 정(+)레벨 전압 $+V_{maxout}$으로 포화되고, V_{RR}보다 크게 되면 출력전압은 최대 부(-)레벨 전압 $-V_{maxout}$으로 포화된다.

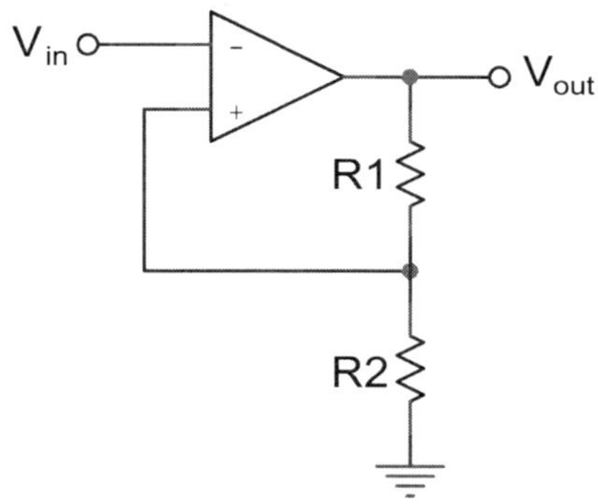

(a) 비교회로

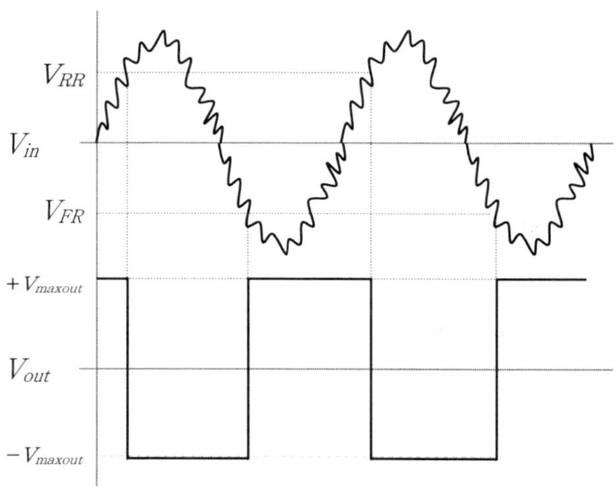

(b) 입/출력 파형

그림 5-23 히스테리시스를 갖는 비교기

히스테리시스를 갖는 비교기를 슈미트 트리거(schmitt trigger)라고도 한다. 이 히스테리시스 전압은 두 기준전압 전압의 차이로 다음과 같다.

$$V_{HYS} = V_{RR} - V_{FR} \tag{5-21}$$

[실험 5-3] 비교회로 실험

1. 실험 목적

1) 연산증폭기를 사용한 비교회로의 동작을 이해한다.
2) 비교회로의 입력전압이 기준전압보다 크면 출력은 최대 정(+)레벨 전압으로 포화되고, 입력 전압이 기준전압보다 작으면 출력은 최대 부(-)레벨 전압으로 포화됨을 확인한다.
3) 연산증폭기의 최대 정레벨 출력전압과 최대 부레벨 출력 전압을 측정한다,

2. 실험 기기 및 부품

1) 파형발생기 : 전압 $10V_{pp}$, 주파수 1KHz, 삼각파 1채널
2) 오실로스코프 : 2채널
3) 디지털 멀티미터 : 1대
4) 직류전원장치 : ±15V 2채널
5) 만능 조립기판 : 1대
6) 연산증폭기 : LM741(8핀 DIP) 1개
7) 가변저항 : 5kΩ 1개

3. 실험 방법

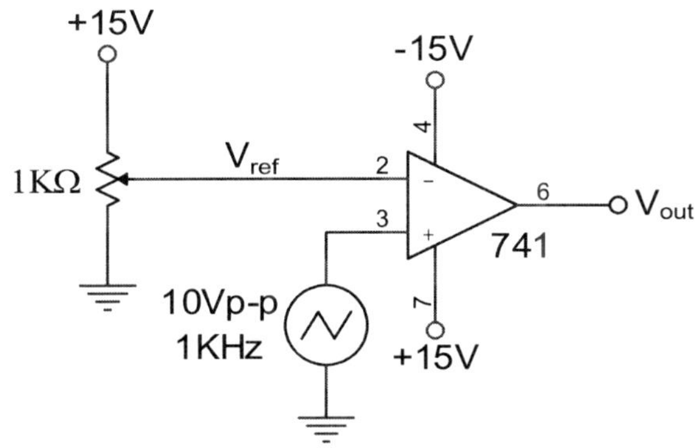

그림 5-24 비교 실험회로

1) 그림 5-24의 비교회로를 만능 조립기판에 구성하시오. 이때 파형발생기의 파형은 삼각파로 선택하시오.
2) 오실로스코프의 CH1을 회로의 입력에 연결하고 수직설정에서 입력 커플링을 접지(GND)로 선택하여 0V 접지레벨이 화면의 수평축 상에 오도록 수직위치를 조절한 다음, 입력 커플링을

다시 교류(AC)로 변경하시오.

3) 오실로스코프의 CH1을 사용하여 측정한 입력신호의 첨두전압 및 주파수가 $10V_{pp}$, 1KHz가 되도록 파형발생기의 진폭 및 주파수를 정확히 조절하시오.

4) 오실로스코프의 화면에 2~3 주기의 신호파형이 나타나도록 오실로스코프의 시간 스케일과 화면에 최대 진폭의 신호파형이 나타나도록 오실로스코프의 전압 스케일을 조정하시오.

5) 오실로스코프의 CH2를 가변저항의 V_{ref} 단자에 연결하고 수직설정에서 입력 커플링을 접지(GND)로 선택하여 0V 접지레벨이 화면의 수평축 상에 오도록 수직 위치를 조절한 다음, 입력 커플링을 다시 직류(DC)로 변경하시오.

6) 가변저항을 조절하면서 오실로스코프의 CH2로 변화되는 기준전압을 측정하여 일정한 전압 레벨로 설정하시오.

7) 오실로스코프의 CH2를 다시 회로의 출력에 연결한 다음 입력 커플링을 교류(AC)로 변경하시오.

8) CH2에 나타난 출력전압은 입력전압이 기준전압보다 크면 최대 정(+)레벨로 포화되고, 기준전압보다 작으면 최대 부(-)레벨로 포화됨을 확인하시오.

9) 연산증폭기의 포화되는 최대 정(+)레벨 출력전압과 최대 부(-)레벨 출력전압을 측정하여 표 5-5에 기록하시오.

10) 가변저항을 조절하여 다른 기준전압에 대해서 앞의 5)에서 8)까지의 실험과정을 반복하시오.

11) 기준전압이 5V일 때의 오실로스코프의 CH1에 나타난 비교회로의 입력파형과 CH2에 나타난 출력파형을 다음의 그래프 상에 함께 그리시오.

실험결과 보고서

학번 : 성명 :

1. 제목 : 비교회로
2. 회로도

3. 실험결과

1) 입/출력 파형

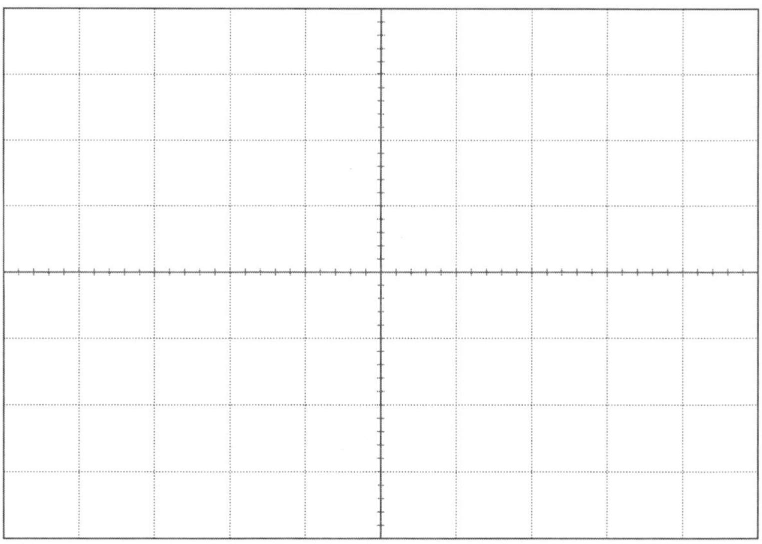

CH1 : v/Div M : sec/Div

2) 출력 데이터

표 5-5

포화되는 최대 정(+)레벨 출력전압	[V]
포화되는 최대 부(-)레벨 출력전압	[V]

5-6 가감산 회로

1. 가산회로

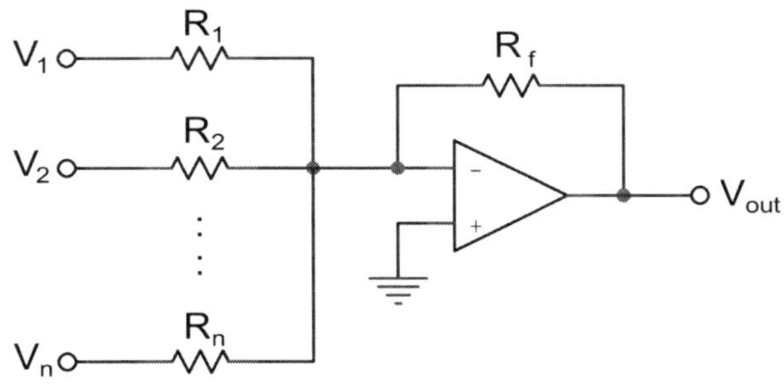

그림 5-25 가산회로

그림 5-25의 가산회로는 반전증폭기의 다른 형태로 두 개 이상의 입력을 가지며 출력전압은 입력전압들의 부(-)의 대수합에 비례한다. 입력저항(R_1, R_2, …, R_n)값과 귀환저항 R_f값의 선택에 따라 가산기, 이득을 갖는 가산기, 평균 계산기 등으로 응용될 수 있다.

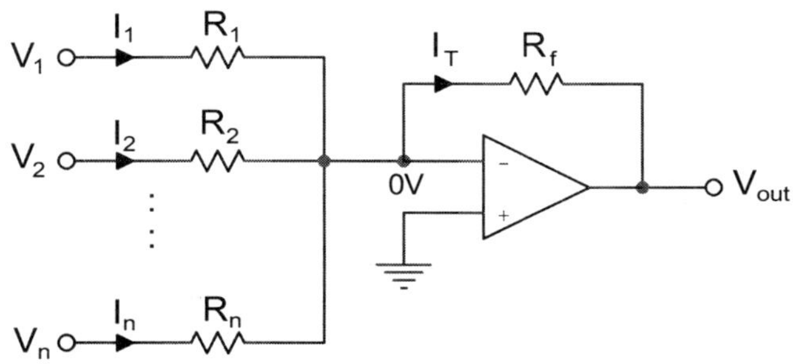

그림 5-26 가산회로의 전류

그림 5-26과 같이 n개의 전압 V_1, V_2, …, V_n가 반전 입력단자에 인가되어 각각 전류 I_1, I_2, …, I_n을 흐르게 한다. 가상접지의 개념을 사용하면 연산증폭기의 반전 입력단자의 전압은 비반전 입력단자의 전압과 같게 되어 거의 0V로 전류가 흐르지 않는다. 이는 n개의 입력전류 I_1, I_2, …, I_n이 합해져 귀환저항 R_f를 통해 흐른다는 것을 의미한다.

귀환저항 R_f에 흐르는 전류는

$$I_T = I_1 + I_2 + \ldots + I_n \tag{5-22}$$

$V_{out} = -I_T R_f$이므로 식 (5-22)를 대입하여 정리하면

$$V_{out} = -I_T R_f = -(I_1 + I_2 + \ldots + I_n) R_f \quad (5\text{-}23)$$

$$= -\left(\frac{V_1}{R_1} + \frac{V_2}{R_2} + \ldots + \frac{V_n}{R_n}\right) R_f$$

만약 저항이 모두 같다면($R = R_1 = R_2 = \cdots = R_n = R_f$) 식 (5-23)는 다음과 같이 된다.

$$V_{out} = -\left(\frac{V_1}{R} + \frac{V_2}{R} + \frac{V_n}{R}\right) R \quad (5\text{-}24)$$

$$= -(V_1 + V_2 + \ldots + V_n)$$

따라서 출력이 n개의 입력의 합이라는 것을 의미한다.

입력저항만 모두 같고($R = R_1 = R_2 = \cdots = R_n$) 귀환저항 R_f가 입력저항 R보다 크면 출력전압은 식 (5-23)으로부터 다음과 같다.

$$V_{out} = -\frac{R_f}{R}(V_1 + V_2 + \ldots + V_n) \quad (5\text{-}25)$$

따라서 출력전압은 입력전압의 총합에 상수 $\frac{R_f}{R}$를 곱한 값이 된다.

$\frac{R_f}{R}$의 역수를 입력단자의 수와 같게 하면

$$\frac{R_f}{R} = \frac{1}{n} \quad (5\text{-}26)$$

이 되므로 식 (5-25)를 다시 쓰면 출력전압은 다음과 같다.

$$V_{out} = -\frac{(V_1 + V_2 + \ldots + V_n)}{n} \quad (5\text{-}27)$$

따라서 가산기는 입력전압의 수학적 평균값을 출력하도록 만들 수 있다.

예제 5-3

그림 5-27의 회로에서 출력전압 V_{out} 을 구하시오.

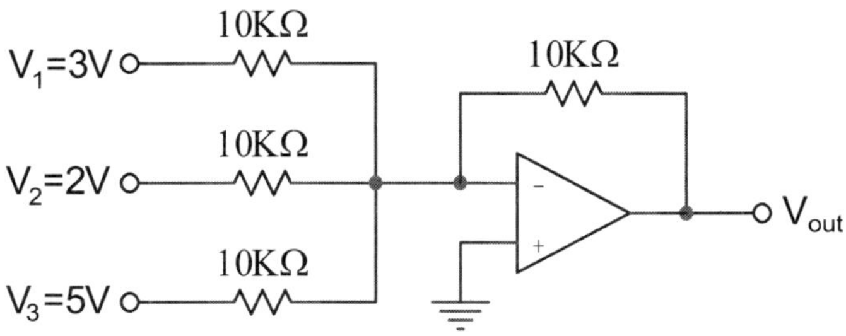

그림 5-27 연산증폭기 회로

입력저항 $R_1 = R_2 = R_3 = 10[K\Omega]$ 과 귀환저항 $R_f = 10[K\Omega]$ 은 서로 같으므로 가산기로 동작한다.

출력전압은

$$V_{out} = -\left(\frac{V_1}{R_1} + \frac{V_2}{R_2} + \frac{V_3}{R_3}\right)R_f = -(V_1 + V_2 + V_3)$$

$$= -(3+2+5)[\mathrm{V}] = -10[\mathrm{V}]$$

[실험 5-4] 가산회로 실험

1. 실험 목적

1) 연산증폭기를 사용한 가산회로의 동작을 이해한다.
2) 가산회로에서 입력저항과 귀환저항 값의 선택에 따라 가산기 또는 평균 계산기 등으로 동작이 변화됨을 관찰한다.
3) 가산회로의 출력은 여러 입력들을 가산한 결과가 반대 부호의 값으로 반전되어 나타남을 확인한다.

2. 실험 기기 및 부품

1) 파형발생기 : 전압 $5V_{pp}$, 주파수 1KHz, 구형파 1채널
2) 오실로스코프 : 2채널
3) 디지털 멀티미터 : 1대
4) 직류전원장치 : ±15V 2채널
5) 만능 조립기판 : 1대
6) 연산증폭기 : LM741(8핀 DIP) 1개
7) 저항 : 2kΩ/0.25W, 5kΩ/0.25W 각 1개, 10kΩ/0.25W 3개
8) 가변저항 : 1kΩ 1개

3. 실험 방법

1) 그림 5-28 (a)의 가산기 회로를 만능 조립기판에 구성하시오. 이때 입력전압 V1에 해당하는 파형발생기의 파형은 구형파로 선택하시오.
2) 오실로스코프의 CH1을 회로의 입력에 연결하고 수직설정에서 입력 커플링을 접지(GND)로 선택하여 0V 접지레벨이 화면의 수평축 상에 오도록 수직위치를 조절한 다음, 입력 커플링을 다시 교류(AC)로 변경하시오.
3) 오실로스코프의 화면에 2~3 주기의 신호파형이 나타나도록 오실로스코프의 시간 스케일과 화면에 최대 진폭의 신호파형이 나타나도록 오실로스코프의 전압 스케일을 조정하시오.
4) 오실로스코프의 CH1을 사용하여 측정한 입력신호의 첨두전압과 주파수가 $5V_{pp}$, 1KHz가 되도록 파형발생기의 진폭과 주파수를 정확히 조절하시오. 그러면 입력전압 V_1은 ±5V의 교류전압이 된다.
5) 오실로스코프의 CH2를 가변저항의 V2단자에 연결하고 수직설정에서 입력 커플링을 접지(GND)로 선택하여 0V 접지레벨이 화면의 수평축 상에 오도록 수직 위치를 조절한 다음,

입력 커플링을 다시 직류(DC)로 변경하시오.

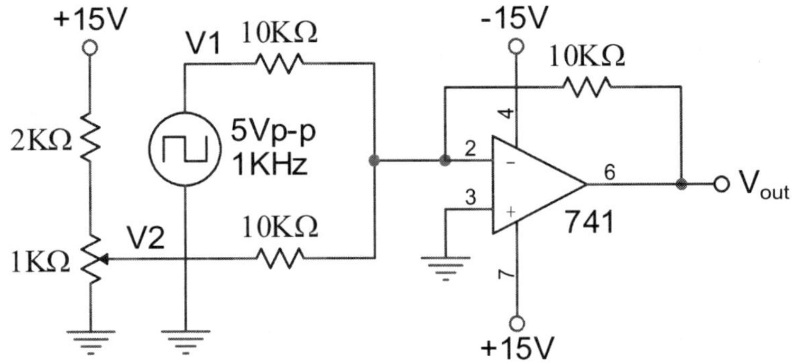

(a) 가산기

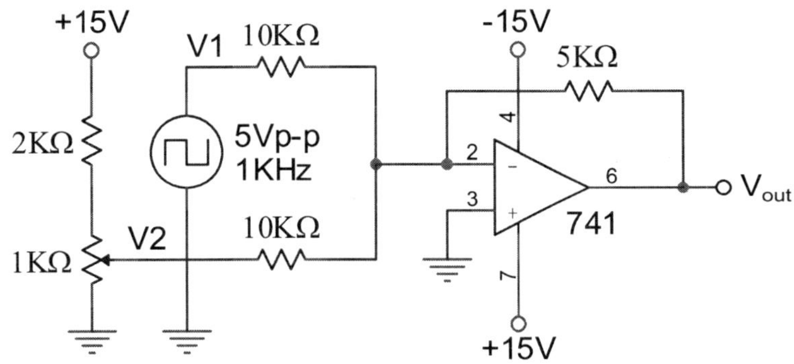

(b) 평균기

그림 5-28 가산 실험회로

6) 가변저항을 조절하면서 오실로스코프의 CH2로 변화되는 입력전압 V2를 측정하여 1V로 설정하시오.

7) 입력전압 V1의 정(+)의 첨두값 및 부(-)의 첨두값과 입력전압 V2의 합으로 출력전압의 정(+), 부(-)의 첨두값을 계산하여 그 결과를 표 5-6의 가산기의 계산값에 기록하시오.

8) 오실로스코프의 CH2를 다시 회로의 출력에 연결한 다음 입력 커플링을 교류(AC)로 변경하고 출력전압의 정(+)의 첨두값과 부(-)의 첨두값을 측정한 다음 그 결과를 표 5-6의 가산기의 측정값에 기록하시오.

9) 그림 5-28 (b)와 같이 귀환저항 R_f를 5kΩ으로 바꿔 구성하여 평균기 회로로 변경하시오.

10) 입력전압 V1의 정의 첨두값 및 부의 첨두값과 입력전압 V2의 평균으로 출력전압의 정,

부의 첨두값를 계산하여 그 결과를 표 5-6의 평균기의 계산값에 기록하시오.

11) 오실로스코프의 CH2에 나타난 출력전압의 정의 첨두값과 부의 첨두값을 측정한 다음 그 결과를 표 5-6의 평균기의 측정값에 기록하시오.

12) 가변저항을 조절하여 입력전압 V2를 3V로 변경한 다음 앞의 평균기와 가산기의 실험과정을 반복하시오.

13) 3V의 입력전압 V2에 대해 오실로스코프의 CH1에 나타난 평균기의 입력파형과 CH2에 나타난 평균결과의 출력파형을 다음의 그래프 상에 함께 그리시오.

14) 3V의 입력전압 V2에 대해 오실로스코프의 CH1에 나타난 가산기의 입력파형과 CH2에 나타난 가산결과의 출력파형을 다음의 그래프 상에 함께 그리시오.

실험결과 보고서

학번 : **성명 :**

1. 제목 : 가산회로
2. 회로도

3. 실험결과

1) 입/출력 파형

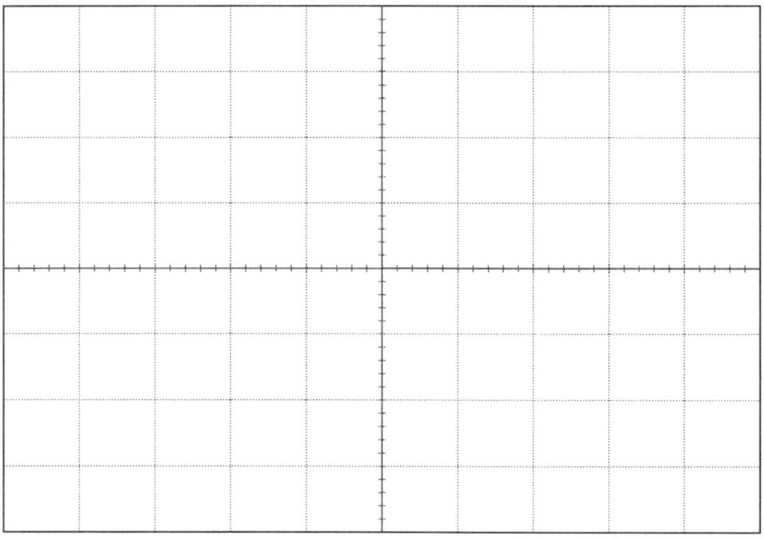

CH1 : v/Div M : sec/Div

2) 입/출력 데이터

표 5-6

<table>
<tr><th rowspan="2">가산회로</th><th rowspan="2">입력전압 V_2</th><th colspan="3">출력전압 V_{out}</th></tr>
<tr><th>첨두값</th><th>계산값</th><th>측정값</th></tr>
<tr><td rowspan="4">가산기</td><td rowspan="2">1[V]</td><td>정(+)</td><td>[V]</td><td>[V]</td></tr>
<tr><td>부(-)</td><td>[V]</td><td>[V]</td></tr>
<tr><td rowspan="2">3[V]</td><td>정(+)</td><td>[V]</td><td>[V]</td></tr>
<tr><td>부(-)</td><td>[V]</td><td>[V]</td></tr>
<tr><td rowspan="4">평균기</td><td rowspan="2">1[V]</td><td>정(+)</td><td>[V]</td><td>[V]</td></tr>
<tr><td>부(-)</td><td>[V]</td><td>[V]</td></tr>
<tr><td rowspan="2">3[V]</td><td>정(+)</td><td>[V]</td><td>[V]</td></tr>
<tr><td>부(-)</td><td>[V]</td><td>[V]</td></tr>
</table>

2. 감산회로

그림 5-29와 같이 감산회로는 두 개의 입력을 가지는 차동증폭기로 비반전 입력단자와 반전 입력단자에 가해진 신호의 차이를 증폭하여 출력한다. 입력저항 R_i와 귀환저항 R_f의 값이 같을 경우는 이득이 1인 감산기로 동작한다.

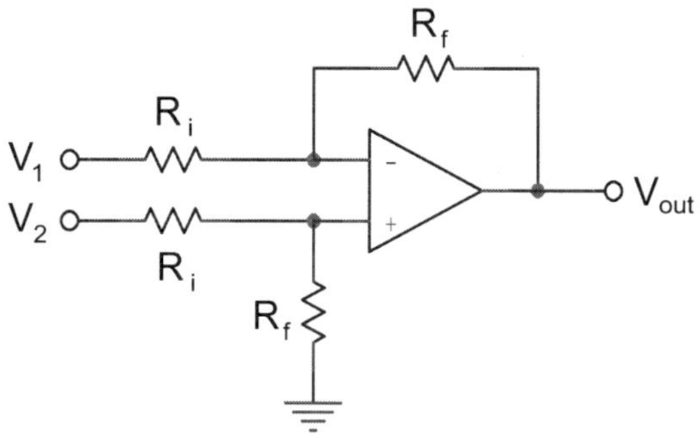

그림 5-29 감산회로

반전 증폭회로의 경우와 마찬가지로 가상접지의 개념을 적용하기 위해 반전 입력단자의 전압을 구하려면 연산증폭기의 입력 임피던스는 매우 높아 반전 입력단자로 유입되는 전류는 0이므로 그림 5-30과 같이 생각할 수 있다.

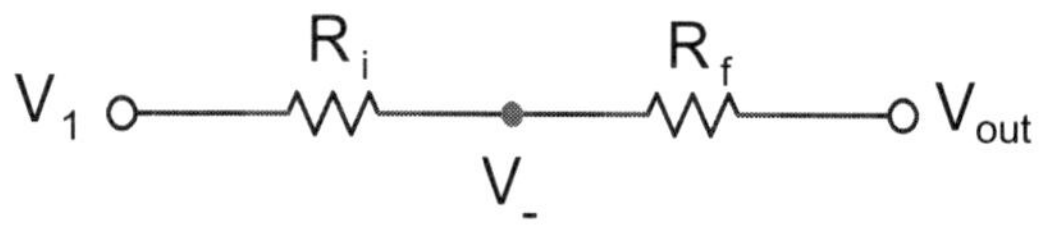

그림 5-30 반전 입력단자의 전압

반전 입력단자의 전압은 그림 5-30으로부터 중첩의 원리에 의해 다음과 같이 구해진다.

$$V_- = \frac{R_f}{R_i + R_f} V_1 + \frac{R_i}{R_i + R_f} V_{out} \tag{5-28}$$

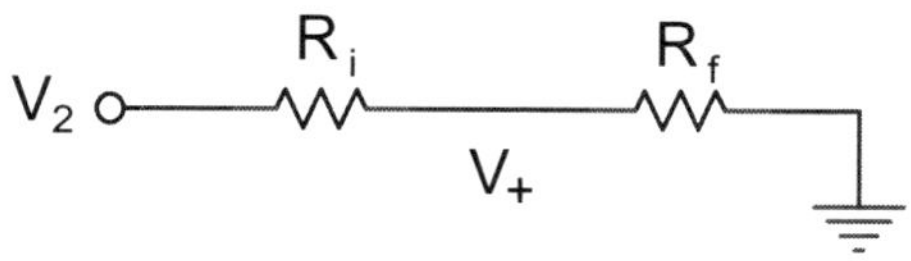

그림 5-31 비반전 입력단자의 전압

비반전 입력단자의 전압도 반전입력의 경우와 같은 원리에 의해 그림 5-31과 같이 생각할 수 있다. 비반전 입력단자의 전압은 저항에 의해 전압이 분할되므로 다음 식과 같이 구해진다.

$$V_+ = \frac{R_f}{R_i + R_f} V_2 \tag{5-29}$$

가상접지의 원리에 의해 반전 입력단자의 전압과 비반전 입력단자의 전압은 같게 볼 수 있으므로

$$V_- = V_+ = \frac{R_f}{R_i + R_f} V_1 + \frac{R_i}{R_i + R_f} V_{out} = \frac{R_f}{R_i + R_f} V_2 \tag{5-30}$$

이를 정리하면 감산회로의 출력전압은 다음 식과 같다.

$$V_{out} = \frac{R_f}{R_i}(V_2 - V_1) \tag{5-31}$$

따라서 출력전압은 비반전 입력전압과 반전 입력전압의 차이에 상수 $\frac{R_f}{R_i}$ 를 곱한 값이 된다. 만약 입력저항과 귀환저항이 같다면($R_i = R_f$) 식 (5-31)은 다음과 같이 된다.

$$V_{out} = V_2 - V_1 \tag{5-32}$$

따라서 출력전압은 비반전 입력전압과 반전 입력전압의 차가 됨을 알 수 있다.

예제 5-4

그림 5-32의 회로에서 출력전압 V_{out} 을 구하시오.

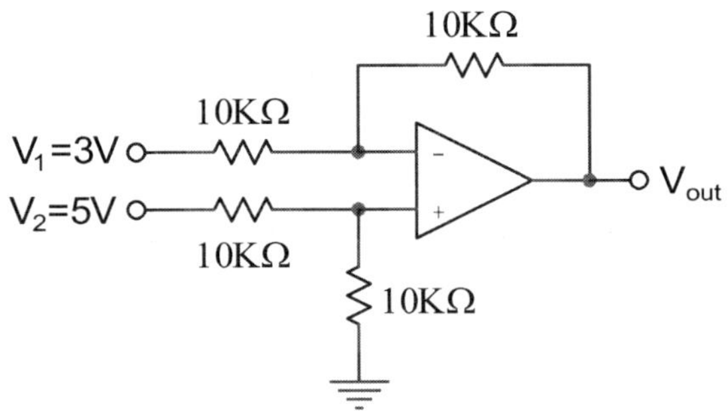

그림 5-32 연산증폭기 회로

입력저항 $R_i = 10[\text{k}\Omega]$ 과 귀환저항 $R_f = 10[\text{k}\Omega]$ 은 서로 같으므로 $\dfrac{R_f}{R_i} = 1$ 이 되어 감산기로 동작한다.

출력전압은

$$V_{out} = \frac{R_f}{R_i}(V_2 - V_1) = (V_2 - V_1) = (5-3)[\text{V}] = 2[\text{V}]$$

[실험 5-5] 감산회로 실험

1. 실험 목적

1) 연산증폭기를 사용한 감산회로의 동작을 이해한다.
2) 감산회로의 출력전압은 비반전 입력전압과 반전 입력전압의 차이가 증폭되어 나타남을 확인한다.

2. 실험 기기 및 부품

1) 파형발생기 : 전압 $4V_{pp}$, 주파수 1KHz, 구형파 1채널
2) 오실로스코프 : 2채널
3) 디지털 멀티미터 : 1대
4) 직류전원장치 : ±15V 2채널
5) 만능 조립기판 : 1대
6) 연산증폭기 : LM741(8핀 DIP) 1개
7) 저항 : 2kΩ/0.25W 1개, 10kΩ/0.25W 3개
8) 가변저항 : 1kΩ 1개

3. 실험 방법

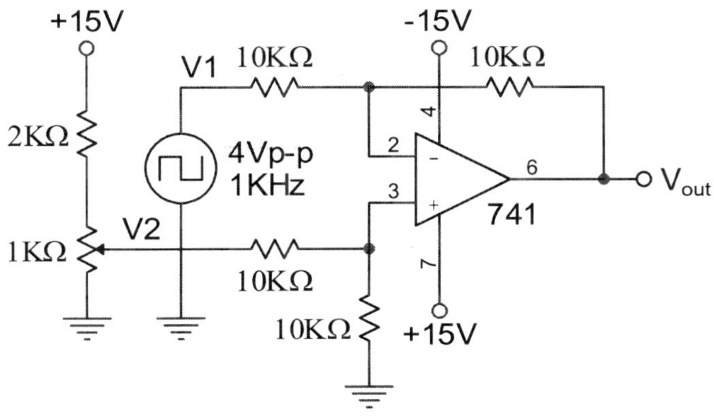

그림 5-33 감산기 실험회로

1) 그림 5-33의 감산기 회로를 만능 조립기판에 구성하시오. 이때 반전 입력전압 V1에 해당하는 파형발생기의 파형은 구형파로 선택하시오.
2) 오실로스코프의 CH1을 회로의 입력에 연결하고 수직설정에서 입력 커플링을 접지(GND)로

선택하여 0V 접지레벨이 화면의 수평축 상에 오도록 수직위치를 조절한 다음, 입력 커플링을 다시 교류(AC)로 변경하시오.

3) 오실로스코프의 화면에 2~3 주기의 신호파형이 나타나도록 오실로스코프의 시간 스케일과 화면에 최대 진폭의 신호파형이 나타나도록 오실로스코프의 전압 스케일을 조정하시오.

4) 오실로스코프의 CH1을 사용하여 측정한 입력신호의 첨두전압과 주파수가 $4V_{pp}$, 1KHz가 되도록 파형발생기의 진폭과 주파수를 정확히 조절하시오. 그러면 반전 입력전압 V1은 ±4V의 교류전압이 된다.

5) 오실로스코프의 CH2를 가변저항의 V2단자에 연결하고 수직설정에서 입력 커플링을 접지(GND)로 선택하여 0V 접지레벨이 화면의 수평축 상에 오도록 수직위치를 조절한 다음, 입력 커플링을 다시 직류(DC)로 변경하시오.

6) 가변저항을 조절하면서 오실로스코프의 CH2로 변화되는 비반전 입력전압 V2를 측정하여 2V로 설정하시오.

7) 반전 입력전압 V1의 정(+)의 첨두값 및 부(-)의 첨두값과 비반전 입력전압 V2의 차이로 출력전압의 정(+), 부(-)의 첨두값를 계산하여 그 결과를 표 5-7의 계산값에 기록하시오.

8) 오실로스코프의 CH2를 다시 회로의 출력에 연결한 다음 입력 커플링을 교류(AC)로 변경하고 출력전압의 정(+)의 첨두값과 부(-)의 첨두값을 측정한 다음 그 결과를 표 5-7의 측정값에 기록하시오.

9) 오실로스코프의 CH1에 나타난 감산기의 입력파형과 CH2에 나타난 감산결과의 출력파형을 다음의 그래프 상에 함께 그리시오.

10) 가변저항을 조절하여 비반전 입력전압 V2를 4V로 변경한 다음 앞의 7)에서 9)까지의 실험과정을 반복하시오.

실험결과 보고서

학번 : 성명 :

1. 제목 : 감산회로
2. 회로도

3. 실험결과

1) 입/출력 파형

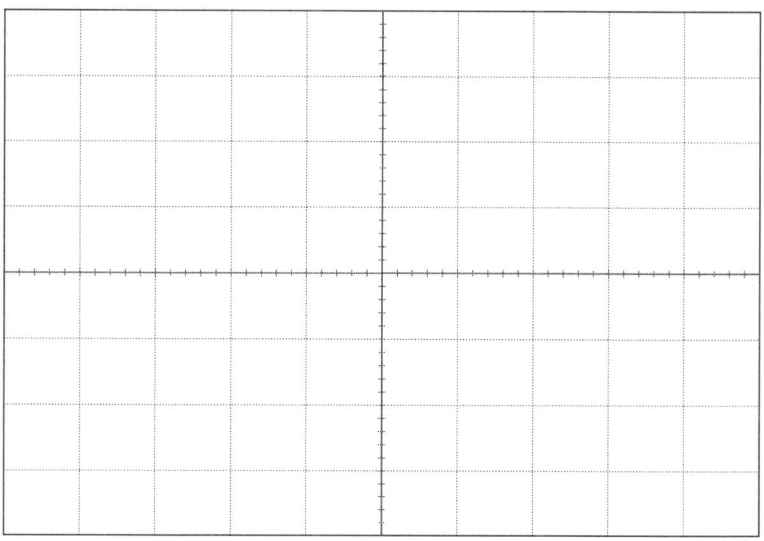

CH1 : v/Div M : sec/Div

2) 입/출력 데이터

표 5-7

입력전압 V_2	출력전압 V_{out}		
	첨두값	계산값	측정값
2[V]	정(+)	[V]	[V]
	부(-)	[V]	[V]
4[V]	정(+)	[V]	[V]
	부(-)	[V]	[V]

5-7 미적분회로

아날로그 연산의 가장 큰 장점 중의 하나는 실시간 내에 연속적인 연산이 간단한 회로로 구현될 수 있다는 것이다. 연산증폭기가 저항과 조합되어 가감산회로가 구성된다는 것을 알았고 그 일부에 콘덴서를 사용하면 적분회로나 미분회로가 구성될 수 있다. 이 적분회로나 미분회로는 입력신호를 실시간으로 적분연산이나 미분연산을 수행한 출력전압을 얻을 수 있으므로 아날로그 신호처리나 제어회로 등으로 널리 사용되고 있다.

1. 적분회로

적분회로는 입력신호를 시간적으로 적분한 값에 비례하는 출력전압을 얻을 수 있는 회로로 그림 5-34와 같이 반전증폭기에서 귀환저항 R_f 대신에 콘덴서 C_f를 접속하여 RC회로를 구성한다.

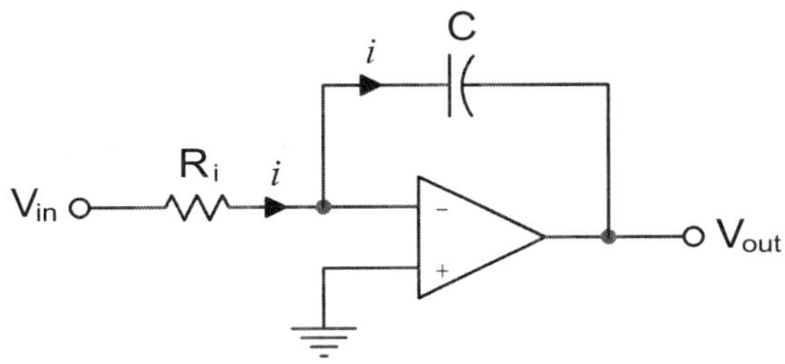

그림 5-34 기본 적분회로

가상접지의 개념에 의해 반전 입력단자의 전압은 비반전 입력단자와 같으므로 0V이다. 따라서 입력전압 V_{in}에 의해서 입력저항 R_i에 흐르는 전류는 다음 식과 같다.

$$i = \frac{V_{in}}{R_i} \tag{5-33}$$

그림 5-34에서 보는 바와 같이 연산증폭기의 입력 임피던스는 매우 높기 때문에 전류가 반전 입력단자를 통해 연산증폭기의 내부로 흘러들어가지 않게 되므로 식 (5-33)과 같이 입력저항 R_i에 흐르는 전류는 모두 귀환콘덴서 C를 충전시키는 데 사용된다.

콘덴서 C에 충전되는 전압은

$$V_C = \frac{Q}{C} = \frac{1}{C}\int_0^t i\ dt \tag{5-34}$$

여기서, $i = \dfrac{dQ}{dt}$ 이다.

출력전압은 콘덴서에 충전된 전압 V_C와 부호가 반대이므로

$$V_{out} = -V_C = -\frac{1}{C}\int_0^t i\ dt \tag{5-35}$$

식 (5-33)을 식 (5-35)에 대입하여 다시 정리하면 다음과 같다.

$$V_{out} = -\frac{1}{R_i C}\int_0^t V_{in}\, dt \tag{5-36}$$

따라서 출력전압은 입력전압을 t시간 동안 적분한 값에 비례하는 전압이 반전되어 나타난다.

적분회로는 보통 연속적으로 적분동작을 시키는 일은 적고 시간을 분할하여 단위시간의 적분값이나 평균값 연산에 사용한다. 그 이유는 입력신호를 장시간 연속적으로 적분하면 적분값이 시간에 따라 증가하여 결국에는 연산증폭기가 포화되어 올바른 값을 나타내지 못하고, 연산증폭기 자체의 옵셋전압이나 옵셋전류가 적분되어 오차가 증가하기 때문이다.

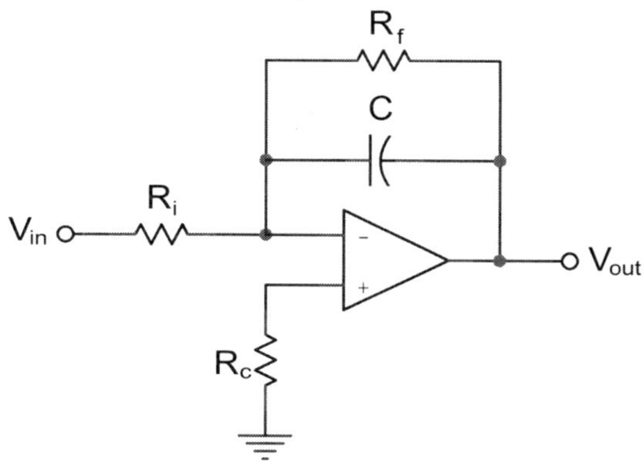

그림 5-35 실용적인 적분회로

실제의 적분회로는 그림 5-35에서와 같이 낮은 주파수 영역에서는 콘덴서 C의 영향으로 연산증폭기가 포화되기 쉬우므로 폐루프 전압이득을 제한하기 위해 귀환회로에 병렬로 저항 R_f를 접속하고, 직류 출력옵셋의 영향을 줄이기 위해 비반전 입력단자에 저항 R_i을 추가하여 사용한다. 귀환저항 R_f값은 일반적으로 입력저항 R_i값의 약 10배로 선택하여($R_f = 10R_i$)

시정수 R_iC를 입력신호의 주기와 거의 같은 값으로 한다.

이 적분회로가 적분동작을 할 수 있는 한계 입력주파수 f_c는

$$f_c = \frac{1}{2\pi R_f C} \tag{5-37}$$

가 되어, 그림 5-35의 적분회로는 입력신호의 주파수가 한계주파수 f_c보다 작을 경우에는 단순한 반전증폭회로로 동작하고 한계주파수 f_c보다 클 경우에는 적분동작을 수행한다.

예제 5-5

그림 5-36 회로와 같이 입력신호가 첨두전압 $V_{pi} = 2\mathrm{V}_{pp}$, 주파수 $f = 1\mathrm{kHz}$인 구형파일 때 출력전압 V_{out}을 구하시오.

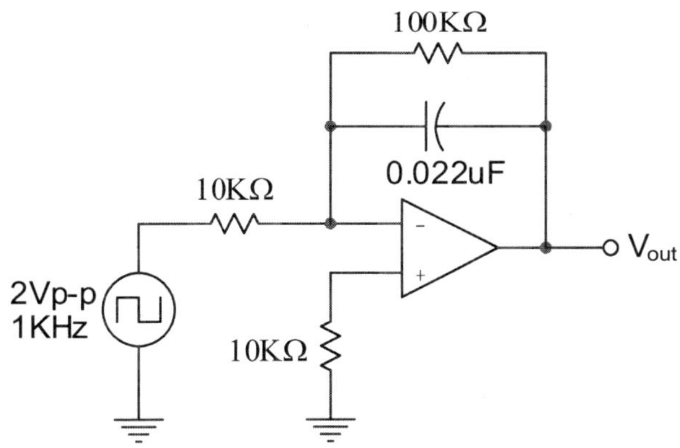

그림 5-36 연산증폭기 회로

$R_f = 100\mathrm{K}\Omega$, $\mathrm{C} = 0.022\mu\mathrm{F}$ 이므로 적분동작을 할 수 있는 한계 입력주파수는 다음과 같다.

$$f_c = \frac{1}{2\pi R_f C} = \frac{1}{6.28 \cdot 10^5 \cdot 0.022 \times 10^{-6}} = \frac{1}{0.138 \times 10^{-1}} = 72[\mathrm{Hz}]$$

입력주파수 f = 1[KHz]는 한계주파수 f_c = 72[Hz]보다 크므로 적분동작을 한다. R_i = 10[kΩ]이고 입력전압은 한주기의 처음 0.5[ms]동안은 +2[V], 다음 0.5[ms]동안은 -2[V]이므로 출력전압은 다음과 같다.

$$V_{out} = -\frac{1}{R_i C}\int_0^t V_{in}\ dt$$

$$= -\frac{1}{10^4 \cdot 0.022 \times 10^{-6}}\int_0^{0.0005} \pm 2\ dt$$

$$= -\frac{10^4}{2.2}[\pm 2t]_0^{0.0005}$$

$$= \mp 4.54[\mathrm{V}]$$

입출력 파형은 그림 5-37과 같다.

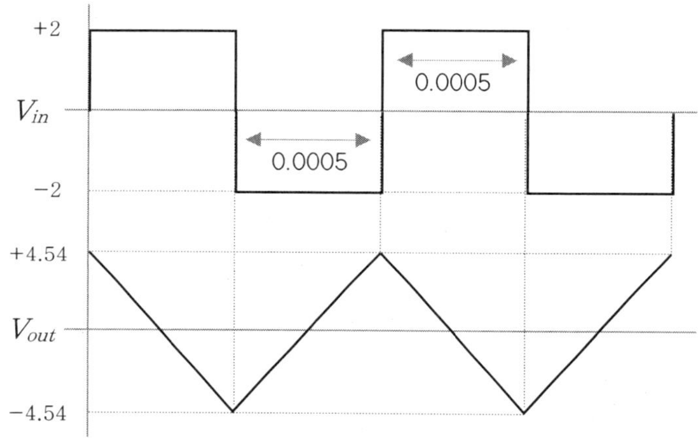

그림 5-37 입출력 파형

[실험 5-6] 적분회로 실험

1. 실험 목적

1) 적분회로의 동작을 이해한다.
2) 입력신호의 주파수가 한계주파수보다 클 경우에 적분회로는 적분기로 동작하여 출력전압은 입력전압의 적분한 값에 비례하는 전압이 반전되어 나타남을 확인한다.

2. 실험 기기 및 부품

1) 파형발생기 : 전압 $1V_{pp}$, 주파수 2KHz, 구형파 1채널
2) 오실로스코프 : 2채널
3) 디지털 멀티미터 : 1대
4) 직류전원장치 : ±15V 2채널
5) 만능 조립기판 : 1대
6) 연산증폭기 : LM741(8핀 DIP) 1개
7) 저항 : 10kΩ/0.25W, 100kΩ/0.25W 1개
8) 가변저항 : 100kΩ 1개
9) 필름콘덴서 : 0.01μF 1개

3. 실험 방법

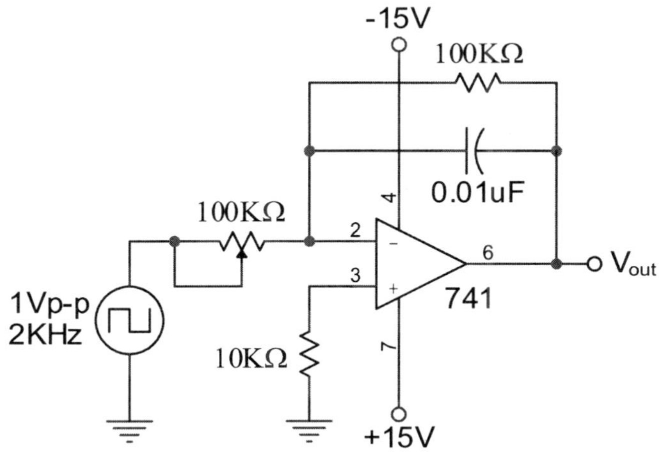

그림 5-38 적분기 실험회로

1) 그림 5-38의 적분기 회로를 만능 조립기판에 구성하시오. 이때 입력전압에 해당하는 파형발생기의 파형은 구형파로 선택하시오.
2) 오실로스코프의 CH1을 회로의 입력에 연결하고 수직설정에서 입력 커플링을 접지(GND)로 선택하여 0V 접지레벨이 화면의 수평축 상에 오도록 수직위치를 조절한 다음, 입력 커플링을 다시 교류(AC)로 변경하시오.
3) 오실로스코프의 화면에 2~3 주기의 신호파형이 나타나도록 오실로스코프의 시간 스케일과 화면에 최대 진폭의 신호파형이 나타나도록 오실로스코프의 전압 스케일을 조정하시오.
4) 오실로스코프의 CH1을 사용하여 측정한 입력신호의 첨두전압 V_{pi}가 $1V_{pp}$, 주파수가 2KHz가 되도록 파형발생기의 진폭과 주파수를 정확히 조절하시오. 그러면 입력전압은 ±1V의 구형파 교류전압이 된다.
5) 가변저항을 조절하여 DMM을 사용하여 측정한 저항값이 10kΩ이 되도록 설정하시오.
6) 예제 5-5와 같은 방법으로 한계 입력주파수 f_c와 출력전압의 정(+), 부(-)의 첨두값를 계산하여 그 결과를 표 5-8의 계산값에 기록하시오.
7) 오실로스코프의 CH2를 회로의 출력에 연결하고 수직설정에서 입력 커플링을 접지(GND)로 선택하여 0V 접지레벨이 화면의 수평축 상에 오도록 수직위치를 조절한 다음, 입력 커플링을 다시 교류(AC)로 변경하시오.
8) 오실로스코프의 CH2에 나타난 출력전압의 정(+)의 첨두값과 부(-)의 첨두값을 측정한 다음 그 결과를 표 5-8의 측정값에 기록하시오.
9) 가변저항을 조절하여 저항값을 서서히 가감시키면서 CH2에 나타난 적분결과인 출력파형의 변화를 관찰하시오.
10) 오실로스코프의 CH1에 나타난 적분기의 입력파형과 CH2에 나타난 적분결과의 출력파형을 다음의 그래프 상에 함께 그리시오.
11) 파형발생기의 진폭을 조절하여 입력신호의 첨두전압을 $2V_{pp}$로 변경한 다음 앞의 5)에서 9)까지의 실험과정을 반복하시오.

실험결과 보고서

학번 : 성명 :

1. 제목 : 적분회로
2. 회로도

3. 실험결과

1) 입/출력 파형

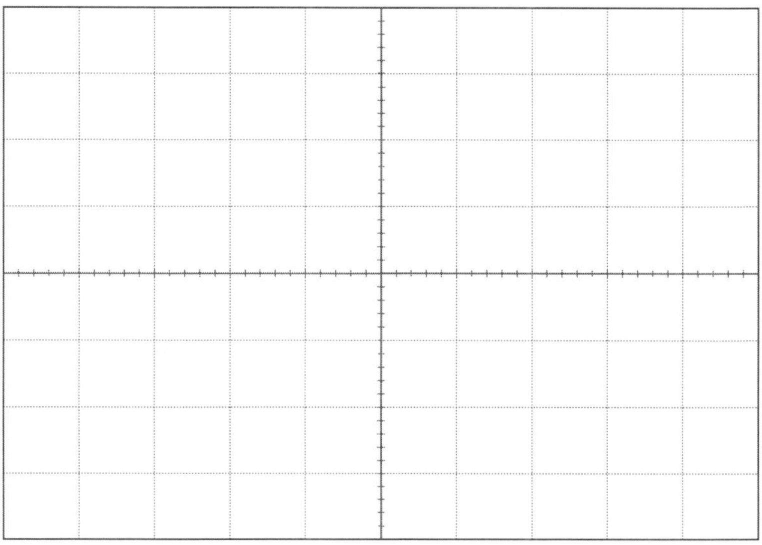

CH1 : v/Div M : sec/Div

2) 입/출력 데이터

표 5-8

한계 입력주파수 f_c			
입력전압의 첨두값 V_{pi}	출력전압 V_{out}		
	첨두값	계산값	측정값
1[V]	정(+)	[V]	[V]
	부(-)	[V]	[V]
2[V]	정(+)	[V]	[V]
	부(-)	[V]	[V]

2. 미분회로

미분회로는 입력신호의 시간적 변화율에 비례하는 출력전압을 얻을 수 있는 회로로 그림 5-39와 같이 적분회로와는 반대로 반전증폭기에서 입력저항 R_i 대신에 콘덴서 C_i를 접속하여 RC회로를 구성한다.

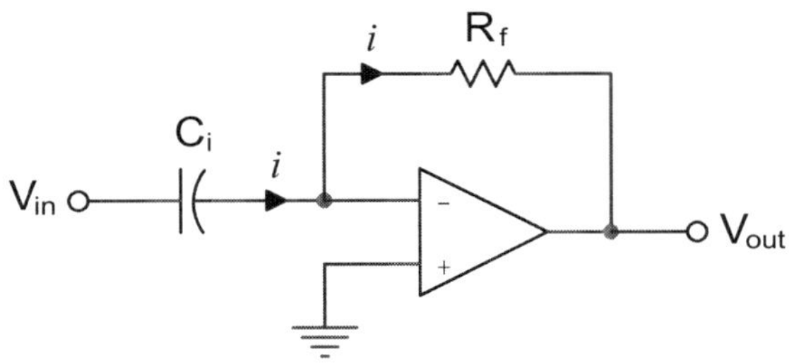

그림 5-39 기본 미분회로

가상접지의 개념에 의해 반전 입력단자의 전압은 비반전 입력단자와 같으므로 0V이다. 따라서 입력전압 V_{in}에 의해서 콘덴서 C에 흐르는 전류는 다음과 같다.

$$i = C_i \frac{dV_{in}}{dt} \tag{5-38}$$

연산증폭기의 입력 임피던스는 매우 높기 때문에 전류가 반전 입력단자를 통해 연산증폭기의 내부로 흘러들어가지 않게 되므로 콘덴서 C에 흐르는 전류 i는 모두 귀환저항 R_f를 통해 흐른다. 귀환저항의 전압은 다음 식과 같다.

$$V_{Rf} = R_f C_i \frac{dV_{in}}{dt} \tag{5-39}$$

출력전압은 귀환저항 전압 V_{Rf}와 부호가 반대이므로

$$V_{out} = -V_{Rf} = -R_f C_i \frac{dV_{in}}{dt} \tag{5-40}$$

따라서 출력전압은 입력전압의 시간적 변화율에 비례하는 값이 반전되어 나타난다.

그러나 그림 5-39의 회로는 귀환저항 R_f를 통하여 부귀환된 출력신호가 콘덴서 C로 접지된 구조로 발진하기 쉽고 고주파 영역에서 노이즈가 커서 사용할 수 없다. 실제의 미분회로는 그림 5-40과 같이 콘덴서 C에 직렬로 저항 R_i를 접속하고 귀환저항 R_f에 병렬로 콘덴서

C_f를 접속하여 구성하면 높은 주파수 영역에서 폐루프 전압이득을 제한하고 링깅(linging)이라는 발진현상을 방지할 수 있다. 귀환저항 R_f값은 일반적으로 입력저항 R_i값의 약 10배로 선택함으로써($R_f = 10R_i$) 시정수 R_fC_i를 입력신호의 주기와 거의 같은 값으로 한다.

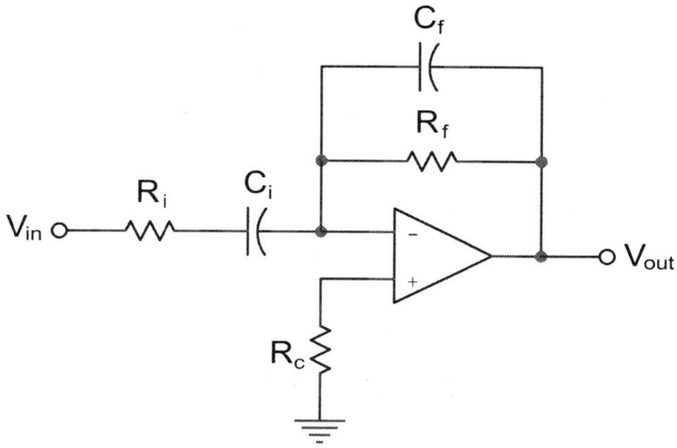

그림 5-40 실용적인 미분회로

미분회로가 미분동작을 할 수 있는 한계 입력주파수 f_c는

$$f_c = \frac{1}{2\pi R_i C_i} \tag{5-41}$$

가 되어, 그림 5-40의 미분회로는 입력신호의 주파수가 한계주파수 f_c보다 클 경우에는 단순한 반전 증폭회로로 동작하고 한계주파수 f_c보다 작을 경우에는 미분동작을 수행한다.

예제 5-6

그림 5-41 회로와 같이 입력신호가 첨두전압 $V_{pi} = 2\mathrm{V}_{pp}$, 주파수 $f = 1\mathrm{kHz}$인 삼각파일 때 출력전압 V_{out}을 구하시오.

$R_i = 2\mathrm{k}\Omega$, $C_i = 0.022\mu\mathrm{F}$ 이므로 미분동작을 할 수 있는 한계 입력주파수는 다음과 같다.

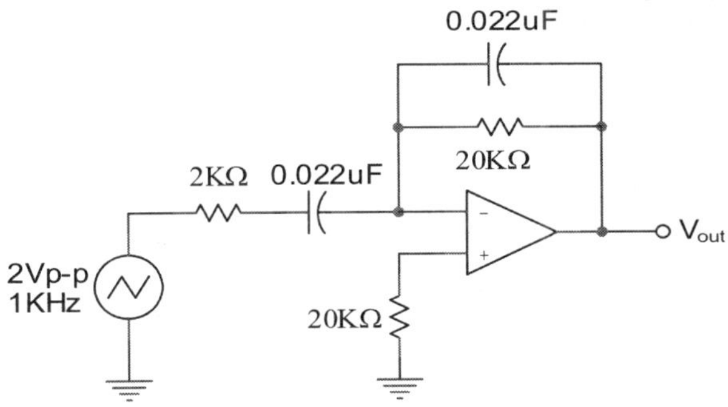

그림 5-41 연산증폭기 회로

$$f_c = \frac{1}{2\pi R_i C_i} = \frac{1}{6.28 \cdot 2 \times 10^3 \cdot 0.022 \times 10^{-6}}$$

$$= \frac{1}{0.27632 \times 10^{-3}} = 3619[\text{Hz}]$$

입력주파수 $f = 1\text{kHz}$는 한계주파수 $f_c = 3.623\text{KHz}$보다 작으므로 미분동작을 한다. $R_f = 20\text{k}\Omega$이고, 입력전압은 한 주기의 처음 0.5ms동안은 +4V, 다음 0.5ms동안은 -4V 변화하므로 출력전압은 다음과 같다.

$$V_{out} = -R_f Ci \ \frac{dV_{in}}{dt} = -20 \times 10^3 \cdot 0.022 \times 10^{-6} \frac{\pm 4}{5 \times 10^{-4}}$$

$$= -\frac{\pm 17.6}{5} = \mp 3.52[\text{V}]$$

입출력 파형은 그림 5-42와 같다.

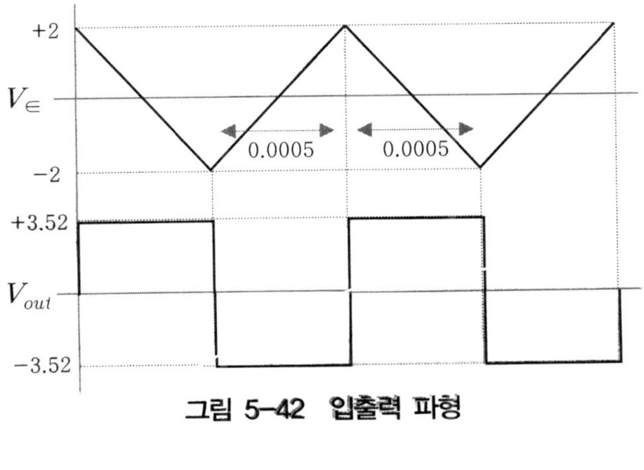

그림 5-42 입출력 파형

[실험 5-7] 미분회로 실험

1. 실험 목적

1) 미분회로의 동작을 이해한다.
2) 입력신호의 주파수가 한계주파수보다 작을 경우에 미분회로는 미분기로 동작하여 출력전압은 입력전압의 시간적 변화율에 비례하는 전압이 반전되어 나타남을 확인한다.

2. 실험 기기 및 부품

1) 파형발생기 : 전압 1V_{pp}, 주파수 500Hz, 삼각파 1채널
2) 오실로스코프 : 2채널
3) 디지털 멀티미터 : 1대
4) 직류전원장치 : ±15V 2채널
5) 만능 조립기판 : 1대
6) 연산증폭기 : LM741(8핀 DIP) 1개
7) 저항 : 100kΩ/0.25W 2개
8) 가변저항 : 100kΩ 1개
9) 필름콘덴서 : 0.01μF 2개

3. 실험 방법

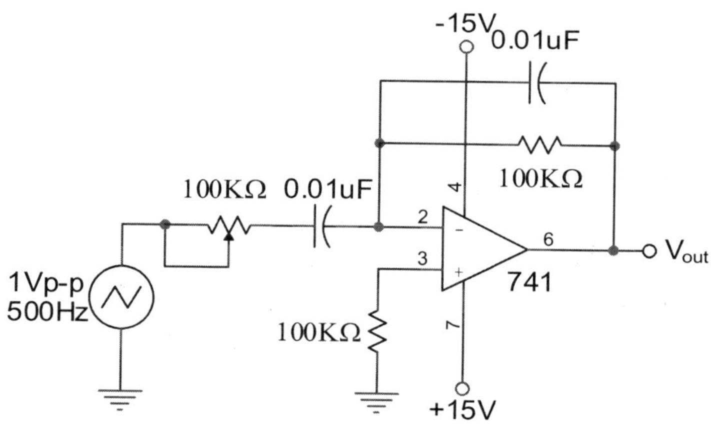

그림 5-43 미분기 실험회로

1) 그림 5-43의 미분기 회로를 만능 조립기판에 구성하시오. 이때 입력전압에 해당하는 파형발생기의 파형은 삼각파로 선택하시오.

2) 오실로스코프의 CH1을 회로의 입력에 연결하고 수직설정에서 입력 커플링을 접지(GND)로 선택하여 0V 접지레벨이 화면의 수평축 상에 오도록 수직위치를 조절한 다음, 입력 커플링을 다시 교류(AC)로 변경하시오.
3) 오실로스코프의 화면에 2~3 주기의 신호파형이 나타나도록 오실로스코프의 시간 스케일과 화면에 최대 진폭의 신호파형이 나타나도록 오실로스코프의 전압 스케일을 조정하시오.
4) 오실로스코프의 CH1을 사용하여 측정한 입력신호의 첨두전압 V_{pi}가 $1V_{pp}$, 주파수가 500Hz가 되도록 파형발생기의 진폭과 주파수를 정확히 조절하시오. 그러면 입력전압은 ±1V의 삼각파 교류전압이 된다.
5) 가변저항을 조절하여 DMM을 사용하여 측정한 저항값이 10kΩ이 되도록 설정하시오.
6) 예제 5-6과 같은 방법으로 한계 입력주파수 f_c와 출력전압의 정(+), 부(-)의 첨두값을 계산하여 그 결과를 표 5-9의 계산값에 기록하시오.
7) 오실로스코프의 CH2를 회로의 출력에 연결하고 수직설정에서 입력 커플링을 접지(GND)로 선택하여 0V 접지레벨이 화면의 수평축 상에 오도록 수직위치를 조절한 다음, 입력 커플링을 다시 교류(AC)로 변경하시오.
8) 오실로스코프의 CH2에 나타난 출력전압의 정(+)의 첨두값과 부(-)의 첨두값을 측정한 다음 그 결과를 표 5-9의 측정값에 기록하시오.
9) 가변저항을 조절하여 저항값을 서서히 가감시키면서 CH2에 나타난 미분결과인 출력파형의 변화를 관찰하시오.
10) 오실로스코프의 CH1에 나타난 미분기의 입력파형과 CH2에 나타난 미분결과의 출력파형을 다음의 그래프 상에 함께 그리시오.
11) 파형발생기의 진폭을 조절하여 입력신호의 첨두전압을 $2V_{pp}$로 변경한 다음 앞의 5)에서 9)까지의 실험과정을 반복하시오.

실험결과 보고서

학번 : 성명 :

1. 제목 : 미분회로
2. 회로도

3. 실험결과

1) 입/출력 파형

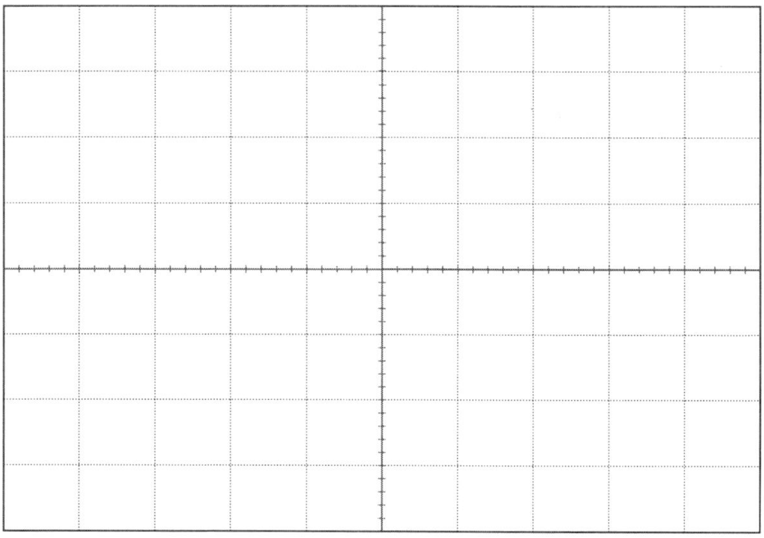

CH1 : v/Div M : sec/Div

2) 입/출력 데이터

표 5-9

한계 입력주파수 f_c		[Hz]	
입력전압의 첨두값 V_{pi}	출력전압 V_{out}		
	첨두값	계산값	측정값
1[V]	정(+)	[V]	[V]
	부(-)	[V]	[V]
2[V]	정(+)	[V]	[V]
	부(-)	[V]	[V]

5-8 필터회로

필터회로란 신호에 포함되어 있는 불필요한 주파수 성분의 신호를 제거하고, 필요한 성분을 통과시키는 회로이다. 필터에서 통과시키는 주파수 대역을 통과대역(pass band), 그 이외의 감쇠를 받는 대역을 감쇠대역(attenuation band)이라 한다. 기존에는 L과 C의 조합으로만 구성한 수동필터(passive filter)를 사용하였지만 현재는 고성능의 연산증폭기를 염가에 구입할 수 있게 되어 연산증폭기를 수동소자인 RC 등과 함께 구성하여 귀환증폭기에 의해서 필터의 특성을 실현하는 능동필터(active filter)가 널리 사용되고 있다.

이상적인 필터의 특성은

① 통과대역 내의 주파수 특성은 평탄하고 편차가 없을 것
② 감쇠대역은 차단특성이 급격하여 감쇠량이 클 것
③ 통과대역의 위상특성은 주파수에 대하여 되도록이면 직선적으로 변화할 것

등이다. 필터는 통과대역과 감쇠대역의 관계에 따라 저역통과 필터(LPF), 고역통과 필터(HPF), 대역통과 필터(BPF), 대역제거 필터(BRF)의 4종류로 분류할 수 있다.

필터의 각 종류(저역통과, 고역통과, 대역통과, 대역제거)는 회로소자값 즉, RC 값이나 연산증폭기의 증폭율을 어떻게 정하는 가에 따라 응답특성에 차이가 발생한다. 필터의 대표적인 응답특성으로는 버터워스, 체비세프, 베셀의 3가지가 있으며 이런 특성은 그림 5-44와 같이 응답곡선의 모양으로 구분할 수 있고 각각의 장단점을 갖고 있다.

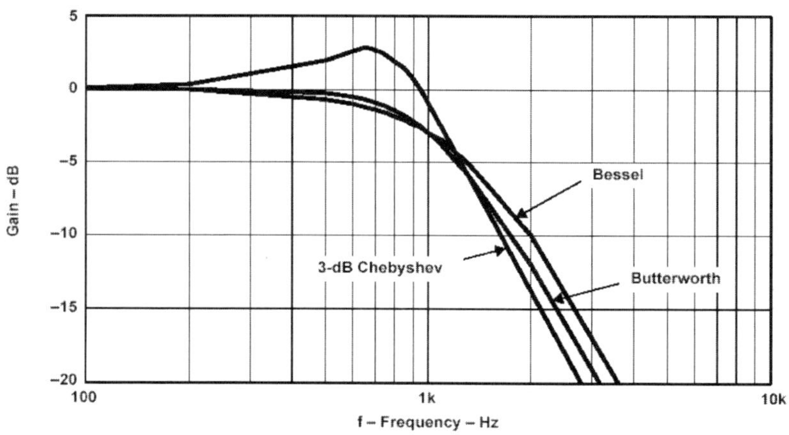

그림 5-44 필터의 세 가지 응답특성

1) 버터워스(Butterworth) 특성

최대 평탄특성이라고 하며 진폭특성을 중시한 필터이다. 필터의 출력진폭과 주파수의 관계는 통과대역 내에서는 요철이 없는 평탄한 특성으로 차단주파수 앞에서 단조롭게 감소한다. 차단주파수에서 진폭은 보통 -3[dB]이다. 파형의 전송에 관계가 있는 지연특성은 차단주파수 부근에서 피크를 갖고 있지만 낮은 주파수로 거의 평탄하다.

2) 체비셰프(Chebyshev) 특성

통과대역 내에서 다소의 리플을 허용하는 것에 의해서 차단 특성을 급격히 하여 통과대역을 넓게 하는 목적을 충족시키는 특성을 갖는 필터로 지연특성은 리플이 있고 차단주파수 부근에서는 큰 피크를 갖는다. 차단주파수는 설정한 최대 리플폭을 최초로 넘는 점이다.

3) 베셀(Bessel) 특성

위상특성을 중시한 파형의 전송 왜곡을 최소로 억제한 필터로 차단주파수 부근의 감쇠특성은 아주 완만하다. 지연특성은 주파수에 비례하고 펄스 응답특성은 오버슈트나 링깅이 없는 특성을 갖고 있다. 차단주파수에서의 진폭은 통과대역에서 3[dB] 감쇠한 점이다.

이러한 각 응답특성의 차이를 같은 차수의 필터에 대해 비교하면 표 5-10과 같다.

표 5-10 필터 응답특성의 비교

응답특성	통과대역 특성	감쇠 특성	과도응답 특성
버터워스	평탄	중간	거의 오버슈트가 있음
체비셰프	균일한 진폭	급격히 감쇠대역으로 이행	링깅(linging)이 큼
베셀	서서히 감쇠대역으로 이행	완만함	오버슈트가 없고 완만함

1. 저역통과필터(LPF : Low-Pass Filter)

통과대역이 차단주파수보다 낮은 주파수대역의 것으로 높은 주파수는 통과시키지 않는다. 통과대역과 감쇠대역의 한계 주파수를 차단주파수(f_c, cut-off frequency)라 하며 그림 5-45 (a)와 같이 0Hz로부터 출력전압이 통과대역의 70.7%되는 점으로 선정된다.

이 필터의 대역폭 BW은 다음과 같다.

$$BW = f_c \tag{5-42}$$

그림 5-45 (b)는 몇 개의 기울기를 갖는 이상적인 저역통과필터의 응답곡선을 나타낸 것이다. -20dB/decade는 한 개의 저항과 콘덴서로 구성된 한 개의 RC쌍으로 얻어진다. 기울기를 더 급하게 하려면 더 많은 RC회로가 필요하다. 이 하나의 RC쌍을 극(pole)이라 한다.

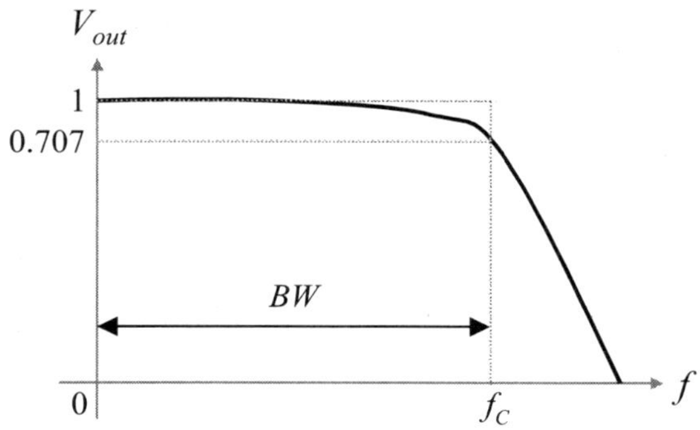

(a)

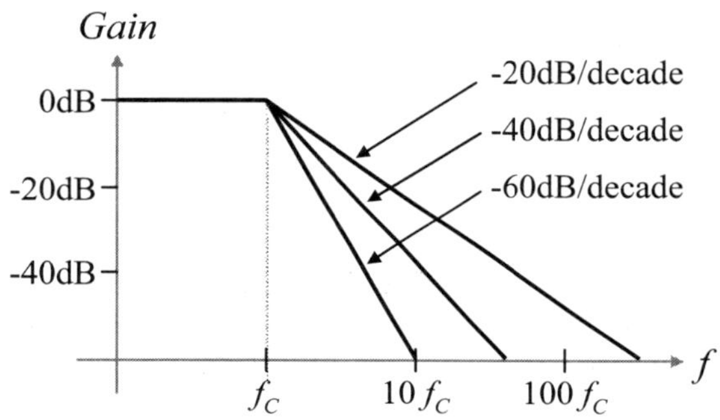

(b)

그림 5-45 저역통과필터 응답

1) 1차 필터

그림 5-46은 차단주파수 f_c를 넘으면 -20dB/decade의 기울기를 갖는 RC 주파수 선택회로가 있는 능동 단극 저역통과필터이다. 1차 저역통과필터의 차단주파수는 $f_c = \dfrac{1}{2\pi RC}$이다.

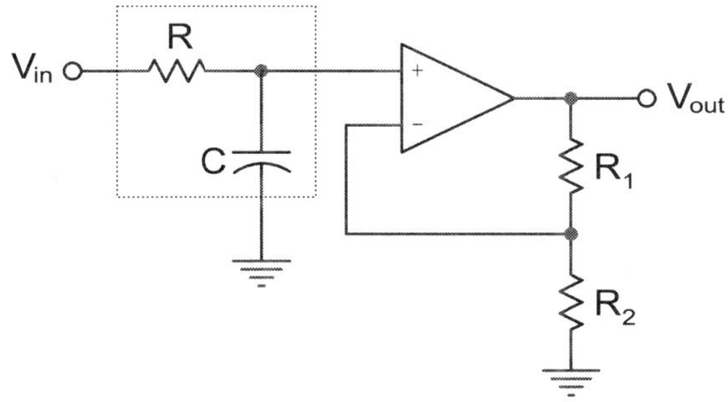

그림 5-46 1차 저역통과필터

여기서 연산증폭기는 통과대역에서 귀환저항 R_1과 R_2값에 의해 폐루프이득이 결정되는 부귀환을 갖는 비반전 증폭기이다. 폐루프 전압이득은

$$A_{cl} = \frac{R_1}{R_2} + 1 \tag{5-43}$$

가 되므로 귀환저항 R_1과 R_2를 제거하면 전압이득이 1인 저역통과필터를 얻을 수 있다.

2) 2차 저역통과필터

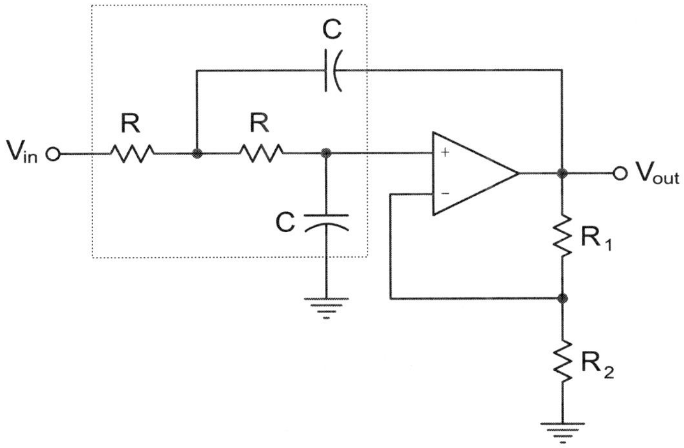

그림 5-47 2차 저역통과필터

2차(쌍극) 저역통과필터의 가장 일반적인 형태가 그림 5-47과 같이 2개의 RC쌍을 갖는 Sallen-Key 또는 VCVS(voltage-controlled voltage source) 필터이다. 2차 저역통과필터의 차단 주파수 f_c는 다음 식과 같다.

$$f_c = \frac{1}{2\pi RC} \tag{5-44}$$

댐핑계수가 저항 R_1과 R_2의 비에 의해 결정되므로 버터워스, 체비셰프, 혹은 베셀 필터응답 중의 하나를 나타낸다. 2차 버터워스 응답을 가지려면 댐핑계수가 1.414, 저항비 $\frac{R_1}{R_2}$가 0.586 이어야 한다.

예제 5-7

그림 5-48 저역통과필터의 차단주파수를 구하고 버터워스 응답을 갖기 위한 저항 R_1값을 결정하시오.

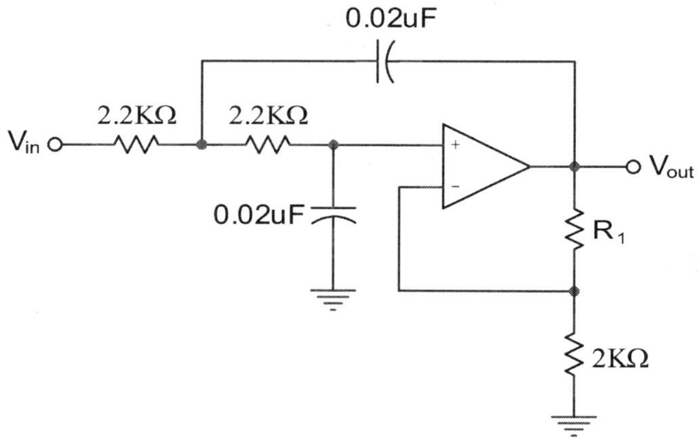

그림 5-48 연산증폭기 회로

$R = 2.2\text{k}\Omega$ 이고 $C = 0.02\mu\text{F}$ 이므로 차단주파수는

$$f_c = \frac{1}{2\pi \cdot 2.2\times 10^3 \cdot 2\times 10^{-8}} = \frac{10^5}{8.8\pi} = 3.617[\text{kHz}]$$

버터워스 응답특성을 갖기 위해서 $\frac{R_1}{R_2} = 0.586$ 이어야 하므로

$$R_1 = 0.586R_2 = 0.586 \cdot 2\times 10^3 = 1172[\Omega]$$

가장 가까운 표준저항 값인 $1.2\text{k}\Omega$을 선택한다.

[실험 5-8] 저역통과필터 실험

1. 실험 목적

1) 저역통과필터 회로의 동작을 이해한다.
2) 2차 버터워스형 저역통과필터에서 차단주파수의 계산 및 측정방법을 습득하고, 입력신호의 주파수 변화에 따른 출력전압의 진폭변화 등 응답특성을 관찰한다.

2. 실험 기기 및 부품

1) 파형발생기 : 전압 $1V_{pp}$, 정현파 1채널
2) 오실로스코프 : 2채널
3) 디지털 멀티미터 : 1대
4) 직류전원장치 : ±15V 2채널
5) 만능 조립기판 : 1대
6) 연산증폭기 : LM741(8핀 DIP) 1개
7) 저항 : 10kΩ/0.25W 3개, 5.8kΩ/0.25W 1개
8) 필름콘덴서 : 0.01㎌ 2개

3. 실험 방법

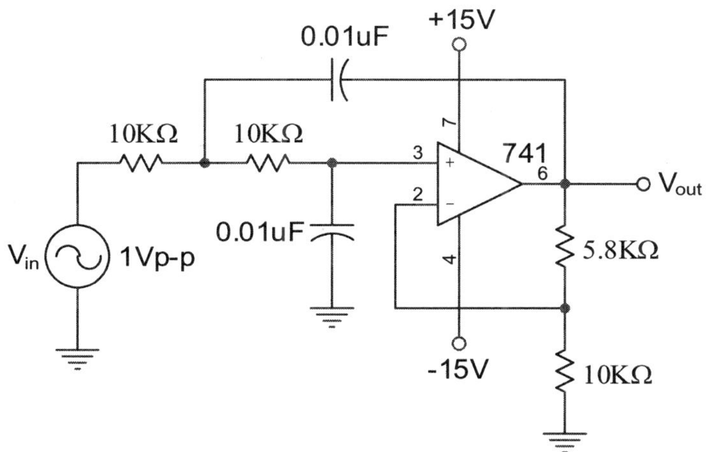

그림 5-49 2차 버터워스형 저역통과필터 실험회로

1) 그림 5-49의 2차 버터워스형 저역통과필터 회로를 만능 조립기판에 구성하시오. 이때 입력 V_{in} 에 해당하는 파형발생기의 파형은 정현파로 선택하시오.
2) 예제 5-7과 같은 방법으로 차단주파수 f_c를 계산하여 그 결과를 표 5-10의 계산값에 기록하시오.
3) 오실로스코프의 CH1을 회로의 입력에 연결하고 수직설정에서 입력 커플링을 접지(GND)로 선택하여 0V 접지레벨이 화면의 수평축 상에 오도록 수직위치를 조절한 다음, 입력 커플링을 다시 교류(AC)로 변경하시오.
4) 오실로스코프의 화면에 2~3 주기의 신호파형이 나타나도록 오실로스코프의 시간 스케일과 화면에 최대 진폭의 신호파형이 나타나도록 오실로스코프의 전압 스케일을 조정하시오.
5) 오실로스코프의 CH1을 사용하여 측정한 입력신호 V_{in} 의 첨두전압이 $1V_{pp}$, 주파수가 100Hz가 되도록 파형발생기의 진폭과 주파수를 정확히 조절하시오. 그러면 입력전압은 ±1V의 정현파 교류전압이 된다.
6) 오실로스코프의 CH2를 회로의 출력에 연결하고 수직설정에서 입력 커플링을 접지(GND)로 선택하여 0V 접지레벨이 화면의 수평축 상에 오도록 수직위치를 조절한 다음, 입력 커플링을 다시 교류(AC)로 변경하시오.
7) 오실로스코프의 CH2에 나타난 출력전압의 첨두값과 주파수를 측정한 다음 전압이득을 계산하여 그 결과들을 표 5-10에 기록하시오.
8) 파형발생기를 조절하여 표 5-10의 나머지 7개의 입력신호 주파수에 대해 앞의 실험과정 7)을 반복하시오.
9) 출력전압이 통과대역 전압의 70.7%가 되는 순간의 입력주파수가 되도록 차단주파수를 찾아내어 표 5-10의 측정값에 기록하시오.
10) 저역통과필터의 입력주파수가 각각 100Hz, 1.6KHz, 10KHz일 때의 오실로스코프의 CH1에 나타난 입력파형과 CH2에 나타난 출력파형을 다음의 그래프 상에 함께 그리시오.

실험결과 보고서

학번 : 성명 :

1. 제목 : 저역통과필터
2. 회로도

3. 실험결과

1) 입/출력 파형

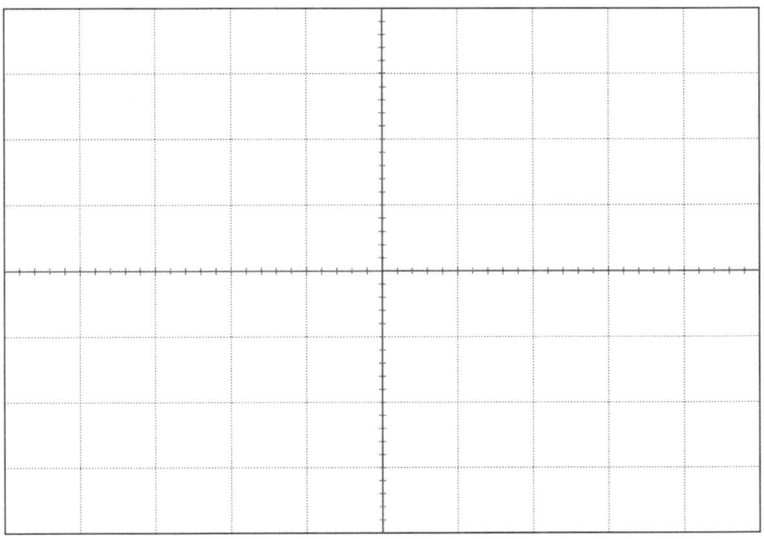

CH1 : v/Div M : sec/Div

2) 입/출력 데이터

표 5-10

차단주파수 f_c	계산값		측정값
	[Hz]		[Hz]
입력 주파수	출력전압 첨두값	전압이득	출력 주파수
100[Hz]	[V]		[Hz]
400[Hz]	[V]		[Hz]
800[Hz]	[V]		[Hz]
1[KHz]	[V]		[Hz]
1.6[KHz]	[V]		[Hz]
2[KHz]	[V]		[Hz]
4[KHz]	[V]		[Hz]
10[KHz]	[V]		[Hz]

2. 고역통과필터(HPF : High-Pass Filter)

통과대역이 차단주파수보다 높은 주파수대역의 것으로, 낮은 주파수는 통과시키지 않는다. 물론 차단주파수는 그림 5-50 (a)와 같이 출력이 통과 주파수 대역의 70.7 %되는 경우의 주파수이다. 그림 5-50 (b)는 몇 개의 다른 기울기를 갖는 고역통과필터의 응답을 나타낸 것이다. 고역통과필터의 응답은 차단주파수에서 연산증폭기에 의해 결정되는 주파수까지 계속된다.

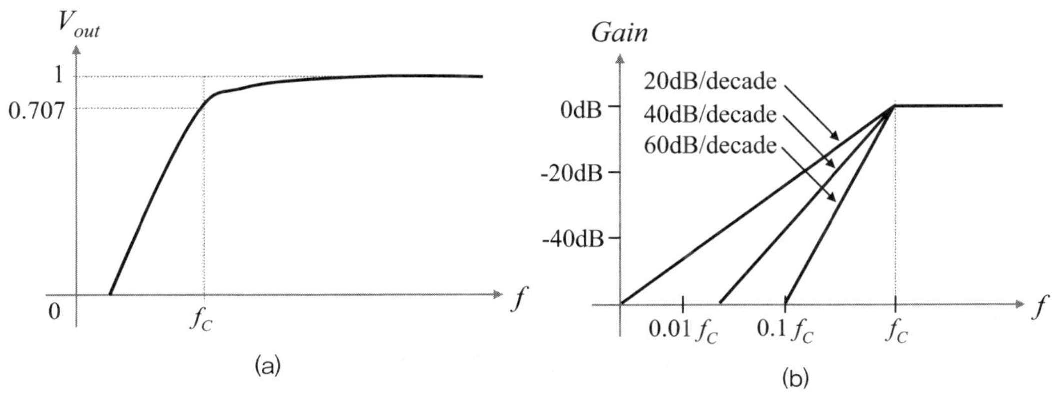

그림 5-50 고역통과필터 응답

1) 1차 필터

그림 5-51은 차단주파수보다 작으면 20dB/decade의 기울기를 갖는 RC 주파수 선택회로가 있는 능동 단극 고역통과필터이다. 저역통과필터와 마찬가지로 부귀환회로를 갖는다.

모든 연산증폭기는 높은 주파수에서 응답을 제한하는 내부의 RC회로를 가지므로 고역통과필터의 응답을 제한하는 상한주파수가 있어 마치 넓은 대역폭을 갖는 대역통과필터와 같이 생각할 수 있다. 대부분의 응용에서 내부의 높은 제한 주파수는 고역통과필터의 차단주파수보다 훨씬 크다.

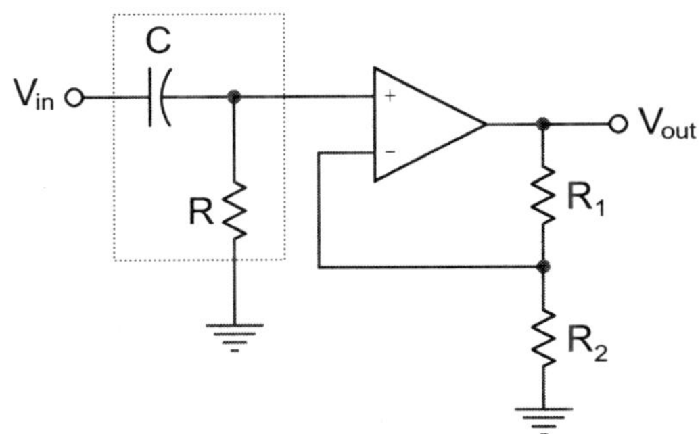

그림 5-51 1차 고역통과필터

2) 2차 고역통과필터

그림 5-52는 Sallen-Key 2차 고역통과필터이다. 그림에서 보는 바와 같이 저항과 콘덴서의 위치가 저역통과필터와는 반대이고, 마찬가지로 귀환저항 R_1과 R_2의 선택에 따라 필터의 응답특성이 달라진다. 여기서 귀환저항 R_1과 R_2를 제거하면 전압이득이 1인 2차 고역통과필터를 얻을 수 있다.

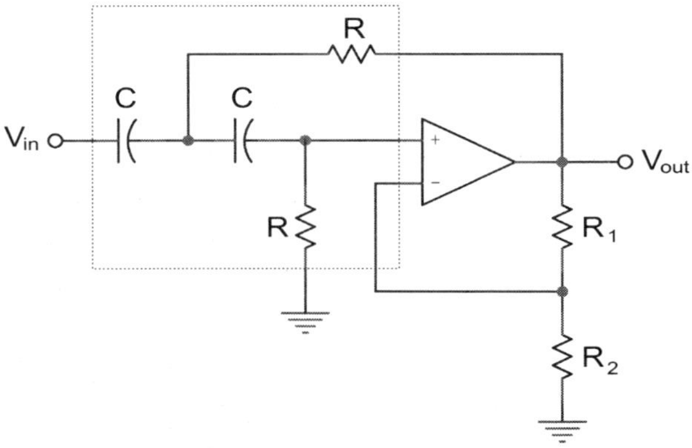

그림 5-52 2차 고역통과필터

2차 고역통과필터는 저역통과필터의 경우와 마찬가지로 차단 주파수가 $f_c = \dfrac{1}{2\pi RC}$ 이고, 2차 버터워스 응답을 가지려면 댐핑계수가 1.414, 저항비 $\dfrac{R_1}{R_2}$가 0.586이어야 한다.

예제 5-8

그림 5-53의 고역통과필터가 차단주파수가 10kHz인 2차 버터워스응답을 갖기 위한 콘덴서 C 및 저항 R_2값을 결정하시오.

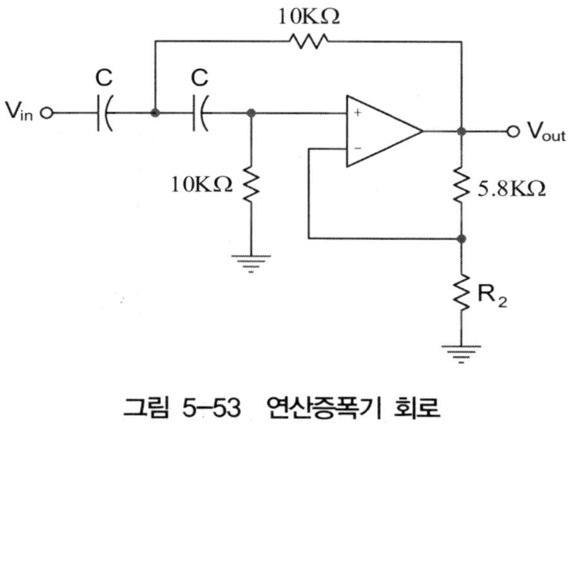

그림 5-53 연산증폭기 회로

$R=10\text{k}\Omega$ 이고 차단주파수 $f_c=10\text{kHz}$ 이므로 콘덴서 값은

$$C=\frac{1}{2\pi Rf_c}=\frac{1}{2\pi\cdot 10\times 10^3\cdot 10\times 10^3}=\frac{10^{-8}}{2\pi}$$

$$=0.0016[\mu\text{F}]$$

$R=5.8\text{k}\Omega$ 이고, 고역통과필터가 버터워스 응답특성을 갖기 위해서 $\frac{R_1}{R_2}=0.586$ 이어야 하므로

$$R_2=\frac{R_1}{0.586}=\frac{5.8\times 10^3}{0.586}=9.897[\text{K}\Omega]$$

가장 가까운 표준저항 값인 $10\text{k}\Omega$을 선택한다.

[실험 5-9] 고역통과필터 실험

1. 실험 목적

1) 고역통과필터 회로의 동작을 이해한다.
2) 2차 버터워스형 고역통과필터에서 차단주파수의 계산 및 측정방법을 습득하고, 입력신호의 주파수 변화에 따른 출력전압의 진폭변화 등 응답특성을 관찰한다.

2. 실험 기기 및 부품

1) 파형발생기 : 전압 $1V_{pp}$, 정현파 채널
2) 오실로스코프 : 2채널
3) 디지털 멀티미터 : 1대
4) 직류전원장치 : ±15V 2채널
5) 만능 조립기판 : 1대
6) 연산증폭기 : LM741(8핀 DIP) 1개
7) 저항 : 4.7kΩ/0.25W 3개, 2.8kΩ/0.25W 1개
8) 필름콘덴서 : 2.2nF 2개

3. 실험 방법

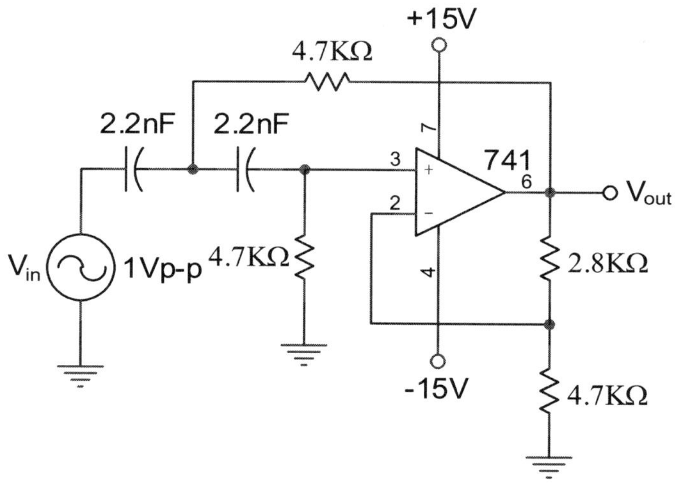

그림 5-54 2차 버터워스형 고역통과필터 실험회로

1) 그림 5-54의 2차 버터워스형 고역통과필터 회로를 만능 조립기판에 구성하시오. 이때 입력 V_{in} 에 해당하는 파형발생기의 파형은 정현파로 선택하시오.
2) 예제 5-8과 같은 방법으로 차단주파수 f_c를 계산하여 그 결과를 표 5-11의 계산값에 기록하시오.
3) 오실로스코프의 CH1을 회로의 입력에 연결하고 수직설정에서 입력 커플링을 접지(GND)로 선택하여 0V 접지레벨이 화면의 수평축 상에 오도록 수직위치를 조절한 다음, 입력 커플링을 다시 교류(AC)로 변경하시오.
4) 오실로스코프의 화면에 2~3 주기의 신호파형이 나타나도록 오실로스코프의 시간 스케일과 화면에 최대 진폭의 신호파형이 나타나도록 오실로스코프의 전압 스케일을 조정하시오.
5) 오실로스코프의 CH1을 사용하여 측정한 입력신호 V_{in} 의 첨두전압이 $1V_{pp}$, 주파수가 200Hz가 되도록 파형발생기의 진폭과 주파수를 정확히 조절하시오. 그러면 입력전압은 ±1V의 정현파 교류전압이 된다.
6) 오실로스코프의 CH2를 회로의 출력에 연결하고 수직설정에서 입력 커플링을 접지(GND)로 선택하여 0V 접지레벨이 화면의 수평축 상에 오도록 수직위치를 조절한 다음, 입력 커플링을 다시 교류(AC)로 변경하시오.
7) 오실로스코프의 CH2에 나타난 출력전압의 첨두값과 주파수를 측정한 다음 전압이득을 계산하여 그 결과들을 표 5-11에 기록하시오.
8) 파형발생기를 조절하여 표 5-11의 나머지 7개의 입력신호 주파수에 대해 앞의 실험과정 7)을 반복하시오.
9) 출력전압이 통과대역 전압의 70.7%가 되는 순간의 입력주파수가 되도록 차단 주파수를 찾아내어 표 5-11의 측정값에 기록하시오.
10) 고역통과필터의 입력주파수가 각각 200Hz, 15KHz, 100KHz일 때의 오실로스코프의 CH1에 나타난 입력파형과 CH2에 나타난 출력파형을 다음의 그래프 상에 함께 그리시오.

실험결과 보고서

학번 : 성명 :

1. 제목 : 고역통과필터
2. 회로도

3. 실험결과

1) 입/출력 파형

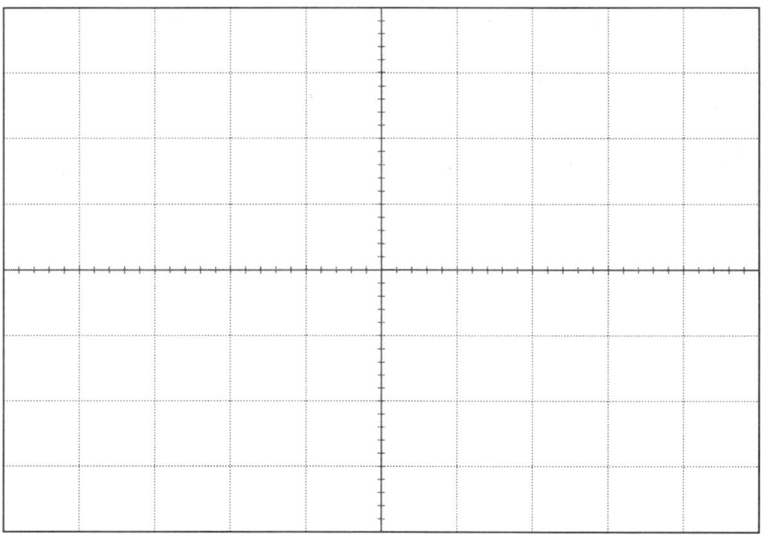

CH1 : v/Div M : sec/Div

2) 입/출력 데이터

표 5-11

차단주파수 f_c	계산값		측정값
	[Hz]		[Hz]
입력 주파수	출력전압 첨두값	전압이득	출력 주파수
200[Hz]	[V]		[Hz]
1[KHz]	[V]		[Hz]
5[KHz]	[V]		[Hz]
10[KHz]	[V]		[Hz]
15[KHz]	[V]		[Hz]
20[KHz]	[V]		[Hz]
50[KHz]	[V]		[Hz]
100[KHz]	[V]		[Hz]

3. 대역통과필터(BPF : Band-Pass Filter)

대역통과필터는 상한과 하한 주파수 제한 범위 내의 모든 신호를 통과시키고 그 외의 모든 신호는 억제하거나 약화시킨다. 그림 5-55는 일반화된 대역통과필터의 응답곡선이다. 2가지의 차단주파수가 있으므로 저역 차단주파수 f_{CL}과 고역 차단주파수 f_{CH}로 나타낸다.

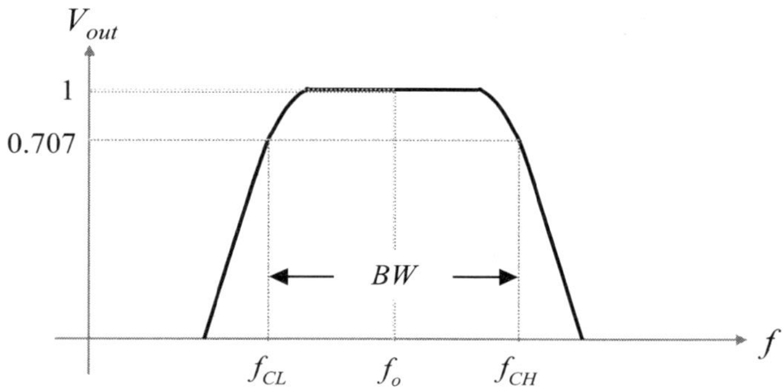

그림 5-55 대역통과필터 응답

대역폭은 고역 차단주파수와 저역 차단주파수의 차로 정의된다.

$$BW = f_{CH} - f_{CL} \tag{5-45}$$

1) 저역통과필터와 고역통과필터를 직렬 연결한 대역통과필터

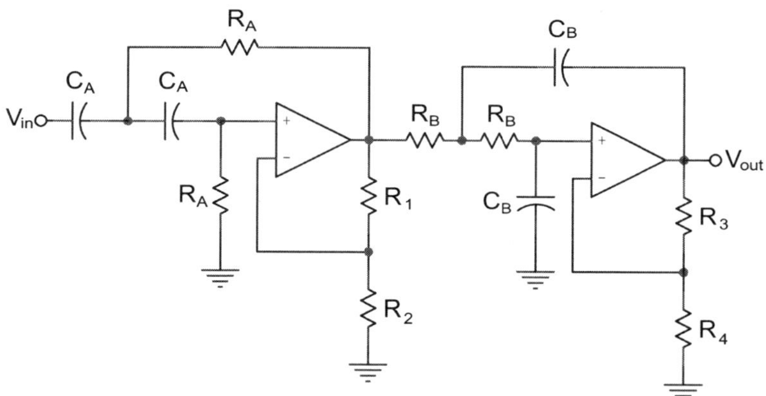

그림 5-56 직렬접속 대역통과필터

그림 5-56은 앞 절의 저역통과필터와 고역통과필터를 직렬로 연결하여 구현한 대역통과필터이다. 단, 고역통과필터의 차단주파수가 저역통과필터의 차단주파수보다 충분히 적어야 한다.

통과대역의 낮은 주파수 f_{CL}은 고역통과필터의 차단주파수이고 높은 주파수 f_{CH}는 저역통과필터의 차단주파수이며 $\frac{1}{2\pi RC}$ 이다.

중심주파수 f_o는 두 차단주파수의 기하평균으로 다음 식과 같이 제곱근으로 정의한다.

$$f_o = \sqrt{f_{CL} \cdot f_{CH}} \tag{5-46}$$

2) 이중귀환 대역통과필터

그림 5-57은 또 다른 필터의 하나인 이중귀환 대역통과필터이다. R_2와 C를 통해서 두 개의 부귀환회로가 형성되고 C귀환회로에 R_1과 R_3가 병렬로 연결된다. R_1과 귀환콘덴서 C는 저역통과응답을, R_2와 C는 고역통과응답을 나타낸다.

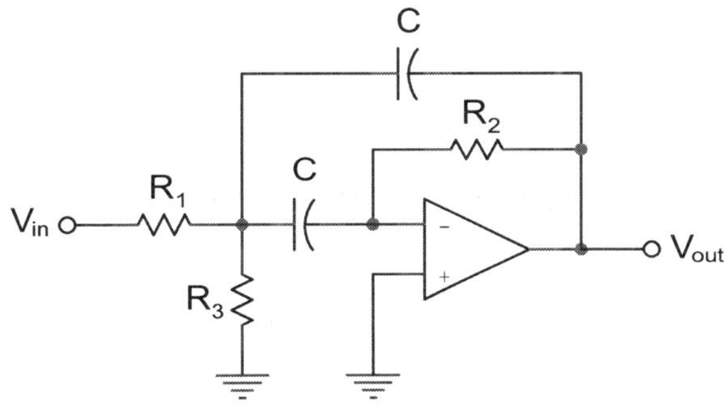

그림 5-57 이중귀환 대역통과필터

중심주파수는 다음과 같이 구해진다.

$$f_o = \frac{1}{2\pi C}\sqrt{\frac{R_1 + R_3}{R_1 R_2 R_2}} \tag{5-47}$$

중심주파수에서 이득 A_o은 최대가 된다.

$$A_o = \frac{R_2}{2R_1} \tag{5-48}$$

대역통과필터의 선택도를 나타내는 품질계수(quality factor) Q는 중심주파수와 대역폭과의 비로 정의된다.

$$Q = \frac{f_o}{BW} \tag{5-49}$$

Q 값이 크면 클수록 대역폭이 좁아지고 f_o에 대한 선택도도 좋아진다. 다시 Q에 대해 정리하면 다음과 같다.

$$Q = \pi f_o C R_2 \tag{5-50}$$

예제 5-9

그림 5-58의 이중귀환 대역통과필터에 대한 중심주파수, 최대이득과 대역폭을 구하시오.

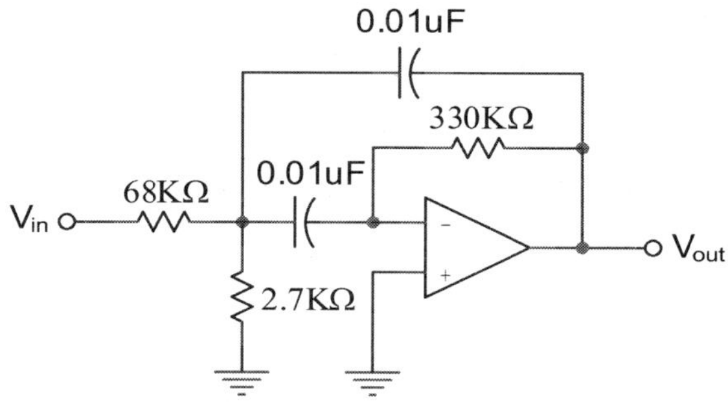

그림 5-58 연산증폭기 회로

$R_1 = 68\text{k}\Omega,\ R_2 = 330\text{k}\Omega,\ R_3 = 2.7\text{k}\Omega,\ C = 0.1\mu\text{F}$ 이므로 중심주파수는

$$f_o = \frac{1}{2\pi C}\sqrt{\frac{R_1 + R_3}{R_1 R_2 R_3}} = \frac{1}{2\pi \cdot 10^{-8}}\sqrt{\frac{6.8\times 10^4 + 2.7\times 10^3}{6.8\times 10^4 \cdot 3.3\times 10^5 \cdot 2.7\times 10^3}}$$

$$= 544[\text{Hz}]$$

최대이득은

$$A_o = \frac{R_2}{2R_1} = \frac{3.3\times 10^5}{2 \cdot 6.8\times 10^4} = 2.43$$

품질계수는

$$Q = \pi f_o C R_2 = 3.14 \cdot 544 \cdot 10^{-8} \cdot 3.3\times 10^5 = 5.64$$

대역폭은 $Q = \dfrac{f_o}{BW}$ 로부터

$$BW = \frac{f_o}{Q} = \frac{544}{5.64} = 96[\text{Hz}]$$

[실험 5-10] 대역통과필터 실험

1. 실험 목적

1) 대역통과필터 회로의 동작을 이해한다.
2) 이중귀환 대역통과필터에서 중심주파수, 최대이득 및 대역폭의 계산 및 측정방법을 습득하고, 입력신호의 주파수 변화에 따른 출력전압의 진폭변화 등 응답특성을 관찰한다.

2. 실험 기기 및 부품

1) 파형발생기 : 정현파, 전압 $1V_{pp}$, 정현파 1채널
2) 오실로스코프 : 2채널
3) 디지털 멀티미터 : 1대
4) 직류전원장치 : ±15V 2채널
5) 만능 조립기판 : 1대
6) 연산증폭기 : LM741(8핀 DIP) 1개
7) 저항 : 2.7kΩ/0.25W, 68kΩ/0.25W, 180kΩ/0.25W 각 1개
8) 필름콘덴서 : 0.01㎌ 2개

3. 실험 방법

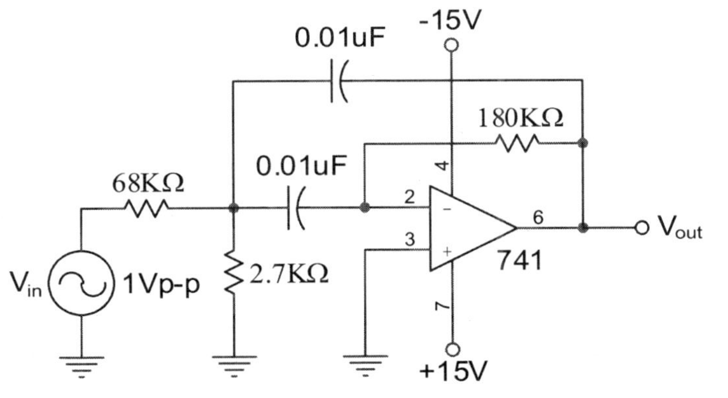

그림 5-59 이중귀환 대역통과필터 실험회로

1) 그림 5-59의 이중귀환 대역통과필터 회로를 만능 조립기판에 구성하시오. 이때 입력 V_{in} 에 해당하는 파형발생기의 파형은 정현파로 선택하시오.
2) 예제 5-9와 같은 방법으로 중심주파수 f_o, 최대이득 A_o, 대역폭 BW, 저역 차단주파수 f_{CL}, 고역 차단주파수 f_{CH}를 계산하여 그 결과를 표 5-12의 계산값에 기록하시오.
3) 오실로스코프의 CH1을 회로의 입력에 연결하고 수직설정에서 입력 커플링을 접지(GND)로 선택하여 0V 접지레벨이 화면의 수평축 상에 오도록 수직위치를 조절한 다음, 입력 커플링을 다시 교류(AC)로 변경하시오.
4) 오실로스코프의 화면에 2～3 주기의 신호파형이 나타나도록 오실로스코프의 시간 스케일과 화면에 최대 진폭의 신호파형이 나타나도록 오실로스코프의 전압 스케일을 조정하시오.
5) 오실로스코프의 CH1을 사용하여 측정한 입력신호 V_{in} 의 첨두전압이 $1V_{pp}$, 주파수가 200Hz가 되도록 파형발생기의 진폭과 주파수를 정확히 조절하시오. 그러면 입력전압은 ±1V의 정현파 교류전압이 된다.
6) 오실로스코프의 CH2를 회로의 출력에 연결하고 수직설정에서 입력 커플링을 접지(GND)로 선택하여 0V 접지레벨이 화면의 수평축 상에 오도록 수직위치를 조절한 다음, 입력 커플링을 다시 교류(AC)로 변경하시오.
7) 오실로스코프의 CH2에 나타난 출력전압의 첨두값과 주파수를 측정한 다음 전압이득을 계산하여 그 결과들을 표 5-12에 기록하시오.
8) 파형발생기를 조절하여 표 5-12의 나머지 4개의 입력신호 주파수에 대해 앞의 실험과정 7)을 반복하시오.
9) 출력전압이 통과대역 내에서 최대가 되는 최대이득 A_o와 그 순간의 입력주파수인 중심주파수 f_o를 찾아내어 표 5-12의 측정값에 기록하시오.
10) 출력전압이 통과대역 전압의 70.7%가 되는 순간의 입력주파수가 되도록 저역 차단주파수 f_{CL} 및 고역 차단주파수 f_{CH}를 찾아내고 대역폭 BW을 계산하여 표 5-12의 측정값에 기록하시오.
11) 고역통과필터의 입력주파수가 각각 200Hz, 736Hz, 1KHz일 때의 오실로스코프의 CH1에 나타난 입력파형과 CH2에 나타난 출력파형을 다음의 그래프 상에 함께 그리시오.

실험결과 보고서

학번 : 성명 :

1. 제목 : 대역통과필터
2. 회로도

3. 실험결과

1) 입/출력 파형

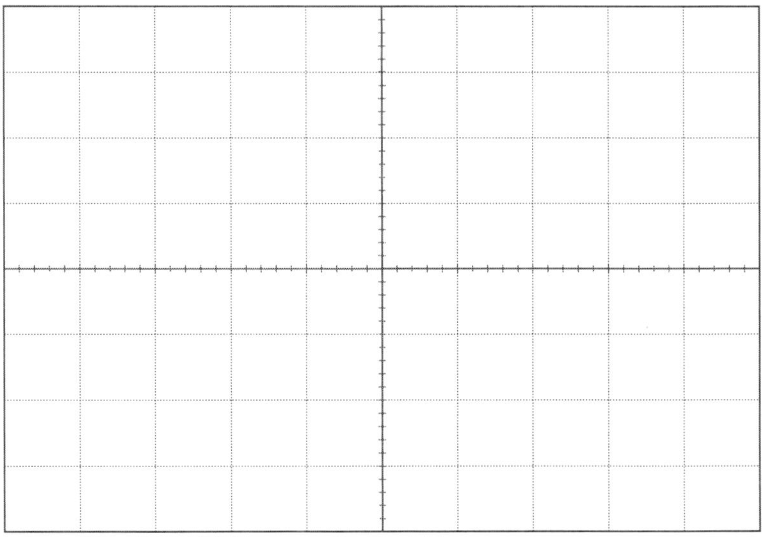

CH1 : v/Div M : sec/Div

2) 입/출력 데이터

표 5-12

<table>
<tr><th colspan="2">대역통과필터</th><th>계산값</th><th>측정값</th></tr>
<tr><td colspan="2">중심주파수 f_o</td><td>[Hz]</td><td>[Hz]</td></tr>
<tr><td colspan="2">최대이득 A_o</td><td></td><td></td></tr>
<tr><td colspan="2">대역폭 BW</td><td>[Hz]</td><td>[Hz]</td></tr>
<tr><td colspan="2">저역 차단주파수 f_{CL}</td><td>[Hz]</td><td>[Hz]</td></tr>
<tr><td colspan="2">고역 차단주파수 f_{CH}</td><td>[Hz]</td><td>[Hz]</td></tr>
<tr><td>입력 주파수</td><td>출력전압 첨두값</td><td>전압이득</td><td>출력 주파수</td></tr>
<tr><td>200[Hz]</td><td>[V]</td><td></td><td>[Hz]</td></tr>
<tr><td>648[Hz]</td><td>[V]</td><td></td><td>[Hz]</td></tr>
<tr><td>736[Hz]</td><td>[V]</td><td></td><td>[Hz]</td></tr>
<tr><td>825[Hz]</td><td>[V]</td><td></td><td>[Hz]</td></tr>
<tr><td>1[KHz]</td><td>[V]</td><td></td><td>[Hz]</td></tr>
</table>

4. 대역제거필터(BRF : Band-Reject Filter)

능동필터의 다른 하나가 노치필터, 대역저지필터 또는 대역소거필터로 불리는 대역제거필터이다. 이는 대역통과필터와는 반대로 어떤 특정 주파수 대역만을 감쇠시키거나 억제하고 그 외 대역폭 내의 모든 주파수의 신호는 통과시키는 필터이다. 전원이나 모터 등에서 발생하는 Noise는 60Hz나 400Hz에서 많이 일어나는데 대역제거필터를 사용하면 이를 제거할 수 있다. 그림 5-60은 일반적인 대역제거필터의 응답곡선이다. 대역폭은 출력이 통과 주파수대역의 70.7% 되는 점 사이의 주파수 대역으로 정의한다.

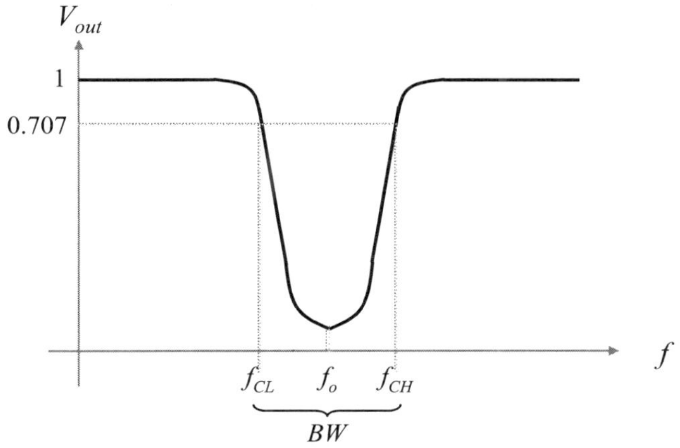

그림 5-60 대역제거 필터 응답

그림 5-61은 이중귀환 대역제거필터로 그림 5-57의 이중귀환 대역통과필터에서 R_3가 이동되고 R_4가 추가된 것을 제외하면 같은 구성이다.

이중귀환 대역제거필터의 중심주파수는

$$f_o = \frac{1}{2\pi C\sqrt{R_1 R_2}} \tag{5-51}$$

이고, 대역폭은 다음과 같이 구해진다.

$$BW = \frac{1}{\pi R_2 C} \tag{5-52}$$

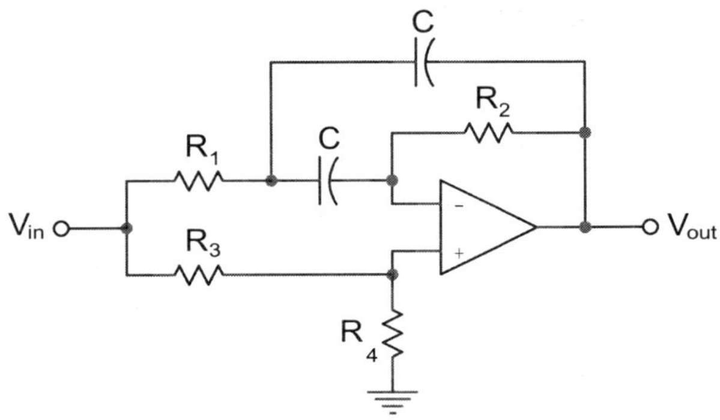

그림 5-61 이중궤환 대역제거필터

[실험 5-11] 대역제거필터 실험

1. 실험 목적

1) 대역제거필터 회로의 동작을 이해한다.
2) 이중귀환 대역제거필터에서 중심주파수 및 대역폭의 계산 및 측정방법을 습득하고, 입력신호의 주파수 변화에 따른 출력전압의 진폭변화 등 응답특성을 관찰한다.

2. 실험 기기 및 부품

1) 파형발생기 : 전압 $1V_{pp}$, 정현파 1채널
2) 오실로스코프 : 2채널
3) 디지털 멀티미터 : 1대
4) 직류전원장치 : ±15V 2채널
5) 만능 조립기판 : 1대
6) 연산증폭기 : LM741(8핀 DIP) 1개
7) 저항 : 1kΩ/0.25W, 3.9kΩ/0.25W, 47kΩ/0.25W, 390kΩ/0.25W 각 1개
8) 필름콘덴서 : 0.01㎌ 2개

3. 실험 방법

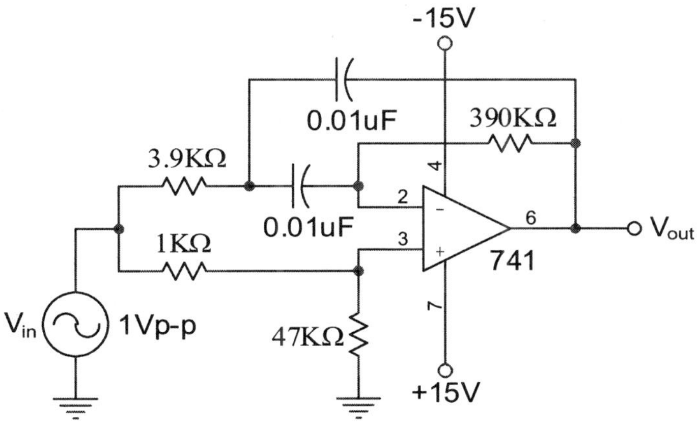

그림 5-62 이중귀환 대역제거필터 실험회로

1) 그림 5-62의 이중귀환 대역제거필터 회로를 만능 조립기판에 구성하시오. 이때 입력 V_{in} 에 해당하는 파형발생기의 파형은 정현파로 선택하시오.
2) 식(5-51)에 의해 중심주파수 f_o와 식(5-52)에 의해 대역폭 BW를 계산하여 그 결과를 표

5-13의 계산값에 기록하시오.

3) 오실로스코프의 CH1을 회로의 입력에 연결하고 수직설정에서 입력 커플링을 접지(GND)로 선택하여 0V 접지레벨이 화면의 수평축 상에 오도록 수직위치를 조절한 다음, 입력 커플링을 다시 교류(AC)로 변경하시오.

4) 오실로스코프의 화면에 2~3 주기의 신호파형이 나타나도록 오실로스코프의 시간 스케일과 화면에 최대 진폭의 신호파형이 나타나도록 오실로스코프의 전압 스케일을 조정하시오.

5) 오실로스코프의 CH1을 사용하여 측정한 입력신호 V_{in}의 첨두전압이 $1V_{pp}$, 주파수가 100Hz가 되도록 파형발생기의 진폭과 주파수를 정확히 조절하시오. 그러면 입력전압은 ±1V의 정현파 교류전압이 된다.

6) 오실로스코프의 CH2를 회로의 출력에 연결하고 수직설정에서 입력 커플링을 접지(GND)로 선택하여 0V 접지레벨이 화면의 수평축 상에 오도록 수직위치를 조절한 다음, 입력 커플링을 다시 교류(AC)로 변경하시오.

7) 오실로스코프의 CH2에 나타난 출력전압의 첨두값과 주파수를 측정한 다음 전압이득을 계산하여 그 결과들을 표 5-13에 기록하시오.

8) 파형발생기를 조절하여 표 5-13의 나머지 4개의 입력신호 주파수에 대해 앞의 실험과정 7)을 반복하시오.

9) 출력전압이 최소가 되는 순간의 입력주파수인 중심주파수 f_o와 출력전압이 통과대역 전압의 70.7%가 되는 순간의 입력주파수가 되도록 저역 차단주파수 f_{CL} 및 고역 차단주파수 f_{CH}를 찾아내고 대역폭 BW을 계산하여 표 5-13의 측정값에 기록하시오.

10) 대역제거필터의 입력주파수가 각각 100Hz, 408Hz, 1KHz일 때의 오실로스코프의 CH1에 나타난 입력파형과 CH2에 나타난 출력파형을 다음의 그래프 상에 함께 그리시오.

실험결과 보고서

학번 : 성명 :

1. 제목 : 대역제거필터
2. 회로도

3. 실험결과

1) 입/출력 파형

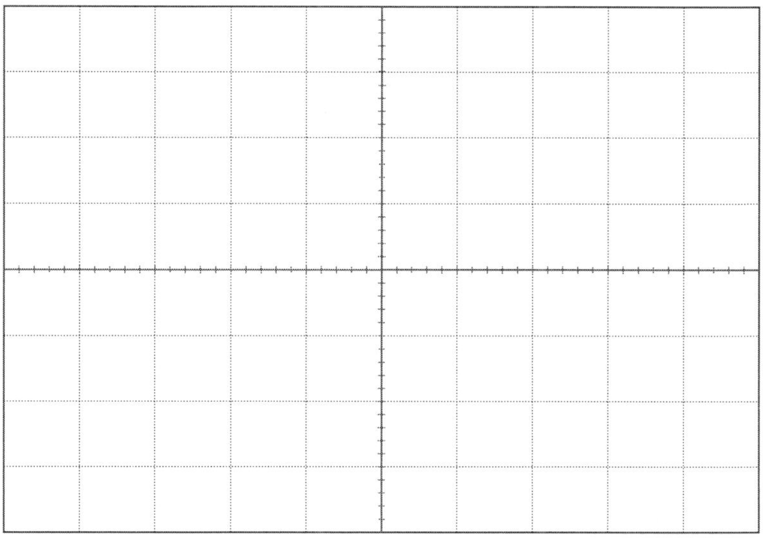

CH1 : v/Div M : sec/Div

2) 입/출력 데이터

표 5-13

대역제거필터	계산값	측정값
중심주파수 f_o	[Hz]	[Hz]
대역폭 BW	[Hz]	[Hz]
저역 차단주파수 f_{CL}	[Hz]	[Hz]
고역 차단주파수 f_{CH}	[Hz]	[Hz]

입력 주파수	출력전압 첨두값	전압이득	출력 주파수
100[Hz]	[V]		[Hz]
326[Hz]	[V]		[Hz]
408[Hz]	[V]		[Hz]
490[Hz]	[V]		[Hz]
1[KHz]	[V]		[Hz]

5-9 발진회로

발진기(oscillator)는 본래 직류적인 전기에너지를 교류적인 전기에너지로 바꾸는 것으로 일정한 반복주기로 일정 파형을 발생시키는 장치이다. 기본적으로 연산증폭기를 사용한 증폭기와 위상지연과 감쇠를 위한 귀환회로로 구성되는데, 연산증폭기를 이용하여 콘덴서와 저항에 의해 공진회로를 구성하며 저주파 대역에서 많이 사용한다. 발진기는 통신, 계측 등의 분야에 사용되고 있으며 장치, 기기의 심장부로서 중요한 역할을 한다. 발진기는 출력파형에 따라 정현파 발진기, 구형파 발진기, 삼각파 발진기 등으로 분류된다.

발진동작은 보통 출력의 일부가 이상지연이나 보강 없이 감쇠되어 입력에 귀환되는 정귀환을 이용한다. 동상의 귀환전압이 증폭되어 출력이 되고 다시 귀환전압이 되는 정귀환루프가 형성되어 연속적인 파형을 만들어 낸다. 발진이 일어나기 위한 시동조건은 정귀환루프의 전압이득이 1보다 커야 하고, 일단 발진이 시작된 후에 발진을 유지하기 위한 발진조건은 정귀환루프의 위상지연이 0°이고 전체 폐루프 전압이득이 1이어야 한다.

1. 정현파 발진기

연산증폭기와 RC브리지를 조합한 브리지형 RC발진기는 주파수 안정성이 높고 왜곡이 적은 정현파 발진기이다. 가장 널리 사용되고 있는 정현파 발진기는 그림 5-63과 같은 윈브리지(Wien bridge) 발진기이다.

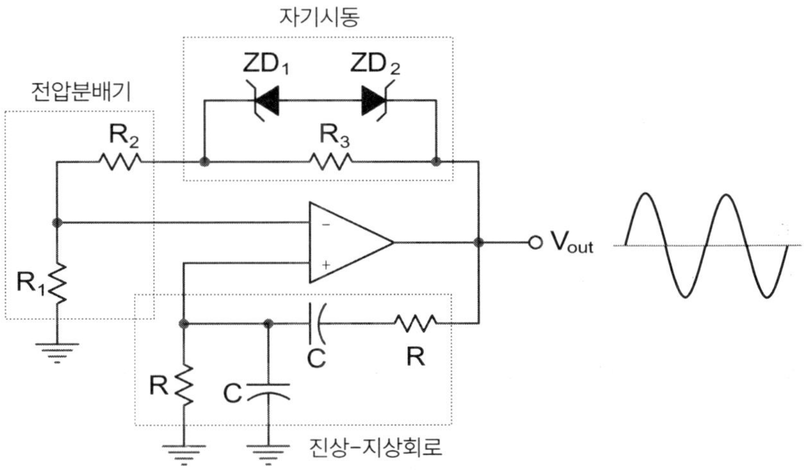

그림 5-63 자기시동 윈브리지 발진기

진상-지상회로는 정귀환회로에 전압분배기는 부귀환회로에 사용되었다. 또한 저항 R_3 에 양극이 마주보도록 연결된 두 개의 제너 다이오드가 추가되었다. 따라서 윈브리지 발진기는 진상-지상회로를 통해 출력이 입력으로 귀환되는 비반전 증폭기로 볼 수 있다.

회로가 발진을 하기 위해서는 전체 폐루프이득이 1이어야 하는데 정귀환회로의 감쇠비는 1/3이므로 결국 부귀환의 비반전증폭기의 전압이득은 3이 되어야 한다. 부귀환회로의 폐루프이득이 3이 되기 위해서는 $R_2 = 2R_1$ 의 조건이 필요하다. 발진이 일어나서 출력전압이 제너 다이오드의 양단전압($V_z + 0.7$)보다 크게 되면 제너 다이오드는 단락회로가 되어 부귀환회로에는 저항 R_2 만 연결된 것으로 볼 수 있다. 따라서 폐루프 전압이득은

$$A_{cl} = \frac{R_1 + R_2}{R1} = \frac{3R_1}{R_1} = 3$$

이 되어 발진조건을 만족하므로 출력은 안정되고 발진이 계속 유지된다.

초기에 발진이 일어나기 전에는 연산증폭기에 직류전압이 공급되어도 출력전압은 제너 다이오드의 항복전압보다 낮으므로 두 개의 제너 다이오드는 개방상태가 되어 부귀환회로에는 저항 R_2 와 R_3 가 직렬로 연결된 상태가 된다. 폐루프이득은

$$A_{cl} = \frac{R_1 + R_2 + R_3}{R_1} = \frac{R_1 + R_2}{R_1} + \frac{R_3}{R_1} = 3 + \frac{R_3}{R_1}$$

이 되어 전체 폐루프이득이 1보다 크게($A_{cl} > 3$) 되어 시동조건을 만족하므로 발진이 일어나게 된다.

예제 5-10

그림 5-64의 자기시동 윈브리지 발진기에 대한 발진주파수와 출력전압을 구하시오.

진상-지상 정귀환회로에서 R=10[kΩ]이고 C=1[nF]이므로 발진주파수는

$$f_r = \frac{1}{2\pi RC} = \frac{1}{2\pi \cdot 10^4 \cdot 10^{-9}} = \frac{10^5}{2\pi} = 15.9[\text{kHz}]$$

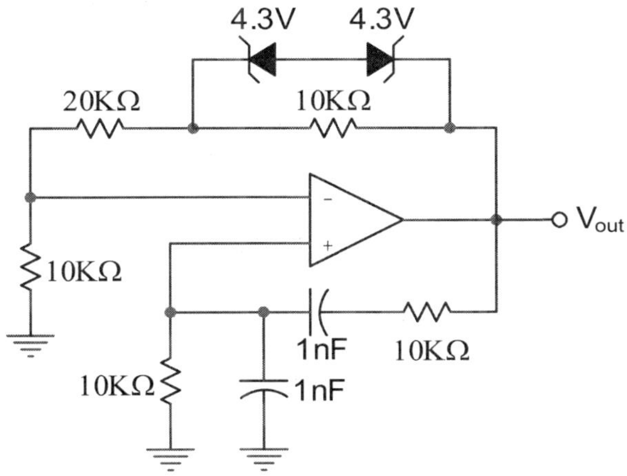

그림 5-64 연산증폭기 회로

초기의 폐루프이득은

$$A_{cl} = \frac{R_1 + R_2 + R_3}{R_1} = \frac{40[\mathrm{k}\Omega]}{10[\mathrm{k}\Omega]} = 4$$

으로 $A_{cl} > 3$이므로 자기시동이 이루어져 발진이 일어난다.

출력전압이 5V(=4.3V+0.7V)일 때 제너 다이오드가 도통되어 폐루프이득은 다음과 같이 3이 되어 발진이 유지된다.

$$A_{cl} = \frac{R_1 + R_2}{R_1} = \frac{30[\mathrm{k}\Omega]}{10[\mathrm{k}\Omega]} = 3$$

2. 구형파 발진기

그림 5-65 (a)는 구형파 발진기로 연산증폭기의 반전 입력단자에 콘덴서가 연결되고 저항 R_2와 R_3를 통해 비반전 입력단자로 출력이 귀환되는 콘덴서의 충전과 방전을 이용하여 연산증폭기를 비교기로 사용한 발진기이므로 출력전압은 연산증폭기의 정(+), 부(-) 최대전압으로 나타난다.

초기에 콘덴서는 충전이 안 된 상태이므로 콘덴서 전압은 0V가 되어 출력은 정(+)의 최대전압으로 되고 콘덴서는 저항 R1을 통해 출력전압 V_{out}까지 충전을 시작한다. 콘덴서 전압 V_c가 충전되어 비반전 입력전압 V_f가 되면 출력은 부(-)의 최대전압이 되고 콘덴서는 $+V_f$에서 $-V_f$로 방전을 시작한다. 콘덴서 전압이 방전되어 $-V_f$에 도달하면 다시 출력은 정(+)의 최대전압이 되고 콘덴서는 $+V_f$까지 충전된다. 이런 동작이 반복되어 그림 5-65(b)와 같은 구형파를 얻을 수 있다.

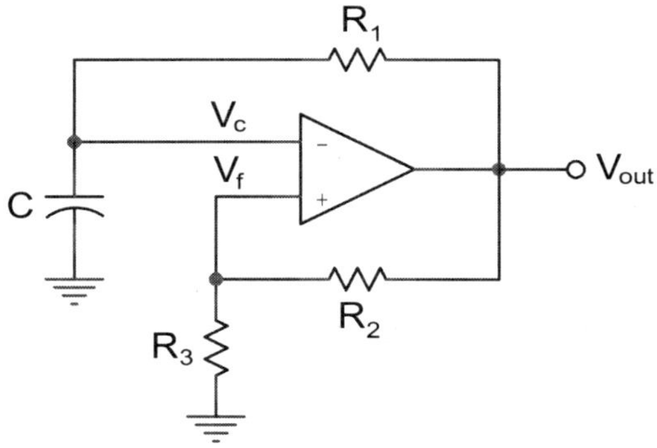

(a) 회로

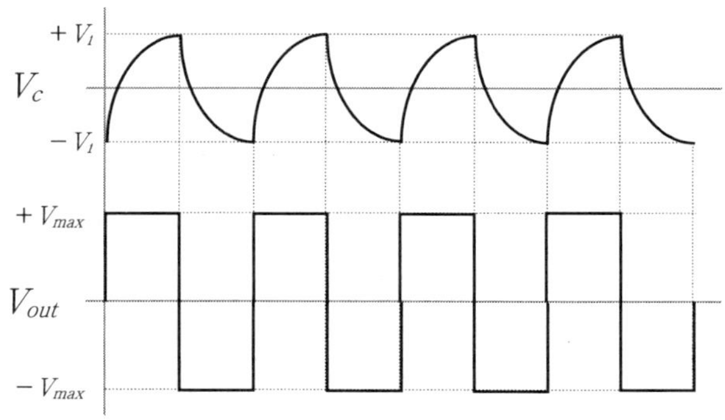

(b) 출력파형

그림 5-65 구형파 발진기

3. 삼각파 발진기

삼각파를 발생시키는 하나의 방법은 구형파를 적분하는 것이다. 그림 5-66 (a)은 비교기와 적분기를 조합하여 구성한 삼각파를 발진기이다. 비교기의 출력은 구형파이고 적분기의 출력은 삼각파이므로 구형파와 삼각파 발진기로 사용될 수 있다. 비교기의 출력이 부(-) 최대전압이면 이 출력은 저항 R_1을 통해 적분기의 반전 입력단자에 연결되어 적분기의 출력을 상승하게 한다. 적분기의 출력이 상한 최대전압 V_{UP}이 되면 비교기의 출력은 정(+) 최대전압으로 되고 적분기의 출력전압은 비교기의 출력이 부(-) 최대전압이 될 때까지 하강하게 된다. 이와 같은 동작이 주기적으로 반복되어 삼각파를 발생시킨다. 그림 5-66 (b)는 발진기의 파형을 보여준다.

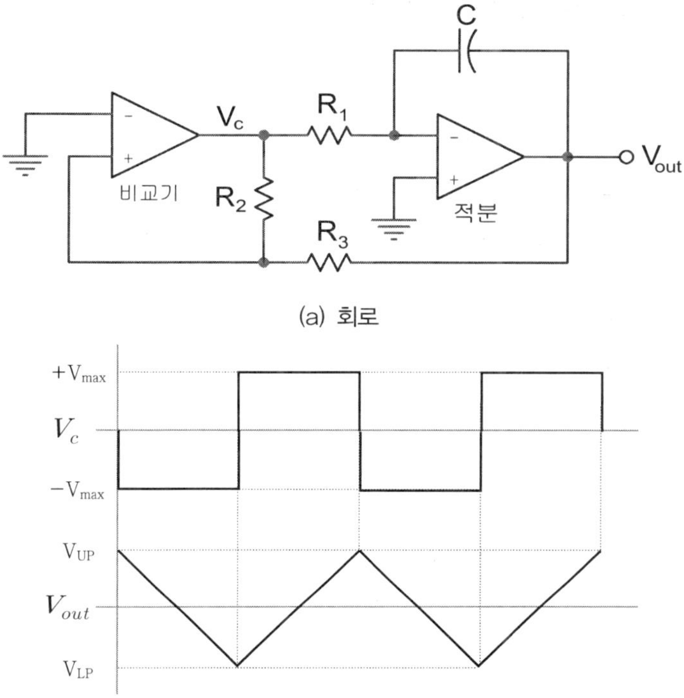

(a) 회로

(b) 출력파형

그림 5-66 삼각파 발진기

삼각파 출력전압의 크기는 다음과 같다.

$$\begin{cases} V_{UP} = +V_{\max}\dfrac{R_3}{R_2} \\ \\ V_{LP} = -V_{\max}\dfrac{R_3}{R_2} \end{cases} \tag{5-54}$$

삼각파의 발진주파수는

$$f_r = \frac{1}{4R_1C}\frac{R_2}{R_3} \tag{5-55}$$

이 되어 저항 R_1을 가변시키면 발진기의 출력의 크기를 변화시키지 않고 발진주파수를 조절할 수 있다.

[실험 5-12] 윈브리지 발진기 실험

1. 실험 목적

1) 정현파 발진회로의 동작을 이해한다.
2) 윈브리지 발진기의 발진주파수를 구하고, 정현파 발진을 일으키기 위한 시동조건과 발진을 유지하기 위한 발진조건은 부귀환 저항의 크기에 따라 결정됨을 확인한다.

2. 실험 기기 및 부품

1) 오실로스코프 : 2채널
2) 디지털 멀티미터 : 1대
3) 직류전원장치 : ±15V 2채널
4) 만능 조립기판 : 1대
5) 연산증폭기 : LM741(8핀 DIP) 1개
6) 저항 : 220Ω/0.25W 1개, 10kΩ/0.25W 2개, 100kΩ/0.25W 2개
7) 가변저항 : 1kΩ 1개
8) 필름콘덴서 : 1nF, 10nF 각 2개

3. 실험 방법

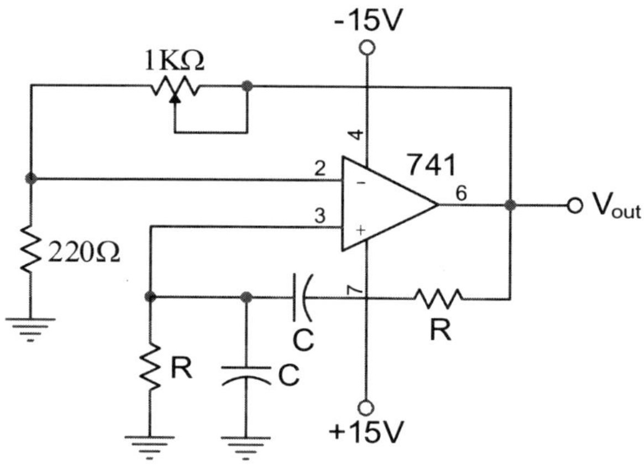

그림 5-67 윈브리지 발진기 실험회로

1) 그림 5-67의 윈브리지 발진회로를 만능 조립기판에 구성하시오. 이때 진상-지상회로의 저항 R=10[kΩ], 콘덴서 C=1[nF]로 선택한다.
2) 오실로스코프의 CH1를 회로의 출력에 연결하고 수직설정에서 입력 커플링을 접지(GND)로 선택하여 0V 접지레벨이 화면의 수평축 상에 오도록 수직위치를 조절한 다음, 입력 커플링을 다시 교류(AC)로 변경하시오.
3) 오실로스코프의 화면에 2~3 주기의 신호파형이 나타나도록 오실로스코프의 시간 케일과 화면에 최대 진폭의 신호파형이 나타나도록 오실로스코프의 전압 스케일을 조정하시오.
4) 회로의 주어진 소자값에 대해 예제 5-10과 같은 방법으로 발진주파수 f_r을 계산하여 그 결과를 표 5-14의 계산값에 기록하시오.
5) 전원을 인가한 후 귀환회로의 가변저항 값을 서서히 증가시키면서 발진이 일어나는지 오실로스코프 CH1의 출력파형을 관찰하여 발진이 일어나는 순간의 가변저항값을 측정하고 그 결과를 표 5-14에 기록하시오.
6) 다시 귀환회로의 가변저항 값을 440Ω으로 감소시켜 발진상태를 유지시키고 오실로스코프의 CH1에 나타난 출력파형의 주파수를 측정하여 그 결과를 표 5-14의 발진주파수 측정값에 기록하시오.
7) 표 5-14에 주어진 나머지 세 가지 경우의 진상-지상회로의 저항 R 및 콘덴서 C 값에 대해 앞의 4)에서 6)까지의 실험과정을 반복하시오.
8) 진상-지상회로의 저항 $R = 100\mathrm{k}\Omega$, 콘덴서 $C = 1\mathrm{nF}$에 대해 오실로스코프의 CH1에 나타난 발진이 일어났을 때의 출력파형을 다음의 그래프 상에 그리시오.

실험결과 보고서

학번 : 성명 :

1. 제목 : 윈브리지 발진기
2. 회로도

3. 실험결과

1) 입/출력 파형

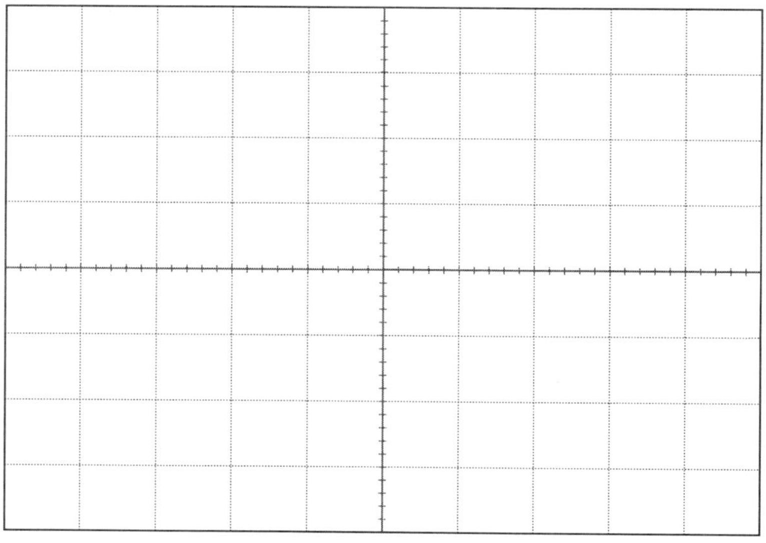

CH1 : v/Div M : sec/Div

2) 입/출력 데이터

표 5-14

발진이 일어나는 가변저항 값		[Ω]	
진상-지상회로		발진주파수 f_r	
저항 R	콘덴서 C	계산값	측정값
10[kΩ]	1[nF]	[Hz]	[Hz]
10[kΩ]	10[nF]	[Hz]	[Hz]
100[kΩ]	1[nF]	[Hz]	[Hz]
100[kΩ]	10[nF]	[Hz]	[Hz]

4. 555타이머 발진기

IC 타이머인 NE555는 다목적의 멀티바이브레이터로서 그림 5-68과 같이 두 개의 비교기, 한 개의 플립플롭, 방전용 트랜지스터 및 전압분배기로 구성된다. 표 5-15는 NE555의 각 단자의 기능을 설명한다.

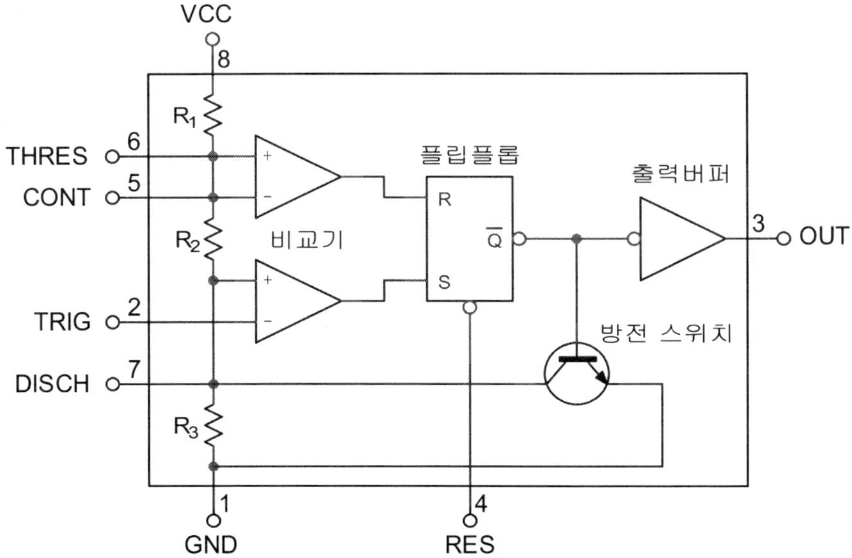

그림 5-68 555타이머의 내부구조

전압분배기는 플립플롭의 상태를 제어하기 위한 비교기의 출력을 결정한다. 그림에서 보는 바와 같이 전압분배기의 세 개의 저항값이 모두 같으므로 상위비교기는 2/3 VCC인 기준전압을 하위비교기는 1/3 VCC인 기준전압을 갖는다. TRIG단자 전압이 1/3 VCC 이하로 떨어지면 플립플롭이 세트되어 출력은 High 상태가 되고 방전스위치는 OFF된다. THRES단자 전압이 2/3 VCC보다 크면 플립플롭을 리셋시켜 출력은 Low상태가 되고 방전스위치는 ON되어 외부 타이밍회로에 빠른 방전통로를 형성한다.

그림 5-69는 NE555가 자기발진 구형파 발진기로 사용되는 비안정회로이다. THRES단자는 TRIG단자와 연결된다. 저항 R_1, R_2 및 콘덴서 C_{ext} 는 발진주파수를 결정하기 위한 타이밍회로이다. CONT단자에 연결된 0.01㎌ 콘덴서는 분리를 위한 것으로 동작에는 아무런 영향을 미치지 않는다.

표 5-15 NE555의 단자의 기능

단 자	핀 번호	기 능
전원 (VCC)	8	전원은 +5[V]에서 +18[V]까지 사용할 수 있다.
출력 (Output)	3	High상태와 Low상태가 출력된다.
리셋 (Reset)	4	리셋단자가 0.4[V]이하일 경우 출력단자와 방전단자가 거의 0[V]가 된다.
방전 (Discharge)	7	출력전압이 Low일 때 외부 시간조정용 콘덴서를 방전시키고, 출력전압이 High일 때 방전단자는 개방된 것처럼 외부저항에 의해 콘덴서는 VCC까지 충전된다.
전압조정 (Control Voltage)	5	전원 리플이나 외부 노이즈에 대해 안정된 동작을 하도록 일반적으로 0.01[μF]의 바이패스 콘덴서를 접속한다.
Trigger	2	외부 콘덴서 전압과 1/3 VCC인 trigger 전압을 비교하여 555의 동작상태를 결정한다.
Threshold	6	외부 콘덴서 전압과 2/3 VCC인 threshold 전압을 비교하여 555의 동작상태를 결정한다.

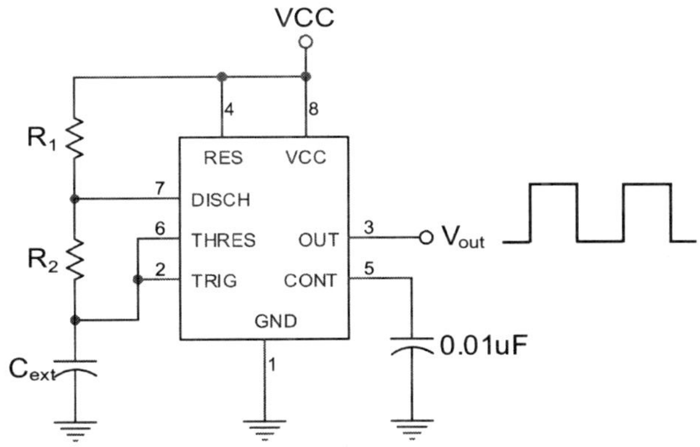

그림 5-69 비안정 멀티바이브레이터

전원이 인가되고 초기에 콘덴서 C_{ext}는 충전되지 않았으므로 TRIG단자 전압은 0V가 된다. 이때 상위비교기의 출력은 Low, 하위비교기의 출력은 High상태가 되어 플립플롭은 세트되므로 방전스위치는 OFF되고 출력은 High상태가 된다. 콘덴서 C_{ext}가 저항 R_1과 R_2를 통해서 충전을 시작하여 콘덴서 전압이 1/3 VCC가 되면 하위비교기의 상태가 바뀌어 상위 및 하위비교기 모두 Low상태가 되지만 플립플롭은 이전상태를 유지하므로 방전스위치와 출력도 그대로 유지된다. 다시 콘덴서 전압이 2/3 VCC가 되면 상위 비교기의 상태가 바뀌고 하위비교기는

Low, 상위비교기는 High상태가 되어 플립플롭은 리셋되므로 방전스위치는 ON되고 출력은 Low상태가 된다. 방전스위치가 ON되므로 콘덴서는 방전을 시작하여 상위비교기의 상태가 바뀌어도 플립플롭, 방전스위치 및 출력은 그대로 유지된다. 콘덴서 전압이 1/3 VCC이하로 떨어지면 하위비교기의 상태도 바뀌어 플립플롭은 다시 세트되므로 방전스위치는 OFF되고 출력은 High상태가 된다. 이와 같이 계속해서 충방전 싸이클이 반복되면 저항 R_1과 R_2에 따라 듀티비가 결정되는 구형파가 출력된다. 이상의 동작을 표 5-16에 요약하였다.

표 5-16 555타이머의 동작

RES	TRIG	THRES	방전스위치	출력
Low	×	×	ON	Low
High	$< \frac{1}{3}VCC$	×	OFF	High
High	$> \frac{1}{3}VCC$	$> \frac{2}{3}VCC$	ON	Low
High	$> \frac{1}{3}VCC$	$< \frac{2}{3}VCC$	이전 상태 유지	

발진주파수는 다음 식과 같다.

$$f_r = \frac{1.44}{(R_1 + 2R_2)C_{ext}} \tag{5-56}$$

주기 T에 대한 High상태인 시간의 비율인 듀티비는 다음과 같이 구해진다.

$$\text{Dutycycle} = \frac{t_H}{T} = \frac{R_1 + R_2}{R_1 + 2R_2} \times 100[\%] \tag{5-57}$$

콘덴서 C_{ext}는 R_1과 R_2를 통해서 충전되고 R2만을 통해서 방전되므로 충전시간과 방전시간이 같도록 저항 R_2를 R_1보다 훨씬 크게 선택하면 50%의 듀티비를 얻을 수 있다.

예제 5-11

그림 5-70의 NE555를 사용한 비안정 멀티바이브레이터 회로에서 출력주파수와 듀티비를 구하시오.

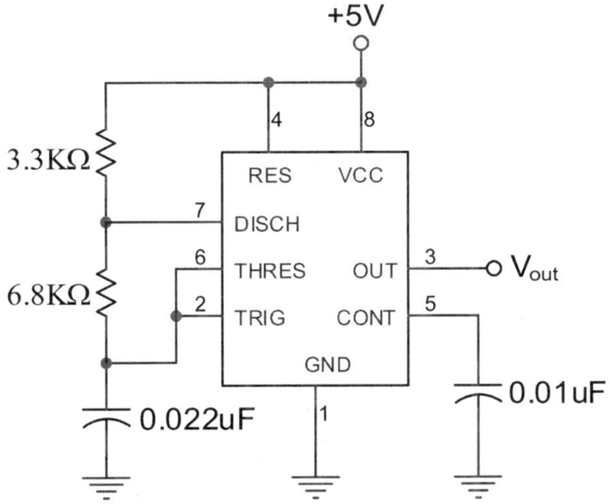

그림 5-70 멀티바이브레이터 회로

$R_1 = 3.3\text{K}\Omega$, $R_2 = 6.8\text{K}\Omega$, $C_{ext} = 0.022\mu\text{F}$ 이므로 발진주파수는

$$f_r = \frac{1.44}{(R_1 + 2R_2)C_{ext}} = \frac{1.44}{(3.3\times10^3 + 2\times6.8\times10^3)\cdot 2.2\times10^{-8}}$$

$$= 8.52[\text{KHz}]$$

듀티비는

$$\text{Dutycycle} = \frac{R_1 + R_2}{R_1 + 2R_2}\times100 = \frac{3.3+6.8}{3.3+13.6}\times100 = 60[\%]$$

[실험 5-13] 555타이머 발진기 실험

1. 실험 목적

1) 555타이머 발진회로의 동작을 이해한다.
2) 555타이머 구형파 발진기의 발진주파수와 듀티비를 구하고, 그 값은 외부 타이밍회로의 저항과 콘덴서의 크기에 의해 결정됨을 확인한다.

2. 실험 기기 및 부품

1) 오실로스코프 : 2채널
2) 디지털 멀티미터 : 1대
3) 직류전원장치 : +5V 1채널
4) 만능 조립기판 : 1대
5) IC 타이머 : NE555 1개
6) 저항 : 2kΩ/0.25W, 1kΩ/0.25W, 10kΩ/0.25W 각 1개
7) 필름콘덴서 : 0.1㎌, 0.01㎌ 각 1개

3. 실험 방법

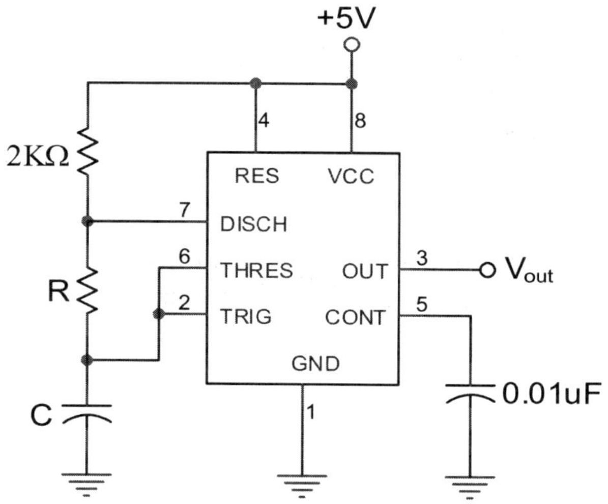

그림 5-71 555타이머 발진기 실험회로

1) 그림 5-71의 555타이머 발진기를 만능 조립기판에 구성하시오. 이때 외부 타이밍회로의 저항 $R = 10\text{k}\Omega$, 콘덴서 $C = 0.1\mu\text{F}$ 으로 선택한다.
2) 오실로스코프의 CH1를 회로의 출력에 연결하고 수직설정에서 입력 커플링을 접지(GND)로 선택하여 0V 접지레벨이 화면의 수평축 상에 오도록 수직위치를 조절한 다음, 입력 커플링을 다시 교류(AC)로 변경하시오.
3) 오실로스코프의 화면에 2~3 주기의 신호파형이 나타나도록 오실로스코프의 시간 스케일과 화면에 최대 진폭의 신호파형이 나타나도록 오실로스코프의 전압 스케일을 조정하시오.
4) 외부 타이밍회로의 주어진 소자값에 대해 예제 5-11과 같은 방법으로 발진주파수 f_r 과 듀티비를 계산하여 그 결과를 표 5-17의 계산값에 기록하시오.
5) 오실로스코프의 CH1에 나타난 출력파형의 주파수를 측정하고, 또한 주기에 대한 High상태인 시간의 비율로 듀티비를 측정 계산하여 그 결과를 표 5-17의 측정값에 기록하시오.
6) 표 5-17에 주어진 나머지 세 가지 경우의 외부 타이밍회로의 저항 R 및 콘덴서 C 값에 대해 앞의 4)에서 5)까지의 실험과정을 반복하시오.
7) 외부 타이밍회로의 저항 $R = 10\text{k}\Omega$, 콘덴서 $C = 0.1\mu\text{F}$ 에 대해 오실로스코프의 CH1에 나타난 출력파형을 다음의 그래프 상에 그리시오.

실험결과 보고서

학번 : **성명 :**

1. 제목 : 555타이머 발진기
2. 회로도

3. 실험결과

1) 입/출력 파형

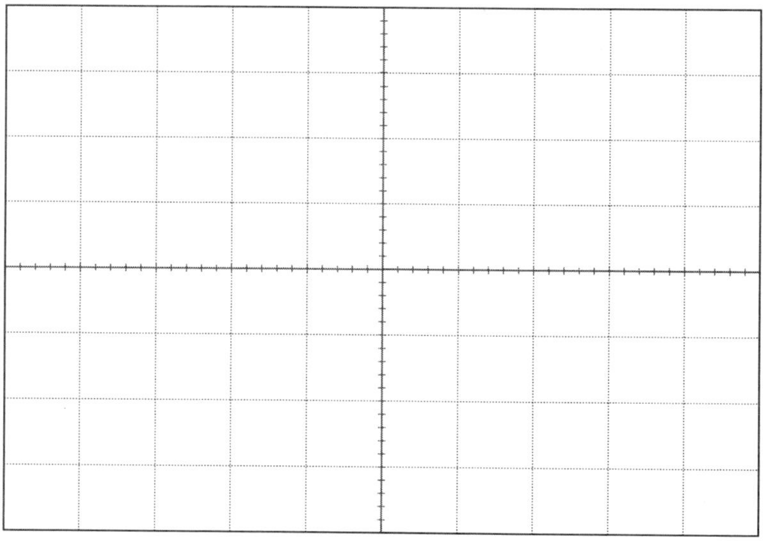

CH1 : v/Div M : sec/Div

2) 입/출력 데이터

표 5-17

저항 R	콘덴서 C	구 분	계산값	측정값
10[kΩ]	0.1[μF]	발진주파수	[Hz]	[Hz]
		듀티비	[%]	[%]
10[kΩ]	0.01[μF]	발진주파수	[Hz]	[Hz]
		듀티비	[%]	[%]
1[kΩ]	0.1[μF]	발진주파수	[Hz]	[Hz]
		듀티비	[%]	[%]
1[kΩ]	0.01[μF]	발진주파수	[Hz]	[Hz]
		듀티비	[%]	[%]

부록

부록 A 반도체 소자 규격
부록 B 회로소자의 종류 및 식별법
부록 C 계측기의 사용법

부록 A 반도체 소자 규격

A-1 반도체 소자 형명

1. 미국식

미국에서 JEDEC 규정에 따라 부여하는 명칭으로 1N…, 2N…등으로 쓰는데, 1N은 하나의 접합을 갖는 반도체로 다이오드를 나타내고 2N은 두 개의 접합을 갖는 반도체로 트랜지스터를 나타낸다.

2. 일본식

일본에서 EIAJ 등록에 의해서 부여하는 명칭으로 다음과 같다.

2	S	A	735	B
1항 숫자	2항 문자	3항 문자	4항 숫자	5항 문자

1) 1항 숫자

반도체 소자의 유효전극에서 1을 뺀 숫자로 반도체 소자의 종류를 표시한다.

1항 숫자 $(n-1)$	유효전극 (n)	종 류
0	1	포토다이오드, 포토트랜지스터
1	2	다이오드
2	3	트랜지스터, 1게이트 FET
3	4	2게이트 FET

2) 2항 문자(S)

보통 S로 하며 반도체(semiconductor)를 나타낸다.

3) 3항 문자

반도체 소자의 극성 및 용도를 나타내는데, 다이오드에서는 사용하지 않는다.

3항 문자	극성 및 용도
A	pnp형 고주파용 트랜지스터
B	pnp형 저주파용 트랜지스터
C	npn형 고주파용 트랜지스터
D	npn형 저주파용 트랜지스터
F	p게이트 3극 역저지 사이리스터(SCR)
G	n게이트 3극 역저지 사이리스터(SCR)
H	단일접합 트랜지스터(UJT)
J	p채널 전계효과 트랜지스터(FET)
K	n채널 전계효과 트랜지스터(FET)
M	3극 양방향성 사이리스터(TRIAC)
P	발광소자

4) 4항 숫자

1항 숫자와 3항 문자에 의해 구분된 종류별 등록번호로서 11부터 시작되는 2자리 이상의 숫자이다.

5) 5항 문자

① 변경의 표시

원형 또는 원형에서 변경된 것을 구별할 필요가 있을 때 사용하는데, 변경한 순서대로 A에서 J까지의 알파벳 대문자를 사용한다.

② 다이오드 역극성

외형이 같고 극성 이외의 전기적 특성이 같은 역극성 다이오드에는 R형 문자를 형명의 맨 끝에 붙인다.

부록 B 회로소자의 종류 및 식별법

B-1 배수 단위

전기 및 전자공학에서 표준단위계인 M.K.S.(Meter-Kilogram-Second) 단위계를 주로 사용하며, 단위에 사용되는 표준 접두어 승수는 표 B-1과 같다.

표 B-1 단위의 승수

명 칭	기 호	크 기	명 칭	기 호	크 기
Kilo	K	10^3	milli	m	10^{-3}
Mega	M	10^6	micro	μ	10^{-6}
Giga	G	10^9	nano	n	10^{-9}
Tera	T	10^{12}	pico	p	10^{-12}
Peta	P	10^{15}	fento	f	10^{-15}

B-2 저항

1. 저항의 종류

1) 고정저항

고정 저항이란 저항값이 정해져 있어 변하지 않는 저항을 말한다.

① 탄소피막저항

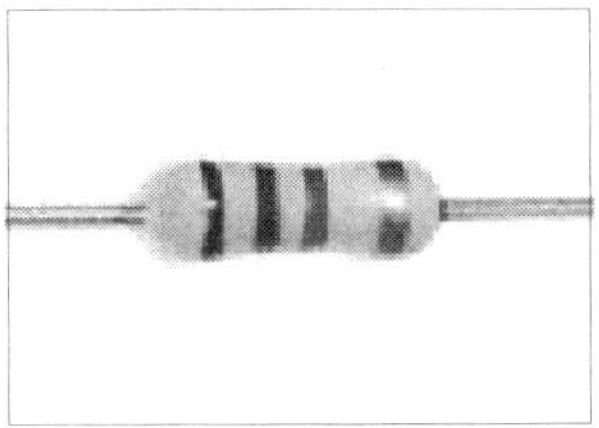

일반적으로 카본 피막저항이라고 불리며 가격이 저렴하여 가장 많이 사용되고 있다. ±5%의 허용오차를 갖는 저항이 가장 많으며 용량으로는 $\frac{1}{8}$W, $\frac{1}{4}$W, $\frac{1}{2}$W 등이 있다.

전류 잡음이 크기 때문에 일반 디지털회로에는 가격이 저렴한 탄소피막저항을 사용하지만, 아날로그회로와 같이 고정밀도를 요구하는 경우에는 금속피막저항을 사용한다.

② 금속피막저항

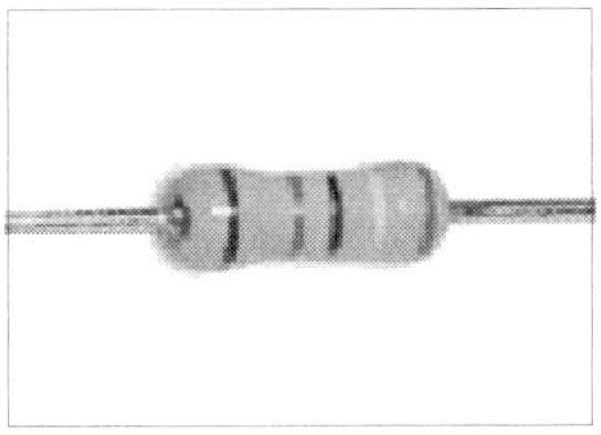

고정밀도를 요구하는 경우에 가장 많이 사용되는 저항으로 특히 고주파 특성이 좋으므로 디지털회로에도 널리 사용된다. 대량생산에도 적합하고 온도특성이 좋고, 전류 잡음이 적은 많은 장점을 가지고 있지만 재료의 특성상 탄소피막저항에 비해 가격이 비싸다.

±1%의 허용오차를 갖는 저항이 가장 많으며, 용량으로는 $\frac{1}{8}$W, $\frac{1}{4}$W, 1[W], 2[W] 등이 있다.

③ 시멘트저항

시멘트저항은 온도와 습도에서 저항을 보호하기 위하여 저항체를 시멘트 몰드에 넣어 만든 저항이다. 이렇게 만든 저항은 내전압 특성이 우수하며 고온에도 잘 견디므로 주로 대전력(1W~20W)을 다루는 부분에 사용된다.

④ 칩저항

회로가 점점 소형화되고 부품의 대부분이 SMT(Surface Mount Technology) 공법에 의해 장착되면서 개발된 새로운 형태의 저항입니다. 이러한 칩 형태의 저항은 세라믹 기판 위에 저항체를 후막 형태로 입혀서 제조하며 지속적으로 소형화가 이루어지고 있다. 특히 고주파 특성이 우수하고 소형이므로 핸드폰, 컴퓨터 등의 최신 기기들에 많이 사용된다.

⑤ 어레이저항

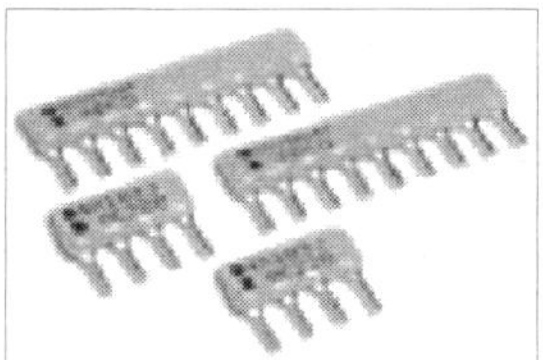

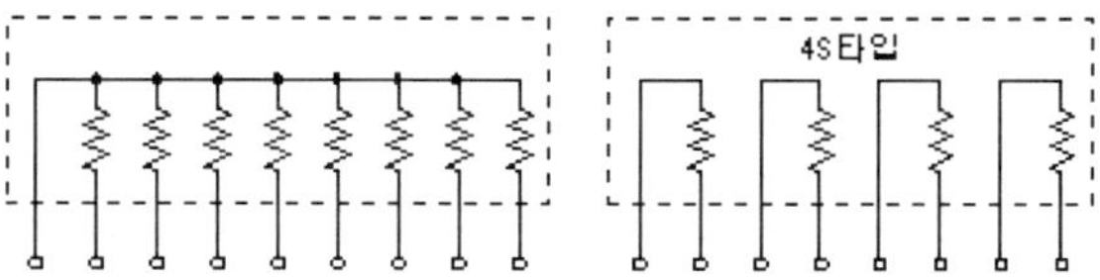

(a) 병렬형 (b) 직렬형

그림 B-1 어레이저항의 종류

부품의 실장 집적도를 더욱 높이기 위한 방법으로 여러 개의 저항을 하나의 패키지 안에 넣고 일체형으로 구성한 것이 있다.

외형은 기존의 다른 저항과 달리 단자가 여러 개 나와 있으며, 그림 B-1과 같이 단자의 개수가 홀수인 병렬형과 짝수인 직렬형이 있다. 디지털회로에 주로 사용되며 용량은 대략 $\frac{1}{8}$W이다.

2) 가변저항

가변저항은 저항값을 바꿀 수 있는 형태의 저항의 총칭이다. 국내에서는 오디오의 볼륨에 주로 사용되어 신호의 양을 조절한다는 의미로 흔히 볼륨(volume)이라고 부르며, 해외에서나 보다 정밀한 가변저항을 말할 때는 영문으로 potentiometer라고 부르기도 한다.

① 볼륨형 가변저항

오디오 볼륨과 같은 형태 즉, 기기의 외부에 손잡이를 두고 항상 조절 가능한 형태의 가변저항을 볼륨이라고 한다.

볼륨형 가변저항은 대부분 탄소피막 저항체를 사용하며 사용 용도에 따라 밀폐형과 개방형이 있고 회전축을 중심으로 전극이 움직이는 형태가 가장 많이 사용된다. 좌우로 전극이 움직이는 경우에는 슬라이드 가변저항이라고 부른다.

② 반고정형 가변저항

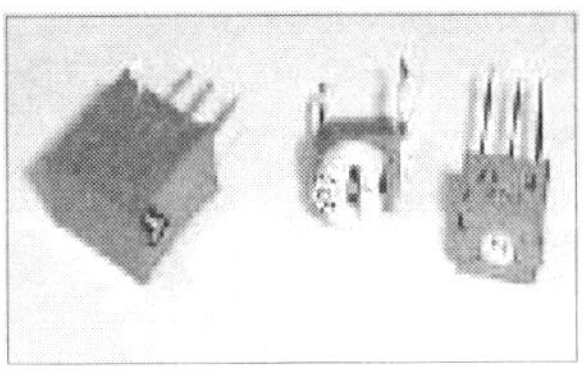

반고정형 가변저항은 대부분 회로기판에 직접 장착되며 회로의 동작점을 미세 조정할 때 사용한다.

케이스 외부로 노출되는 손잡이가 없는 대신 일자(-), 혹은 십자(+) 드라이버로 저항값을 조절하도록 되어 있다. 이러한 반고정형 가변저항은 영문으로 trimmer potentiometer라고도 부른다.

2. 저항값의 식별

전기/전자 회로에서 가장 많이 사용되고 있는 소자 중 하나인 저항의 크기는 색 표시 방법을 사용하고 있다. 색 표시 방법은 원래 미국의 EIA(Electronic Industrial Association)에서 고안한 것으로서 매우 편리하여 세계적으로 공용되고 있다.

다음의 표는 색 표시 방법을 나타내는 것으로, 색의 순서는 무지개색인 '빨주노초파남보'에서 남색이 빠진 것이다.

표 B-2 색 표시 방법

색 상	숫 자	배 수	오 차	색 상	숫 자	배 수	오 차
검은(흑)색	0	100		파란(청)색	6	106	±0.25
갈색	1	101	±1	보라(자)색	7	107	±0.1
빨간(적)색	2	102	±2	회색	8	108	
주황(등)색	3	103	±0.05	흰(백)색	9	109	
노란(황)색	4	104		금색		10-1	±5
초록(녹)색	5	105	±0.5	은색		10-2	±10

저항은 정밀도에 따라 4색띠 저항과 5색띠 저항으로 분류하며, 각각의 저항값의 계산방법은 다음과 같다. 이때 저항값의 기본 단위는 $[\Omega]$이다.

1) 4색띠 저항

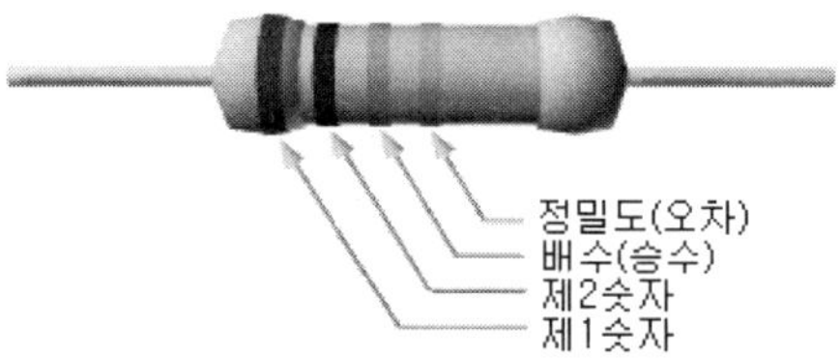

그림 B-2 4색띠 저항

저항값 : 유효숫자(제1숫자×10+제2숫자) × 10승수 $[\Omega]$
허용오차 : ±오차[%]

예제 B-1

갈색, 검은색, 주황색, 금색으로 구성된 4색띠 저항의 저항값과 허용오차를 구하시오.

갈색 ⇒ 1, 검은색 ⇒ 0, 주황색 ⇒ 3, 금색 ⇒ 오차 ±5 이므로
저항값 103 ⇒ $10 \times 10^3 [\Omega] = 10000 [\Omega] = 10 [\mathrm{k}\Omega]$
허용오차 ±5%

2) 5색띠 저항

그림 B-3　5색띠 저항

저항값　: 유효숫자(제1숫자×100+제2숫자×10+제3숫자) × 10승수 [Ω]
허용오차 : ±오차[%]

예제 B-2

노란색, 보라색, 검은색, 빨간색, 갈색으로 구성된 5색띠 저항의 저항값과 허용오차를 구하시오.

노란색 ⇒ 4, 보라색 ⇒ 7, 검은색 ⇒ 0, 빨간색 ⇒ 2, 갈색 ⇒ 오차 ±1 이므로
저항값 4702 ⇒ $470 \times 10^2 [\Omega] = 47000 [\Omega] = 47 [k\Omega]$
허용오차 ±1%

예제 B-3

다음의 표를 완성하시오.

제1색띠	제2색띠	제3색띠	제4색띠	제5색띠	저항값 [Ω]	오차 [%]
갈색	파란색	노란색	은색			
노란색	보라색	주황색	은색			
초록색	회색	검은색	금색			
파란색	검은색	금색	금색			
갈색	검은색	빨간색	은색			
갈색	검은색	검은색	빨간색	갈색		
노란색	보라색	검은색	갈색	갈색		
주황색	회색	검은색	검은색	갈색		
빨간색	노란색	초록색	빨간색	갈색		
초록색	보라색	파란색	주황색	갈색		

B-3 콘덴서

1. 콘덴서의 종류

1) 전해콘덴서

알루미늄 콘덴서라고도 불리며, 종이 유전체를 알루미늄 전극 사이에 넣고 롤로 감은 것으로 유전체를 매우 얇게 할 수 있으므로 소형으로 대용량(0.1μF~15,000μF)을 만들 수 있을 뿐만 아니라 가격이 저렴하여 널리 사용된다.
극성이 있는데, 2개의 리드선 중 긴 쪽이 양극이다.
일반적으로 콘덴서 자체에 음극 측 리드를 표시하는 마크와 정격전압, 정전용량 값이 표시되어 있다. 극성을 잘못 접속하거나, 정격전압을 초과하면 콘덴서가 파열될 수 있으므로 실수하지 않도록 주의해야 한다.
주로 전원의 평활회로, 저주파 바이패스 등에 사용되며, 코일 성분이 많아 고주파에는 적합하지 않다.

2) 탄탈콘덴서

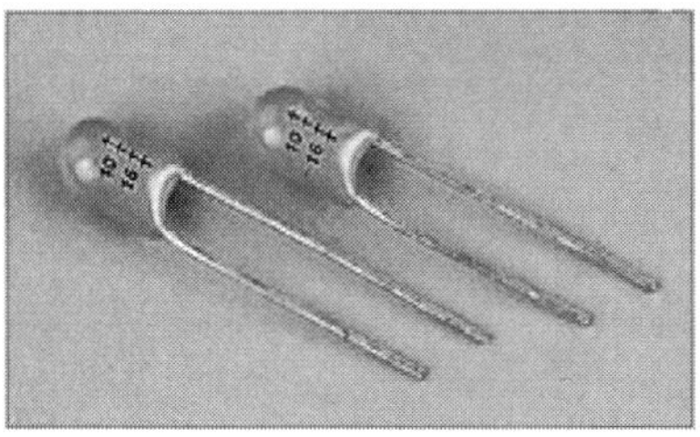

전극으로 탄탈륨이라는 재료를 사용하며, 전해 콘덴서에 비해서 정격전압이 낮고 용량이 적지만(0.1μF~220μF), 온도범위가 넓고 안정성과 수명이 좋다.
극성이 있는데, 2개의 리드선 중 긴 쪽이 양극이다.
주파수 특성이 비교적 좋기 때문에 노이즈 진폭 제한기나 전원 필터로서 사용한다.

3) 세라믹콘덴서

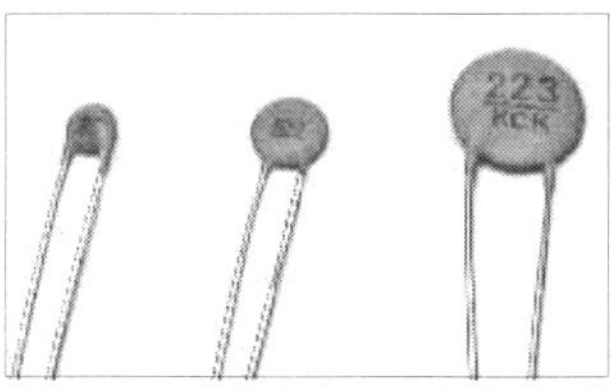

티탄산바륨과 같은 세라믹(자기) 유전체를 전극 사이에 넣은 것으로서 소형이고, 용량은 비교적 작으며(수pF~수μF), 극성이 없다.
고주파 특성이 좋으므로 고주파용 바이패스나 고주파 필터로서 사용하나, 용량편차가 큰 것이 단점이다.

4) 필름콘덴서

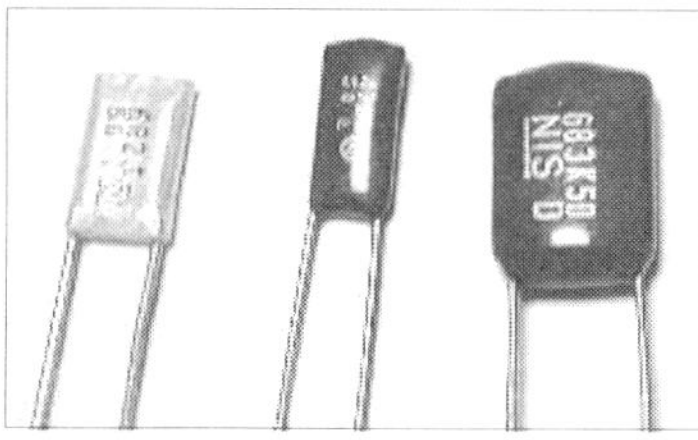

필름 유전체를 전극 사이에 넣고 롤로 감은 것으로서, 전 대역의 주파수 특성이 양호하며, 오디오 회로의 주요 부위인 커플링(Coupling), 필터(Filter) 등 중요 부위에 널리 사용 되며, 최근에는 대용량 필름콘덴서가 소형 저가격으로 생산됨에 따라 전원부 바이패스(Bypass)용으로도 많이 사용되고 있다.

극성이 없고 용량에 비해 크기가 크고 가격이 비싸며, 큰 용량을 제조하기가 어렵다.

5) 칩 콘덴서

세라믹 유전체 층과 전극이 교대로 적층되어 기존의 원판형 콘덴서보다 용량값을 높인 콘덴서로 최근 전자제품의 소형, 경량화 추세에 따라 그 수요가 증가하고 있다.

소형으로 큰 용량을 얻을 수 있고 온도에 대한 신뢰성이 높아 바이패스, 주파수 공진회로 등에 많이 사용된다.

6) 슈퍼콘덴서

경이적인 콘덴서인 슈퍼콘덴서(Super Condenser)는 용량이 0.01F~0.5F로 초대용량 콘덴서이다. 용량이 매우 크기 때문에 직류의 축전용, 배터리의 대용으로서 사용할 수 있지만 대전류 공급은 어려우므로 메모리의 백업, 전지 대용으로 사용한다.

그림에서 보는 바와 같이 초대용량인데 비해 비교적 크기가 작고 정격전압이 낮으며, 극성이 있으므로 주의할 필요가 있다.

7) 가변콘덴서

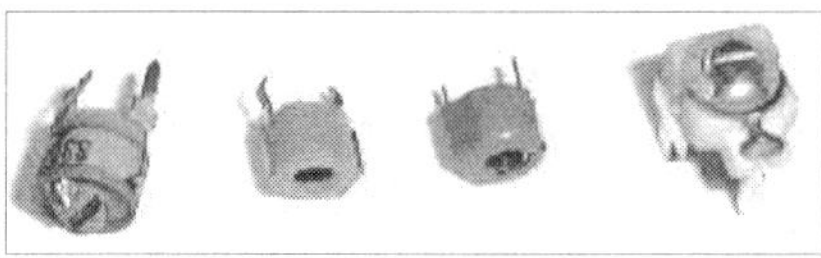

정전용량을 변화시킬 수 있는 콘덴서로 트리머(Trimmer)라고도 부르며, 주로 주파수 조정 등에 사용한다.

보통 세라믹(자기)이나 폴리에스터 필름 등을 유전체로 사용한다.

2. 정전용량의 식별

콘덴서는 종류, 제조회사에 따라 여러 가지 표시방법을 사용하고 있는데, 이중 가장 많이 사용되는 것은 숫자에 의한 표시방법으로, 콘덴서의 표면에 숫자를 표시하여 크기를 나타낸다.

104	K	400WV
정전용량값	허용오차	최대동작전압

정전용량값을 표시하는 104에서 처음 두 숫자는 유효숫자를 나타내고 마지막 숫자는 10의 승수를 나타내며, 기본단위는 [pF] 이다. 용량값을 표시하는 숫자 다음의 영문자는 표 B-3과 같은 허용오차를 나타낸다.

표 B-3 콘덴서의 허용오차

코 드	허용오차	코 드	허용오차
C	±0.25[pF]	F	±1%
D	±0.5[pF]	J	±5%
E	±1.0[pF]	K	±10%
G	±2.0[pF]	M	±20%

예제 B-4

$103J = 10 \times 10^3 [\mathrm{pF}] = 0.01 \times 10^6 [\mathrm{pF}] = 0.01 [\mu\mathrm{F}] \pm 5 [\%]$

$154K = 15 \times 10^4 [\mathrm{pF}] = 0.15 \times 10^6 [\mathrm{pF}] = 0.15 [\mu\mathrm{F}] \pm 10 [\%]$

☞ 가변저항과 어레이 저항의 경우에도 콘덴서의 경우와 동일한 숫자에 의한 표시 방법을 사용한다.

B-4 인덕터

1. 인덕터의 종류

1) axial형 인덕터

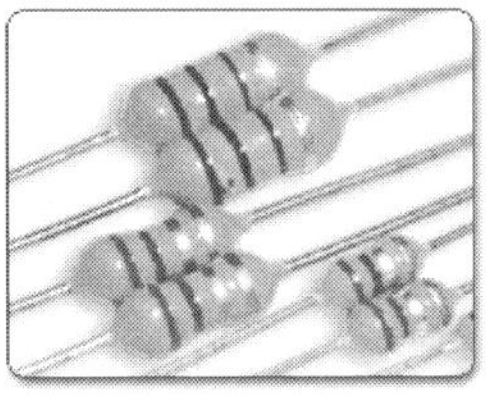

그림에서 보는 것과 같이 저항과 같은 모양을 하고 있으며, 역시 저항과 마찬가지로 색 표시 방법에 의해 인덕턴스 값을 결정한다.

2) radial형 인덕터

그림에서 보는 것과 같이 원통형 모양, 또는 탄탈콘덴서와 같은 모양을 하고 있으며, 주로 공진회로, 발진회로 등에 사용된다.

3) 코일

코일은 여러 가지 모양의 코어(core)에 동선을 감은 것으로, 코일의 특징은 코어에 의해 결정되는데, 코어를 특징짓는 요인으로는 코어의 재료와 모양이 있다. 코어의 재료는 종래의 철판, 페라이트(Ferrite), 고성능 금속압분이나 아몰퍼스 합금 등이 사용되며, 코어의 모양은 원하는 전자기 특성을 고려하여 결정한다.

2. 인덕턴스의 식별

axial형 인덕터는 일반적으로 저항의 색 표시법과 동일한 방법을 사용하며, 기본단위는 [μH]이다.

부록 C 계측기의 사용법

C-1 브레드 보드

브레드 보드(breadboard)는 각종 실험에서 저항, 콘덴서 등의 수동소자와 다이오드, 트랜지스터, 연산증폭기 등의 반도체 소자를 사용하여 납땜이나 기타 연결수단을 사용하지 않고 회로를 구성하기 위해 편리하게 이용할 수 있는 보드로서 그림 C-1과 같은 형태를 가지고 있다.

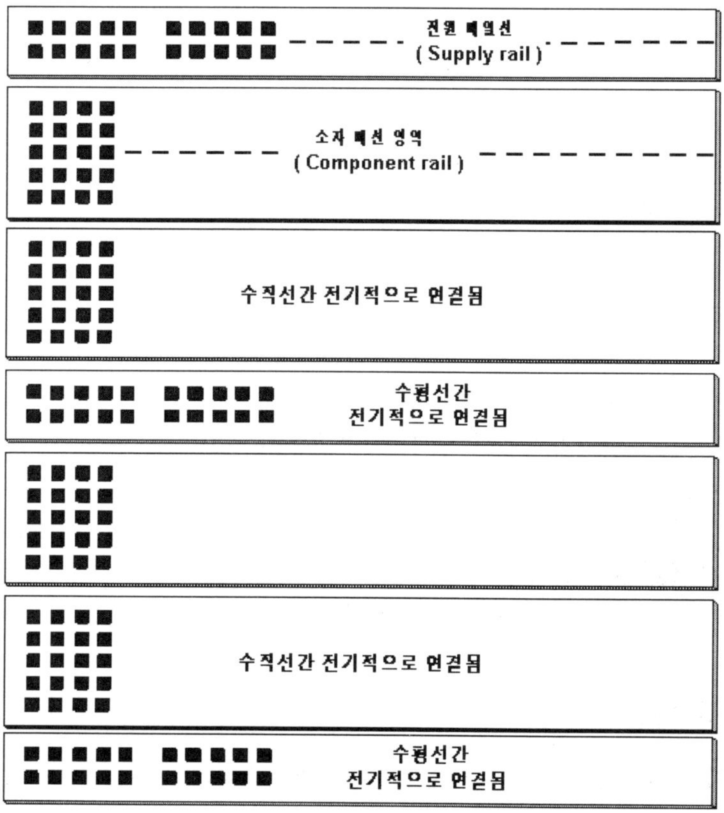

그림 C-1 브레드보드의 구조

그림에서 보는 것처럼 수직으로 연결된 다섯 개의 구멍은 주로 회로소자의 연결에 사용되는데 윗부분의 다섯 개의 구멍과 아랫부분의 다섯 개의 구멍은 서로 연결되어 있지 않다. 수평으로 연결된 부분은 회로에 가장 많이 사용되는 전원의 연결에 사용되는데 다섯 개의 구멍만이 연결되어 있는 것으로 착각해서는 안 된다.

C-2 디지털 멀티미터(DMM)

전기전자공학도에게 가장 많이 사용되는 계측기기로는 그림 C-2와 같은 디지털 멀티미터가 있는데 이는 저항, 전압, 전류 등의 전기적인 물리량을 측정하는 장치가 하나로 통합되어 있는 것이다. 멀티미터로 전기량을 측정하고자 할 때에는 먼저 측정하려는 전기량의 종류를 선택한 다음 측정하고자 하는 저항 및 회로와 연결한다.

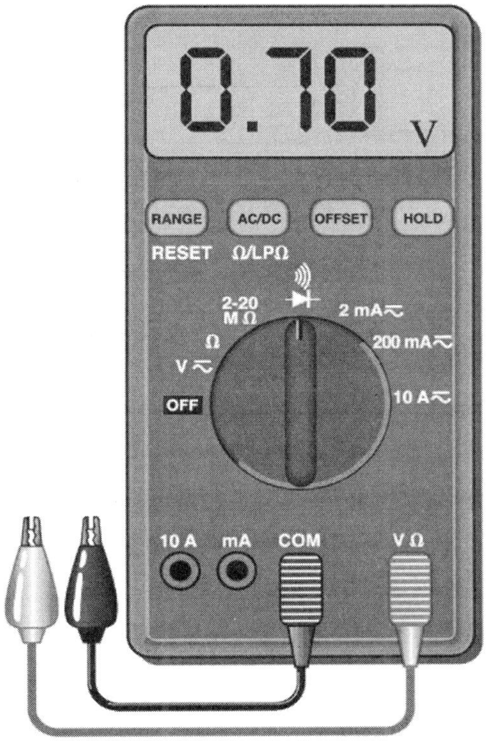

그림 C-2 디지털 멀티미터

1. 저항측정

디지털 멀티미터의 단자 연결은 검은색의 리드선을 COM 단자에, 붉은색의 리드선을 [Ω · V · A · mA] 단자에 연결하고 기능선택 스위치를 Ω로 선택한 다음, 뒤 측정할 저항을 연결한다. 범위(Range) 선택은 측정할 저항을 색띠에 의해 먼저 저항값을 계산한 다음 저항값에 맞는 적절한 저항 범위를 수동으로 선택하고 저항값을 측정해야 정확한 저항값을 측정할 수 있다.

계기의 측정범위와 오차, 정확도 등은 매뉴얼을 통해 확인하여야 한다.

2. 전압측정

전압을 측정하기 위하여 멀티미터에 단자를 연결할 때 검은색의 리드선을 멀티미터의 COM 단자에, 붉은색의 리드선을 V 단자에 연결하고 기능선택 스위치를 측정할 전압의 형태에 따라 직류전압 또는 교류전압에 위치시킨다. 직류전압을 측정할 경우에는 극성에 유의하여 붉은색의 리드선을 전압의 (+)쪽에, 검은색의 리드선을 전압의 (-)쪽에 연결한다. 만약 측정할 전압의 크기가 어느 정도인지를 모르는 경우에는 측정범위는 먼저 최고범위를 선택하고 계속해서 점점 낮은 범위로 좁혀가면서 측정한다.

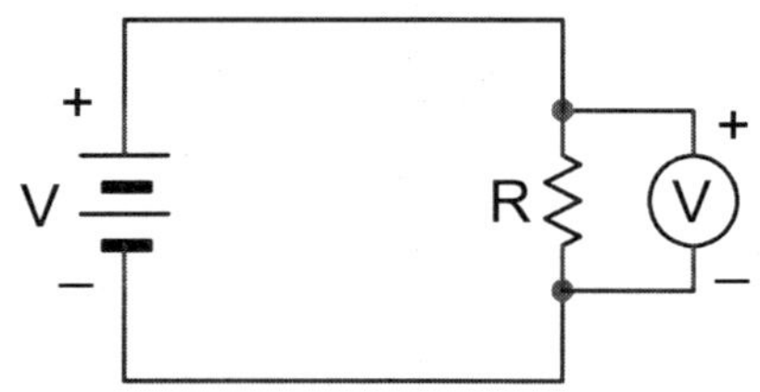

그림 C-3 전압계 연결방법

회로의 어떤 두 지점 간의 전압을 측정할 때에는 그림 C-3과 같이 측정하고자 하는 지점에 멀티미터의 단자를 반드시 병렬로 연결하여야 한다. 즉, 측정하고자 하는 회로는 그대로 둔 상태에서 멀티미터의 두 단자를 측정하고자 하는 회로상의 두 점에 붙이기만 하면 된다. 전압계는 내부저항을 갖고 있으므로 병렬로 연결한 전압계의 전압은 다음과 같이 계산된다.

$$V = (R \,|\, R_i)I = \frac{R \cdot R_i}{R + R_i} I \qquad \text{(C-1)}$$

여기서 R_i 는 전압계의 내부저항이다.

식으로부터 전압계의 내부저항이 측정하고자 하는 두 지점 사이의 저항에 비하여 매우 커야만 내부저항의 영향이 제거되어 측정전압이 실제전압보다 작게 측정되는 오차가 발생하지 않음을 알 수 있다. 따라서 전압계의 내부저항은 가급적 작은 것이 바람직하며, 정밀한 전압측정을 위해서는 내부저항을 알아내어 측정상의 오차를 보정해 주어야 한다.

3. 전류 측정

전류를 측정하기 위해 멀티미터에 단자를 연결함에 있어 검은색의 리드선을 멀티미터의 COM단자에, 붉은색의 리드선을 [A·mA] 단자에 연결하고 기능선택 스위치를 측정할 전류의 형태에 따라 직류전류 또는 교류전류에 위치시킨다. 만약 측정할 전류의 크기가 어느 정도인지를 모르는 경우에는 측정범위는 먼저 최고범위를 선택하고 계속해서 점점 낮은 범위로 좁혀가면서 측정한다.

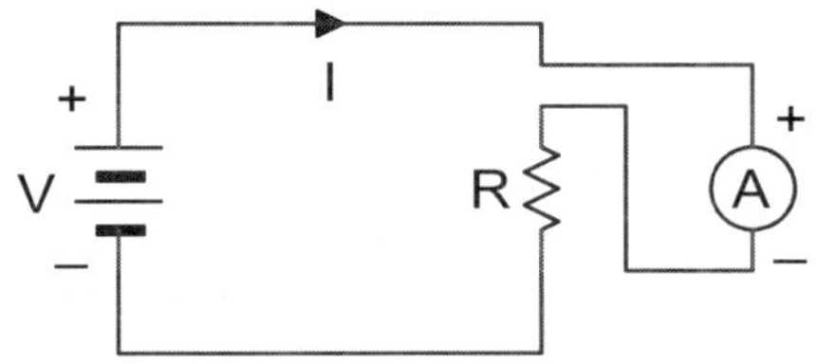

그림 C-4 전류계 연결방법

회로의 어떤 한 지점에 흐르는 전류를 측정할 때는 그림 C-4와 같이 전류계와 부하를 항상 직렬로 연결해야 한다. 즉, 회로에서 전류를 측정하기 위한 지점을 절단하고 전류가 흘러들어오는 쪽은 전류계의 붉은색 리드선과 전류가 흘러나가는 쪽은 전류계의 검은색 리드선과 연결하면 된다. 만약 전류 측정 시 전류계를 부하와 병렬로 연결하게 되면 계측기기에 치명적인 문제를 가져올 수 있으므로 특히 주의하여야 한다.

전류계도 역시 내부저항을 갖고 있으므로 직렬로 연결한 전류계의 전류는 다음과 같이 계산된다.

$$I = \frac{V}{R + R_i} \tag{C-2}$$

여기서 R_i는 전류계의 내부저항이다.

식으로부터 전류계의 내부저항이 측정하고자 하는 지점의 저항에 비하여 매우 작아야만 내부저항의 영향이 제거되어 측정전류가 실제전류보다 작게 측정되는 오차가 발생하지 않음을 알 수 있다. 따라서 전류계의 내부저항은 가급적 작은 것이 바람직하며, 정밀한 전류측정을 위해서는 내부저항을 알아내어 측정상의 오차를 보정해 주어야 한다.

C-3 파형발생기

파형발생기(function generator)는 실험에서 필요로 하는 여러 가지 교류파형을 만들어주는 장치이다. 일반적으로 파형발생기는 발진회로에서 생성되는 정현파, 정현파를 비교기에 입력하여 만들어지는 구형파, 그리고 구형파를 적분하여 만들어지는 삼각파 등 가장 널리 쓰이는 이 세 가지 파형들을 만들어준다. 설정 단자를 사용하여 출력신호의 종류, 주파수, 진폭, 직류 오프셋(DC offset), 그리고 듀티비(duty ratio) 등을 조절할 수 있다.

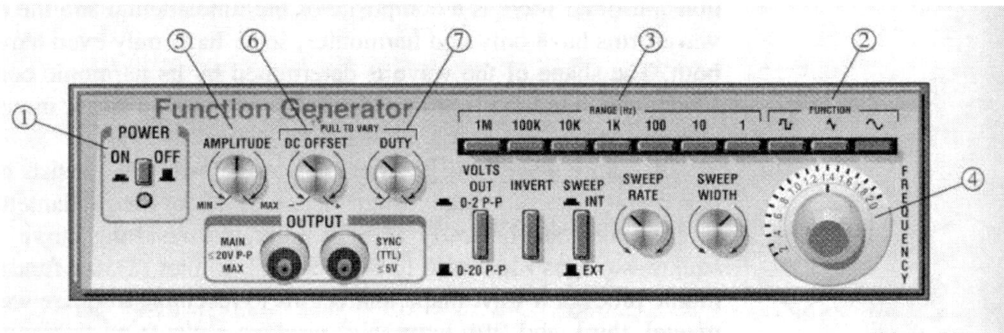

그림 C-5 파형발생기의 외형

파형발생기의 내부에는 정현파를 만들어주는 발진기(oscillator)가 장치되어 있어 외부에서 설정한 주파수를 갖는 정현파를 발생시킨다. 이렇게 만들어진 정현파는 외부 설정에 따라 바로 출력이 될 수도 있고, 비교기를 거쳐 구형파로 변형될 수도 있다. 비교기에서는 어느 특정한 기준전압에 대해서 입력이 그 값보다 큰 경우와 작은 경우의 High와 Low 레벨의 출력을 만들어준다. 이때 기준전압을 조절함으로써 만들어지는 구형파의 듀티비를 변경할 수 있다. 또한 구형파를 적분하면 삼각파를 만들어낼 수 있다.

이러한 과정으로 만들어진 세 종류의 신호는 어느 신호를 선택하느냐에 따라 MUX를 통해 하나만 선택되어 설정된 진폭을 지니도록 증폭된다. 그리고 직류오프셋이 설정된 경우에는 그 값이 증폭된 신호에 더해져서 출력버퍼를 통해 외부로 출력된다.

파형발생기는 그 종류에 따라 구성이 조금씩 다를 수는 있으나, 전체적인 흐름은 이에 준한다고 볼 수 있다. 선택사항으로 신호의 주파수 SWEEP, 출력신호의 20dB 감쇄 설정 등이 추가된 장비도 있다.

1. 기능

1) 전원스위치

눌린 상태가 ON, 튀어나온 상태가 OFF이다.

2) 파형(Function) 선택 버튼

정현파, 구형파, 삼각파의 3가지 파형 중에서 하나를 선택한다.

3) 주파수범위(Range) 설정 버튼

다음의 표와 같은 범위의 주파수를 설정할 수 있다.

설정 버튼	주파수 범위		
×1	1[Hz]	~	10[Hz]
×10	10[Hz]	~	100[Hz]
×100	100[Hz]	~	1[KHz]
×1K	1[KHz]	~	10[KHz]
×10K	10[KHz]	~	100[KHz]
×100K	100[KHz]	~	1[MHz]
×1M	1[MHz]	~	10[MHz]

4) 주파수(Frequency) 조절 다이얼

주파수의 미세조정을 위해 사용하는 볼륨이다.

5) 진폭(Amplitude) 조절 다이얼

출력파형의 진폭을 가변시키기 위해 사용하는 볼륨이다.

6) 직류오프셋(DC Offset) 조절 다이얼

직류오프셋을 가변시키기 위해 사용하는 볼륨이다.

7) 듀티비(Duty Ratio) 조절 다이얼

듀티비를 가변시키기 위해 사용하는 볼륨이다.

8) 출력(Output)단자

50Ω의 내부저항을 갖는 주 출력단자와 TTL 레벨로 동기신호를 출력하는 SYNC 출력단자가 있다.

출력단자의 외부에서 높은 전압을 가하면 내부회로를 파손시킬 수 있으므로 주의해야 한다. 직류전압이 가해져 있는 회로에 접속할 때는 적당한 콘덴서를 접속하는 것이 좋다.

예제 C-1

원하는 주파수에 맞도록 주파수조절 다이얼과 주파수범위 설정 버튼을 설정하시오.

주파수	주파수 다이얼 설정값	주파수범위 버튼설정값
60[Hz]	0.6	100
1[KHz]	1.0	1K
20[KHz]	2.0	10K
400[KHz]	0.4	1M
1[MHz]	1.0	1M

2. 작동순서

① 파형선택 버튼으로 파형의 종류(정현파, 구형파, 삼각파)를 선택한다.
② 원하는 주파수대역에 가까운 주파수범위설정 버튼을 누른다.
③ 주파수조절 다이얼을 사용하여 주파수를 정확하게 미세 조정한다.
④ 출력케이블을 파형발생기의 출력단자에 연결하고 오실로스코프의 프로브와 연결한다.
⑤ 오실로스코프를 사용하여 출력파형을 확인한다.
- 진폭조절 다이얼을 사용하여 출력전압의 크기를 정확하게 조절한다.
- 직류오프셋조절 다이얼을 사용하여 파형의 오프셋을 정확하게 조절한다.
- 듀티비조절 다이얼을 사용하여 출력파형의 듀티비를 정확하게 조절한다.

⑥ 출력케이블을 회로에 연결한다.

C-4 디지털 오실로스코프

오실로스코프(oscilloscope)란 전기, 전자, 통신 분야에서 꼭 필요한 전압의 시간적인 변화를 스크린에 파형의 형태로 표시하는 장치로. 파형의 각종 특성 측정이나 여러 파형의 비교분석에 사용되는 측정기기이다. 즉, 오실로스코프는 일반계기로 측정할 수 없는 높은 주파수 또는 펄스와 같은 충격성 전압이라든가 전류 등의 각종 파형을 관측할 수 있으며 증폭기 출력의 각종 일그러짐도 관측할 수 있다. 또한 입력 임피던스가 매우 높기 때문에 고감도 전압계로 사용할 수 있다.

오실로스코프의 특수동작 중 하나는 리사주(Lissajous)도형을 만들 수 있다는 점이다. 리사주 도형을 통하여 전력이나 변조의 특성, 주파수의 비교, 위상의 측정 등 여러 가지 측정이 가능하다.

1. 프로브

오실로스코프와 측정회로를 연결해 주는 선으로 오실로스코프로 전압을 측정할 때에는 악어 클립 형태로 된 쪽을 반드시 회로의 접지 부분에 연결하고 침 혹은 갈고리 형태의 단자를 측정하고자 하는 곳에 접속한다.

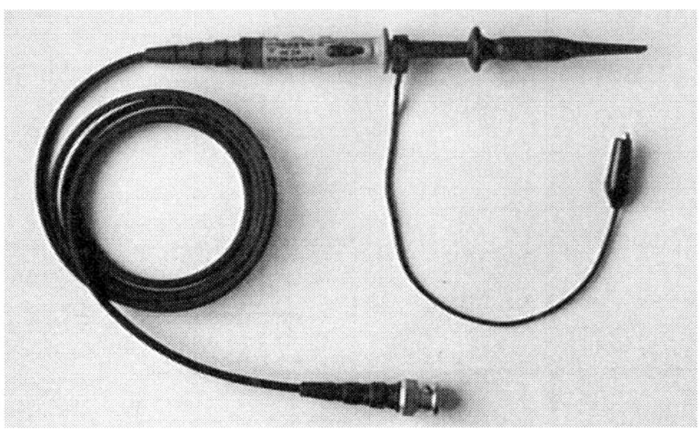

그림 C-6 프로브

1) 감쇠모드

프로브는 신호의 수직스케일에 영향을 미치는 다양한 감쇠계수를 사용할 수 있다. 프로브의 감쇠스위치를 사용하여 1×모드(1:1 프로브), 10×모드(10:1 프로브) 두 가지의 감쇠모드를 선택할 수 있다.

① 1x 모드

1:1 프로브는 감쇠 없이 전압을 오실로스코프에 직접 전달하며 입력저항은 1[MΩ]이다.

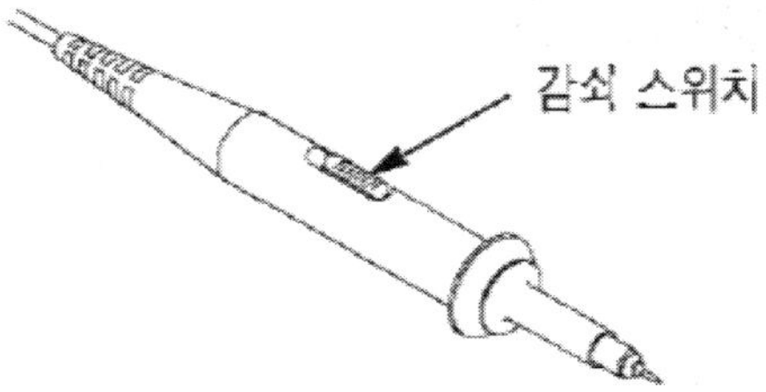

② 10x 모드

10:1 프로브는 측정전압을 1/10로 감쇠시켜 오실로스코프에 전달하며 입력저항은 10[MΩ]이다. 10:1 프로브를 사용할 때에는 오실로스코프에서 측정되는 전압값에 10을 곱하여야 한다. 10:1 프로브를 사용할 때는 스코프에 마련된 교정펄스(calibration pulse) 혹은 외부 구형파를 프로브에 연결하여 정확한 구형파가 되도록 프로브를 교정해주어야 한다.

2) 프로브 교정(calibration)

프로브가 입력채널과 일치하도록 다음의 조정 절차를 밟는다. 어떤 입력 채널이든지 프로브를 처음 부착할 때마다 다음의 교정과정을 거쳐야 한다.

① 그림과 같이 오실로스코프 프로브를 채널 1에 연결하고 프로브 끝의 레퍼런스 리드선을 PROBE COMP에 연결한다.

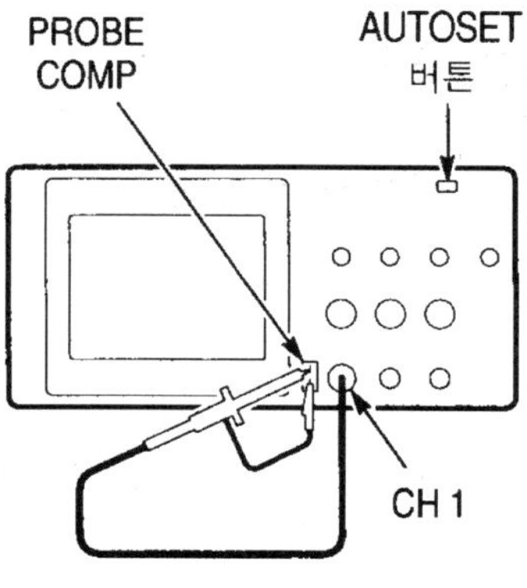

② 오실로스코프에 표시되는 파형의 모양을 검사하여 그림의 옳은 보상상태와 같이 파형의 모양이 직각이 되도록 드라이버로 돌려 프로브를 조정한다.

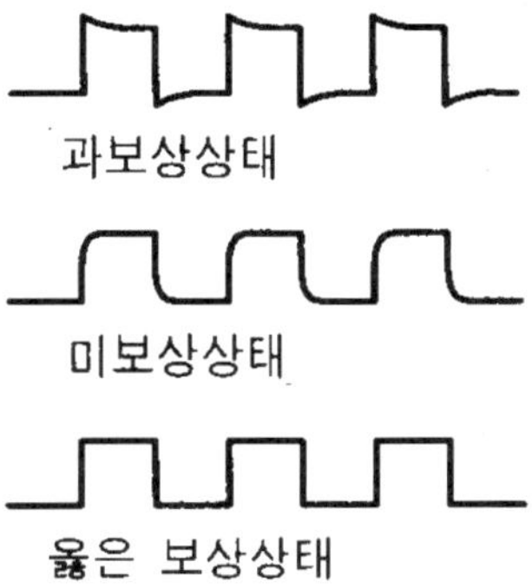

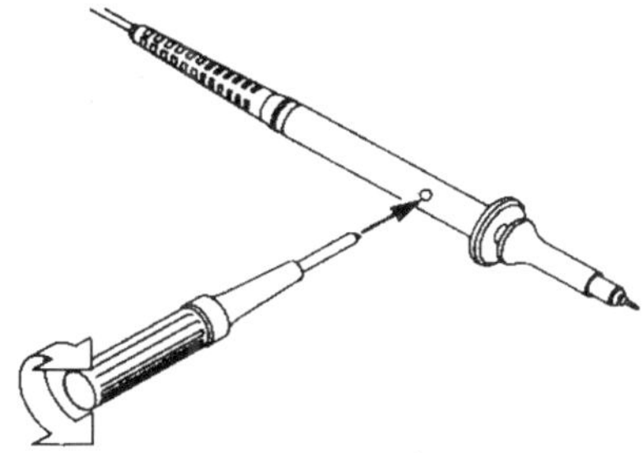

2. 구조와 기능

그림 C-7은 2채널 오실로스코프의 전면부로 사용하기 쉽고 찾기 쉬운 여러 가지 기능분야로 구분되어 있다.

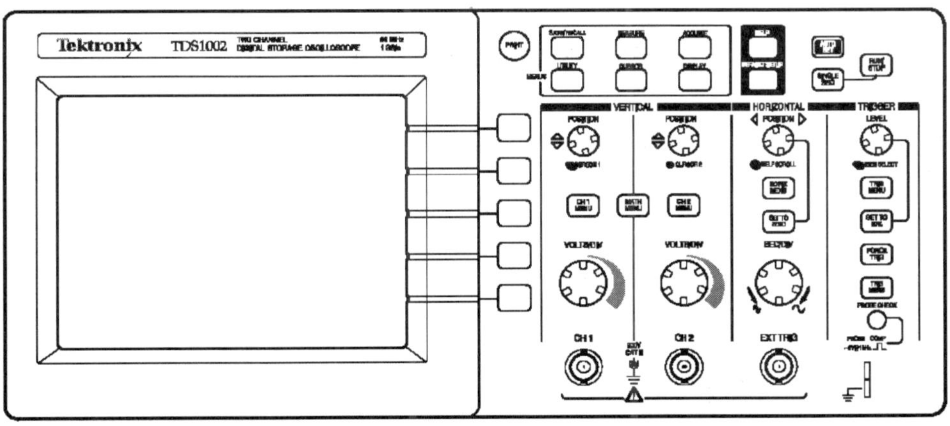

그림 C-7 2채널 오실로스코프의 외형

1) 표시 영역

그림 C-8과 같이 표시영역은 파형을 표시하는 것 이외에도 표시영역에는 파형 및 계기제어 설정에 관한 여러 가지 세부사항으로 채워져 있다.

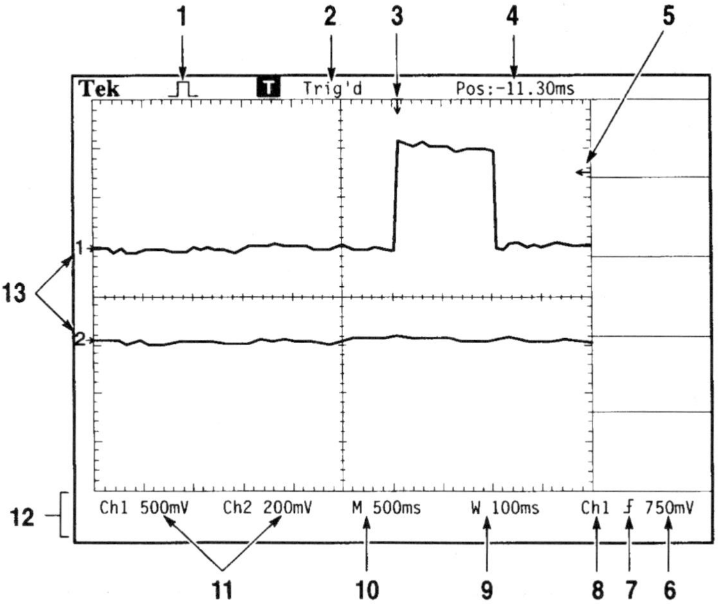

그림 C-8 오실로스코프의 표시영역

① 아이콘 표시는 획득 모드를 보여준다.

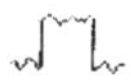 샘플 모드

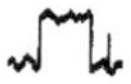 피크 탐지 모드

 평균 모드

② 트리거 상태는 다음과 같다.

□ Armed : 오실로스코프가 사전 트리거 데이터를 획득중이다. 이 상태에서는 모든 트리거가 무시된다.

Ⓡ Ready : 모든 사전 트리거 데이터가 획득되었고 오실로스코프는 트리거를 받을 준비가 되어 있다.

■ Trig'd : 오실로스코프가 트리거를 보았고 사전 트리거 데이터를 획득중이다.

● Stop : 오실로스코프가 데이터에서 파형획득을 중지했다.

● Acq. Complete : 오실로스코프가 단일 획득을 완료했다.

Ⓡ Auto : 오실로스코프는 자동모드에 있으며 트리거가 없는 상태에서 파형을 획득중이다.

□ Scan : 오실로스코프가 스캔모드에서 계속해서 파형을 획득하고 표시하는 중이다.

③ 마커는 수평 트리거 위치를 보여 준다. 또한 수평 위치 제어기가 트리거 위치를 사실상

수평으로 움직이므로 수평위치를 나타낸다.

④ 트리거 위치표시는 중심 격자선(center graticule)과 트리거 위치 사이의 시간간격을 보여준다. 화면 중심은 0이다.

⑤ 마커는 에지 및 펄스폭 트리거 레벨을 보여준다.

⑥ 판독값은 에지 및 펄스폭 트리거 레벨의 값을 보여준다.

⑦ 아이콘은 에지 트리거링을 위해 선택된 트리거 종류를 보여준다.

- 상승 에지를 위한 에지 트리거.
- 하강 에지를 위한 에지 트리거.
- 라인 동기를 위한 비디오 트리거.
- 필드 동기를 위한 비디오 트리거.
- 펄스 폭 트리거, 포지티브 극성.
- 펄스 폭 트리거, 네거티브 극성.

⑧ 판독값은 트리거링에 사용된 트리거 신호원을 보여준다.

⑨ 판독값은 윈도우 시간축을 사용하는 경우 그 설정을 보여준다.

⑩ 판독값은 주 시간축 설정을 보여준다.

⑪ 판독값은 채널의 수직 배율 계수를 보여준다.

⑫ 표시영역은 온라인 메시지를 잠시 보여준다.

⑬ 화면마커는 표시된 파형의 접지 기준점을 보여준다. 마커가 없을 경우 채널은 표시되지 않는다.

2) 수직컨트롤 영역(Vertical)

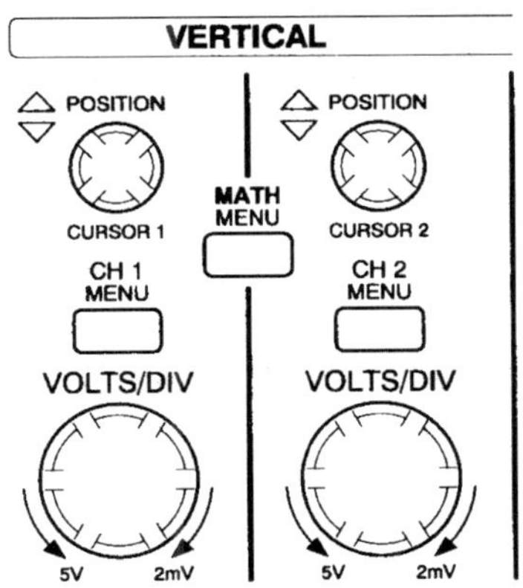

그림 C-9 수직컨트롤 영역

수직컨트롤을 사용하여 파형을 표시하고 수직축(전압)의 스케일과 수직위치를 조정하고 입력 매개변수들을 설정할 수 있다.

① CH 및 CURSOR POSITION

채널의 파형 및 커서의 위치를 수직으로 조정한다. 일단 파형을 획득하기 전에 CH MENU의 커플링에서 접지(GND)레벨의 위치를 결정한 후에는 절대 수직위치를 변경해서는 안 된다.

② VOLTS/DIV

수직축 한 칸에 해당하는 전압스케일을 조정한다. 전 스케일을 변경하면 파형이 상하로 확대되거나 축소되지만 실제로 파형의 전압이 변경된 것은 아니다.

③ CH MENU

채널의 수직메뉴를 표시하고, 채널의 파형을 표시하거나 제거한다.

옵 션	설 정	설 명
커플링	DC	입력신호의 AC/DC성분을 모두 통과시킨다.
	AC	입력신호의 DC성분은 차단하고 10[Hz] 미만의 신호를 감쇠시킨다.
	GND	접지, 즉 0[V] 기준레벨을 표시한다.
대역제한	20MHz	대역폭을 제한하여 노이즈를 줄인다.
	OFF	신호를 필터링하여 노이즈와 기타 원하지 않는 높은 주파수 성분을 줄인다.
전압눈금	보통조정, 미세조정	전압눈금의 해상도를 선택한다. 보통조정은 1-2-5의 순서를 정의하지만 미세조정은 해상도를 작은 단계로 변경한다.
프로브	1×, 10×, 100×, 1000×	올바른 전압의 측정을 위해 사용하는 프로브의 종류와 일치하도록 설정한다.
반전	ON, OFF	파형을 반전시킨다.

④ MATH MENU

파형의 수학적 연산을 위한 작동 메뉴를 표시한다.

연 산	설 정	설 명
- (빼기)	CH1-CH2	채널1 파형에서 채널2 파형을 뺀다.
	CH2-CH1	채널2 파형에서 채널1 파형을 뺀다.
+ (더하기)	CH1+CH2	채널1 파형과 채널2 파형을 더한다.
FFT		고속 퓨리에 변환을 수행한다.

3) 수평컨트롤 영역(Horizontal)

수평컨트롤을 사용하여 파형의 수평축(시간) 스케일과 수평위치를 변경할 수 있다. 수평위치의 판독값은 트리거 시간을 0으로 하여 화면 가운데에 표현된 시간을 보여준다. 수평축 스케일을 변경하면 화면의 중앙 주변으로 파형이 확대되거나 축소된다.

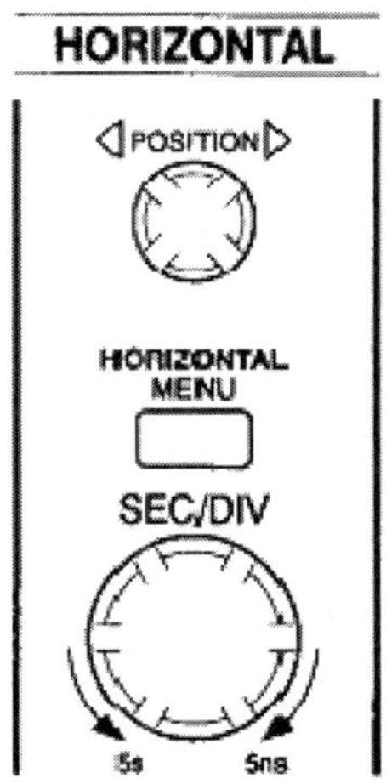

그림 C-10 수평컨트롤 영역

① POSITION

채널의 파형위치를 수평으로 조정한다. 수직위치와는 달리 파형을 획득한 후에 편의를 위해 수평위치를 변경해도 괜찮다.

② SEC/DIV

수평축 한 칸에 해당하는 시간스케일을 조정한다. 시간스케일을 변경하면 파형이 좌우로 확대되거나 축소되지만 실제로 파형의 주기 및 주파수가 변경된 것은 아니다.

③ HORIZONTAL MENU

옵 션	설 정	설 명
주 시간대		파형을 표시하는 데 사용된다.
확대 범위		두 커서는 확대범위를 정의한다. 확대범위를 수평위치와 시간스케일 볼륨으로 조정한다.
윈도우		확대범위 내에 파형을 보여주도록 표시를 변경한다.
트리거	레벨, 지연	트리거 볼륨이 트리거레벨을 조정할지, 지연시간을 조정할지 여부를 선택한다.

예제 C-2

그림 C-11에 나타난 파형의 주파수와 첨두전압을 구하시오

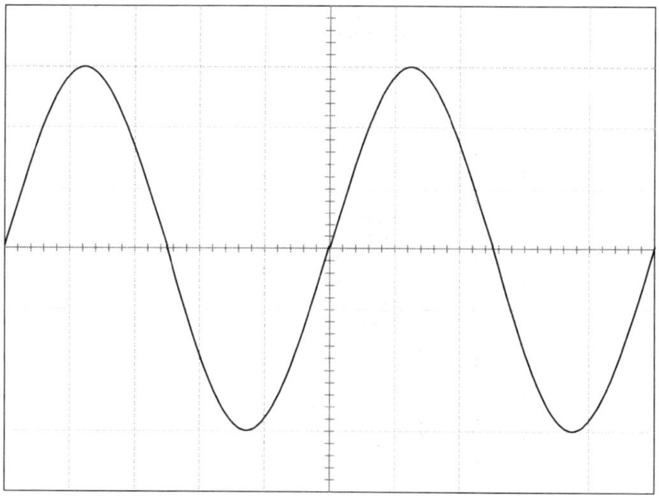

그림 C-11 오실로스코프 파형

그림에서 전압 스케일은 5V이고 시간 스케일은 500μs이다.
수평축으로부터 피크까지는 수직으로 3칸을 차지하므로 첨두전압은

$$V_p = 3 \times 5[\mathrm{V}] = 15[\mathrm{V}]$$

파형의 한 주기는 수평으로 5칸을 차지하므로 주기는

$$T = 5 \times 500[\mu\mathrm{s}] = 2.5[\mathrm{ms}]$$

주파수는

$$f = \frac{1}{T} = \frac{1}{2.5 \times 10^{-3}} = \frac{1000}{2.5} = 400[\text{Hz}]$$

4) 트리거컨트롤 영역(Trigger)

트리거링이란 피측정 파형이 화면에 나타나기 시작하는 시점을 결정하는 것으로, 오실로스코프의 동작에 매우 중요한 신호이다. 트리거 소스는 CH1, CH2 혹은, 외부 신호 중에 어떤 신호로부터 스크린의 파형을 만들어 내는가를 설정하는 것이고, 만일 CH2 신호를 측정할 때 아무 관계없는 CH1 신호를 트리거 소스로 설정했다면 스크린에 나타나는 CH2 신호가 좌우로 움직이거나 나타나지 않게 되는 것이다.

트리거 레벨이란 이 전압 레벨보다 트리거 소스신호가 커질 때(혹은 작아질 때) 스크린의 파형이 그려지기 시작하는 전압을 뜻하는 것으로 트리거 조건을 지정하는 것에 해당된다. 따라서 트리거 레벨이 잘못 설정되어 트리거 조건이 만족되는 경우가 없으면 파형은 나타나지 않거나(보통 모드) 여러 개의 파형이 좌우로 움직이며 겹쳐서 나타나게 된다(자동 모드).

트리거 커플링이란 트리거 소스로 선택된 신호를 트리거 레벨전압과 비교하기 전에 어떤 전처리를 거칠 수 있게 하는 것으로, AC, DC, LF, HF 등의 방법을 선택할 수 있다. AC 커플링은 트리거소스 신호의 DC성분(20Hz 이하 성분)을 제거하는 것이며 DC는 원래의 신호를 그대로 적용하는 것이다. LF, HF 등은 저역통과(Low-Pass) 또는 고역통과(High-Pass) 필터를 통과시키는 것이다.

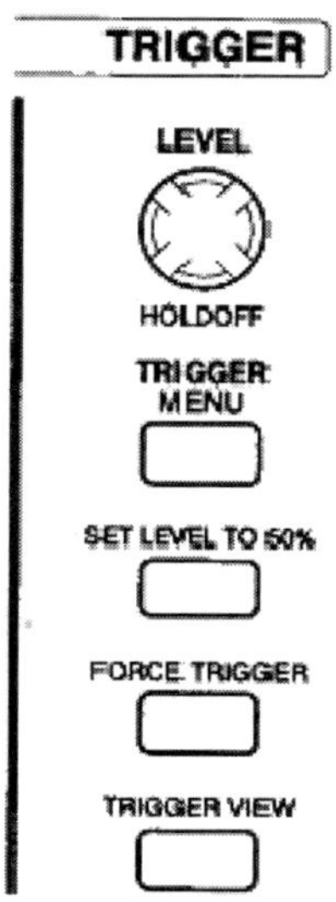

그림 C-12 트리거컨트롤 영역

① LEVEL 및 HOLDOFF

트리거 레벨제어기로서, 신호가 획득되기 위해 통과해야 하는 트리거 전압레벨을 설정한다. 또한 지연 제어기로서, 다른 트리거 조건이 접수되기 전까지의 시간의 양을 설정한다.

② SET LEVEL TO 50%

트리거 레벨은 신호 레벨의 50%까지 설정된다.

③ FORCE TRIGGER

적당한 트리거 신호가 없어도 획득을 시작한다.

④ TRIGGER VIEW

TRIGGER VIEW 버튼이 눌려 있는 동안에 트리거파형을 채널파형 자리에 표시한다. 트리거 설정이 트리거 커플링과 같은 트리거신호에 어떻게 영향을 미치는지 확인할 수 있다.

⑤ TRIGGER MENU

옵 션	설 정	설 명
유형	에지	트리거 레벨을 통과할 때 입력신호의 상승 또는 하강에지에서 트리거한다.
	비디오	비디오신호의 필드나 라인에서 트리거한다.
	펄스	착오펄스에서 트리거한다.
신호원	CH1, CH2	파형이 표시되는지 여부에 따라 채널신호를 트리거한다.
	Ext	EXT TRIG 입력단자에 연결된 신호에 대해 -1.6~+1.6[V]의 트리거레벨 범위에서 트리거한다.
	Ext/5	Ext 옵션과 같지만 -8~+8[V]의 트리거레벨 범위에서 트리거한다.
	AC Line	전원선의 신호에 대해 커플링 DC, 트리거레벨 0[V]로 트리거한다.
경사	상승, 하강	신호의 상승에지나 하강에지에서 트리거하도록 선택한다.
모드	자동 (Auto)	시간스케일로 설정된 특정 시간 내에 트리거조건을 검출하지 못하면 강제 트리거한다. 유효 트리거가 없을 때 획득하지 않고 실행할 수 있다.
	보통 (Normal)	트리거 조건을 검출할 때만 표시된 파형을 업데이트한다. 트리거된 유효파형만을 보려고 할 때 사용한다.
커플링	DC	신호의 모든 성분을 전달한다.
	잡음제거	잡음으로 인한 트리거링 미스가 줄어 감도가 감소된다.
	HF제거	80[KHz] 이상의 높은 주파수 성분을 감쇠시킨다.
	LF제거	DC성분을 차단하고 300[KHz] 이하의 낮은 주파수성분을 감쇠시킨다.
	AC	DC성분을 차단하고 10[Hz] 이하의 신호를 감쇠시킨다.

5) 메뉴 및 제어 영역

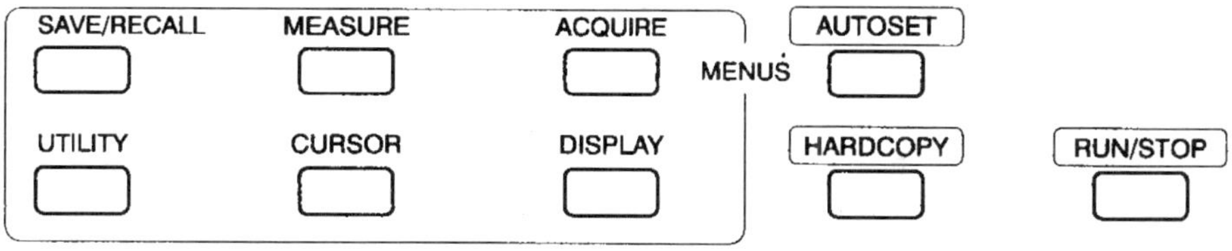

그림 C-13 메뉴 및 제어 영역

① SAVE/RECALL

다음 표와 같은 설정과 파형의 저장 및 호출을 위한 메뉴를 표시한다.

옵 션	설 정	설 명
파형		파형을 강조 표시하면 파형을 저장하거나 호출하는 메뉴가 표시된다.
신호원	CH1, CH2, Math	저장할 파형을 선택한다.
Ref	A, B	파형을 저장하거나 호출할 기준위치를 선택한다.
Save		소스파형을 선택한 기준위치에 저장한다.
Ref(x)	ON, OFF	기준파형을 화면에 표시하거나 제거한다.

② ACQUIRE

다음과 같은 획득 메뉴를 표시한다.

옵 션	설 정	설 명
샘플		대부분의 파형을 획득하고 정확하게 표시하는 데 사용된다. 기본 모드이다.
피크 검출		glitch를 검출하고 aliasing의 가능성을 줄이기 위해 사용한다.
평균		신호화면에서 랜덤 노이즈나 관련 없는 노이즈를 줄이기 위해 사용한다.
평균횟수	4, 16, 64, 128	평균횟수를 선택한다.

③ MEASURE

다음 표와 같은 자동측정 메뉴를 표시한다.

측정 유형	정 의
주파수	첫 번째 사이클을 측정하여 파형의 주파수를 계산한다.
주기	첫 번째 사이클의 시간을 계산한다.
평균	전체 파형에 대해 산술 평균전압을 계산한다.
첨두치	전체 파형의 최대피크와 최소피크 사이의 절대차를 계산한다.
실효치	파형의 첫 번째 완전한 사이클의 실제 RMS를 계산한다.
최소	전체 2500 포인트의 최소값을 계산한다.
최대	전체 2500 포인트의 최대값을 계산한다.
상승시간	파형의 첫 번째 상승에지의 10%와 90% 사이의 시간을 측정한다.
하강시간	파형의 첫 번째 하강에지의 90%와 10% 사이의 시간을 측정한다.
상승펄스	파형의 50% 레벨에서 첫 번째 상승에지와 다음 하강에지 사이의 시간을 측정한다.
하강펄스	파형의 50% 레벨에서 첫 번째 하강에지와 다음 상승에지 사이의 시간을 측정한다.

④ CURSOR

다음 표와 같은 커서 메뉴를 표시한다. 커서 메뉴가 표시되는 동안 수직위치 제어기는 커서 위치를 조정한다.

옵 션	설 정	설 명
종류	전압, 시간, OFF	측정커서를 선택하고 표시한다. 전압측정 진폭과 시간은 시간과 주파수를 측정한다.
신호원	CH1, CH2, MATH, REFA, REFB	커서 측정할 파형을 선택한다. 판독값은 이 측정을 표시한다.
절대차		커서 간의 차이를 표시한다.
커서1, 2		커서1, 2의 위치를 표시한다. 시간은 트리거위치를 기준으로 하고 전압은 접지를 기준으로 한다.

⑤ DISPLAY

다음 표와 같은 디스플레이 종류 메뉴를 표시한다.

옵 션	설 정	설 명
종류	벡터	샘플지점 사이를 선으로 연결하여 표시한다.
	도트	샘플지점을 점만으로 표시한다.
지속기능	OFF, 1초, 2초, 5초, 무한대	각 샘플지점이 지속적으로 표시되는 기간을 설정한다.
형식	YT	시간에 대해 전압을 표시한다.
	XY	채널1 전압의 X좌표에 대해 채널2 전압을 Y좌표에 표시한다.
대비 증가		진하게 표시하여 파형을 잔상과 구분하기 쉽게 한다.
대비 감소		밝게 표시한다.

⑥ UTILITY

유틸리티 메뉴를 표시한다.

⑦ AUTOSET

입력신호의 유용한 디스플레이를 생성하도록 오실로스코프의 컨트롤들을 자동으로 설정한다.

⑧ HARDCOPY

파형의 인쇄 작업을 시작한다.

⑨ RUN/STOP

파형을 연속적으로 획득하거나 획득을 중지한다.

6) 출력단자

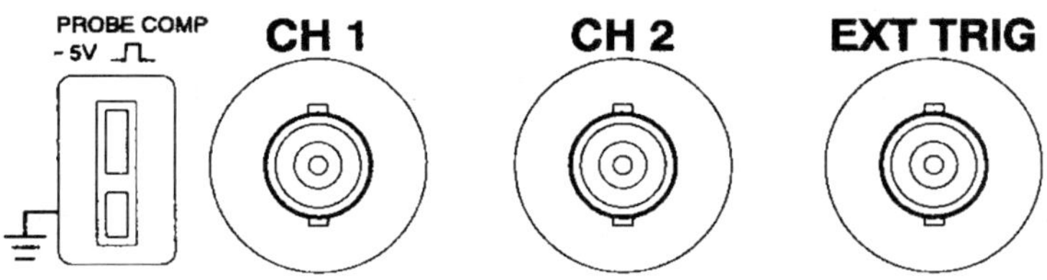

그림 C-14 출력단자

① PROBE COMP

프로브 교정용 구형파 출력 및 접지 단자이다. 프로브가 입력회로에 전기적으로 일치하도록 이 보상기를 사용하여 프로브를 교정한다.

② CH1 및 CH2

채널 1과 체널 2를 위한 입력단자이다.

③ EXT TRIG

외부 트리거 신호원을 위한 입력단자이다. 트리거 신호원을 선택하기 위해 트리거 메뉴를 사용한다.

3. 작동순서

① 프로브를 오실로스코프의 원하는 채널의 입력단자에 연결하고 감쇠모드를 10×로 선택한다.

② 프로브를 파형발생기 또는 회로의 측정하고자 하는 지점에 연결한다.

③ 수직컨트롤 영역의 CH MENU 버튼을 눌러 수직메뉴를 화면에 표시하고 해당 채널의 파형을 화면에 표시한다.

④ 수직메뉴의 입력 커플링을 접지(GND)로 선택하고 수직컨트롤 영역의 POSITION 볼륨을 돌려 0[V] 접지레벨이 원하는 위치에 오도록 수직위치를 조절한 다음, 입력 커플링을 측정하고자 하는 파형에 맞도록 다시 직류(DC)나 교류(AC)로 변경한다.

☞ 수직위치를 미리 설정하여 파형이 표시된 다음에는 되도록이면 파형의 수직위치를 변경해서는 안 된다.

⑤ 수직메뉴의 프로브 옵션을 프로브의 감쇠모드와 일치하도록 설정한다.

⑥ 화면에 2~3 주기의 파형이 나타나도록 수평컨트롤 영역의 SEC/DIV 볼륨을 돌려 시간 스케일을 조정한다.

⑦ 화면에 최대 진폭의 파형이 나타나도록 수직컨트롤 영역의 VOLTS/DIV 볼륨을 돌려 전압 스케일을 조정한다.

⑧ 시간 및 전압 스케일을 조정하여 파형을 찾아내기 어려운 경우에는 메뉴 및 제어영역의 AUTOSET 버튼을 누르면 오실로스코프가 자동으로 파형을 찾아 적당한 스케일로 화면에 표시한다.

☞ 오실로스코프의 개념을 이해하여 사용법을 숙달하기 위해서는 되도록이면 AUTOSET 기능은 사용하지 않는 것이 좋다.

⑨ 파형이 화면에 나타나지 않거나, 여러 개의 파형이 좌우로 움직이며 겹쳐서 나타날 경우에는 트리거컨트롤 영역의 TRIGGER MENU 버튼을 눌러 트리거 조건(유형, 신호원, 경사, 모드, 커플링)을 설정하고 LEVEL 볼륨을 돌려 트리거 레벨전압을 파형의 최소전압과 최대전압

사이의 값으로 설정한다.

⑩ 트리거된 파형은 측정 및 관찰이 용이하도록 수평컨트롤 영역의 POSITION 볼륨을 돌려 수평위치를 조정할 수 있다.

⑪ 필요한 경우 프로브를 오실로스코프의 프로브 교정용 출력단자에 연결하여 프로브를 교정한다.

⑫ 메뉴 및 제어영역의 MEASURE 버튼을 눌러 파형에 대한 주파수, 첨두치, 평균치, 실효치 등 원하는 값을 측정한다.

⑬ 필요할 경우 메뉴 및 제어영역의 SAVE/RECALL 버튼을 눌러 파형을 저장하고, 저장된 파형을 화면에 표시한다.

⑭ 파형을 그리거나 세심한 관찰이 필요할 경우에는 메뉴 및 제어영역의 RUN/STOP 버튼을 눌러 파형을 정지시키면 편리하다.

전자회로실험

7판 1쇄 2024년 2월 20일

저 자 이은욱

발행인 송광헌
발행처 복두출판사
주 소 서울특별시 영등포구 경인로82길 3-4
센터플러스 807호 (우) 07371
전 화 02-2164-2580
FAX 02-2164-2584
등 록 1993. 11. 22. 제 10-902 호

정가 : 23,000원

ISBN : 979-11-6675-464-7 93560

한국과학기술출판협회 회원사